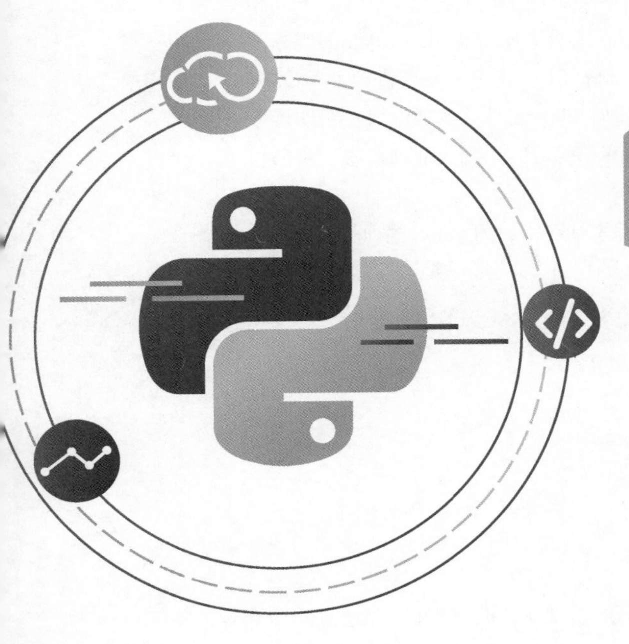

python3

Quick Start and Actual Combat

肖冠宇 杨捷 等编著

Python 3 快速入门与实战

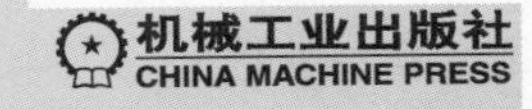

本书通过理论与实战相结合的方式，结合大量案例系统地介绍了 Python 编程涉及的知识点，详细介绍了多个应用场景下使用 Python 开发的实际项目。本书共 16 章，分为两部分，第一部分（1～12 章）主要讲解 Python 编程基础，第二部分（13～16 章）主要讲解 Python 项目实战，旨在帮助读者系统、快速地掌握 Python 语法，并能够熟练地应用到实战项目中。全书代码适用于 Python 3.6 以及更高版本。

本书读者对象为 Python 编程的初学者，或者具有 Python 编程基础想进一步学习 Python 的编程爱好者；具有其他编程语言基础，想了解和学习 Python 的相关技术人员；未来准备从事数据科学、机器学习、人工智能、数据分析、数据采集等方向研究和工作的读者。

图书在版编目（CIP）数据

Python 3 快速入门与实战 / 肖冠宇等编著. —北京：机械工业出版社，2019.7
(2020. 1 重印)

ISBN 978-7-111-63405-8

Ⅰ. ①P… Ⅱ. ①肖… Ⅲ. ①软件工具－程序设计 Ⅳ. ①TP311.561

中国版本图书馆 CIP 数据核字（2019）第 165016 号

机械工业出版社（北京市百万庄大街 22 号 邮政编码 100037）
策划编辑：王 斌 责任编辑：王 斌
责任校对：张艳霞 责任印制：张 博
三河市宏达印刷有限公司印刷
2020 年 1 月第 1 版 • 第 2 次印刷
184mm×260mm • 17.75 印张 • 2 插页 • 435 千字
3001－4200 册
标准书号：ISBN 978-7-111-63405-8
定价：79.00 元

电话服务
客服电话：010-88361066
010-88379833
010-68326294

网络服务
机 工 官 网：www.cmpbook.com
机 工 官 博：weibo.com/cmp1952
金 书 网：www.golden-book.com
机工教育服务网：www.cmpedu.com

前言

Python 是一种面向对象的解释型编程语言，具有语法简洁、免费开源、跨平台、丰富的第三方库等特点，由被誉为“Python 之父”的 Guido van Rossum 发明，于 1991 年发布第一个公开发行版，发展到现在已经有近 30 年的历史。Python 从诞生到现在已经发布了几个大版本，Python 核心团队计划在 2020 年停止支持 Python 2，以后不再对其进行维护。目前，Python 3 已经成为学习和使用 Python 的主流。2019 年 7 月 TIOBE 发布的最新热门编程语言排行榜中，Python 位居第三名，因此也证明 Python 是目前最受欢迎的编程语言之一，并且已经被广泛使用。

近几年，大数据、人工智能等领域发展迅速，工程项目不断落地，相关领域的人才需求呈爆发式增长，人才供给严重失衡。同时随着国内人工智能教育的普及，中小学生、大学生、教师需要相关课程的教材和教辅资料。Python 是机器学习、人工智能、数据分析等领域使用最多的编程语言，所谓“工欲善其事，必先利其器”，Python 作为一把利器，可以快速地完成数据处理、数据分析、数据可视化、模型训练等。所以，掌握 Python 编程是从事机器学习、人工智能、数据分析等领域相关工作必备的技能。

为何写作本书

写作这本书的初衷是将自己工作中的编程和项目经验融合到 Python 理论知识中，让抽象、枯燥的编程语言的学习更加地生动、有趣。本书侧重实战，不仅系统介绍了 Python 编程涉及的知识点，同时也会教读者如何使用 Python 做实际的项目开发。希望通过理论与实战相结合的方式，让更多的编程爱好者快速、系统地掌握 Python。也希望读者通过 Python 的学习，掌握学习编程语言的方法，以后学习其他编程语言会更加的从容。

读者将学到什么

读者朋友可以通过本书的学习可以：

- 快速入门 Python 编程，系统掌握 Python 基础语法和进阶知识。
- 具备面向对象编程思想，掌握学习编程语言的方法，学习编程不再愁。
- 了解和学习多种基于 Python 的实战项目和应用场景，深入理解理论知识。
- 初步了解和掌握 Python 在数据采集、数据分析、机器学习等领域的应用。

如何阅读本书

本书共 16 章，分为两部分，第一部分（1～12 章）主要介绍 Python 编程基础，第二部分（13～16 章）主要介绍 Python 项目实战。通过理论与实战相结合的方式介绍 Python 语法和应用，帮助读者系统、快速地掌握 Python 语法，并能够熟练地应用到实战项目中。全书代码适用于 Python 3.6 以及更高版本。

第 1 章 Python 概述，简要介绍 Python 语言的产生背景及目前的发展情况，Python 3.6、Anaconda 3（集成了 Python 3，可以不单独安装 Python 3.6）在 Windows 系统或者 Mac 系统中的安装配置，目前流行的一款开发工具 PyCharm 在 Windows 系统或者 Mac 系统中的安装配置。

第 2 章 Python 基础，主要介绍 Python 编程的基础语法，包括注释、标识符、变量、数据类型、输入输出函数、运算符、字符串、if 条件判断语句、while 循环与 for 循环。

第 3 章 容器，主要介绍 Python 中常用的四种数据结构，包括列表、元组、字典、集合。

第 4 章 函数，主要介绍函数的定义、参数、返回值、变量作用域、递归函数、匿名函数、闭包、装饰器。

第 5 章 包和模块，主要介绍 Python 中包的结构及作用、模块的用法、内置__name__变量的使用方法。

第 6 章 面向对象，主要介绍面向对象编程的思想、类和对象、构造方法、访问权限、继承。

第 7 章 异常处理，主要介绍异常捕获的方法、finally 语句的作用、使用 raise 抛出异常的方法。

第 8 章 日期和时间，主要介绍 Python 中内置的日期和时间相关的 time 和 datetime 两个模块。

第 9 章 文件操作，主要介绍读写文件的方法、文件管理、JSON 文件操作、CSV 文件操作。

第 10 章 正则表达式，主要介绍使用 re 模块编写正则表达式的方法、单字符匹配、数量表示、边界表示、转义字符、匹配分组、内置函数、贪婪与非贪婪模式。

第 11 章 Python 网络编程，主要介绍基于 Python 的网络编程基础、扩展库 urllib 和 requests 的用法等。

第 12 章 Python 常用扩展库，主要介绍 Python 中与数据科学相关的两个重要的扩展库：NumPy 和 Pandas 的用法。

第 13 章 Python 数据可视化实战，主要介绍 Matplotlib 绘图、Pandas 绘图、Seaborn 绘图等内容。

第 14 章 Python 爬虫开发实战，主要介绍爬虫开发流程、开发环境搭建、通过爬虫抓取电商网站商品信息的内容。

第 15 章 Python 数据分析实战，主要介绍数据分析基本概述、对房价进行数据分析等内容。

第 16 章 Python 机器学习实战，主要介绍机器学习基础、常用的机器学习库 scikit-learn、使用 k 近邻算法实现红酒质量等级预测等内容。

本书适用读者

对 Python 编程感兴趣的在校大学生，负责计算机相关专业教学的老师。

Python 编程的初学者，或者具有 Python 编程基础想进一步学习 Python 的编程爱好者。

具有其他编程语言基础，想了解和学习 Python 的相关技术人员。

未来准备从事数据科学、机器学习、人工智能、数据分析、数据采集等方向研究和工作的读者。

配套资源

本书配套的源代码可以通过微信公众号"DIMPLab"获取，也可通过扫描关注机械工业出版社计算机分社官方微信订阅号——IT 有得聊，回复 63405 即可获取本书配套资源下载链接。

读者反馈

由于笔者水平有限，书中难免会出现一些错误或者不准确的地方，敬请读者谅解，如果遇到任何问题或者技术交流都可以通过如下联系方式与笔者进行沟通。

- 微信公众号："DIMPLab"后台留言反馈。
- 电子邮件：dimplab@163.com。

致谢 1

感谢美团点评的王碧琦最初提出写作本书的建议，同时感谢她在本书的写作过程中给予的支持和鼓励。

感谢机械工业出版社王斌老师，本书从 2018 年 6 月开始筹划，王老师从专业角度不断地给予帮助和指导，确定了整本书的写作框架。在写作过程中，王老师一直积极地推动本书的写作进度，使得我们可以顺利完成本书的写作。

感谢我的合作作者——杨捷，我们所有的写作都是在业余时间进行的，但是业余时间又常常被工作挤占，前期的写作进度一直很缓慢，在合作伙伴的鼓励和帮助下，克服了写作中的困难，顺利完成了本书。

感谢家人在工作和生活中对我的帮助和照顾。感谢父母，平时因工作原因很少回家看望，但他们一直在背后支持我、鼓励我。感谢我的妻子为家庭无怨无悔默默地付出，家人的陪伴与支持是我不断学习、努力奋斗的强大后盾！

肖冠宇
2019 年 8 月于北京

致谢 2

感谢与我一起合作的肖冠宇老师，感谢他带领我正式成为一名作者，有机会与大家分享我对 Python 的理解和想法。在创作和撰写的过程中，他给予了我很多帮助和鼓励。他总是很耐心地与我交流，分享他的宝贵经验，让我收获良多。他思维敏捷、经验丰富、技术过硬，像一个标杆，是我前进道路上的榜样。他从不吝啬夸赞的言语，常常给我很大的鼓励和支持，让我信心满满地坚持下去，在此表示我最诚挚的敬意和感谢。

感谢机械工业出版社的王斌老师，他对本书的策划和编辑提出了很多宝贵的建议，并且一直推动本书的撰写进度。同时感谢出版社的其他工作人员，他们的辛勤付出才让本书得以顺利面世。

感谢父母的培育，从小到大他们都鼓励我独立思考，做自己想做的事情，为我提供足够的空间去追寻自己的梦想。每当我做出选择之后，他们都会全力支持，是我最坚强的后盾。他们给予我的爱、理解、关心、包容和支持是我前进的动力。

感谢我的朋友们，在本书的撰写过程中，他们给予了我很大的鼓励和支持。感谢他们让我的生活如此精彩有趣。

杨捷

2019 年 8 月于北京

目录

第 1 章 Python 概述

本章主要介绍 Python 的产生历史，目前应用较为广泛的领域等内容。为了使读者能够更加快速地开始 Python 编程的学习，本章还将详细介绍 Python 3 在 Windows、Mac 两个主流操作系统上是如何配置开发环境的。

1.1 初识 Python

Python 是一种面向对象的解释型编程语言，是一个免费的开源项目，由被誉为“Python 之父”的 Guido van Rossum（中文名称：吉多·范罗苏姆）发明，于 1991 年发布第一个公开发行版。Python 并不是一种新的编程语言，发展到现在已经有近 30 年的历史，Python 从诞生到现在已经发布了几个大版本，目前 Python 3 已经成为 Python 学习和使用的主流，Python 核心团队计划在 2020 年停止支持 Python 2，以后不再进行维护。

Python 的语法相比于 C、C++、Java 等编程语言更加简洁，代码不需要编译，由 Python 解释器直接解释执行。Pyhton 能够被广泛使用的原因，除了它简洁的语法之外，还有就是 Python 内置了丰富的工具库和大量的外部第三方库，扩展性非常强，使用起来非常方便。Python 支持跨平台运行，目前主流的 Mac、Windows、Linux 等操作系统上都可以运行 Python 程序。由于 Python 具有诸多优秀的特性，使得 Python 在众多领域得到了广泛应用，例如：数据分析、机器学习、人工智能、大数据、网络爬虫、网站开发等领域。

TIOBE 发布的热门编程语言排行榜中（TIOBE 官方网站地址：https://www.tiobe.com/tiobe-index），Python 高居第 3 名（截至 2019 年 7 月 1 日），因此也证明 Python 是目前最受欢迎的编程语言之一。排行榜部分截图如图 1-1 所示。

Jun 2019	Jun 2018	Change	Programming Language	Ratings	Change
1	1		Java	15.004%	-0.36%
2	2		C	13.300%	-1.64%
3	4	^	Python	8.530%	+2.77%
4	3	v	C++	7.384%	-0.95%

图 1-1　TIOBE 热门编程语言排行榜（图片来源于 TIOBE 官网）

1.2　安装配置 Python 3 开发环境

Python 可以在 Windows、Mac、Linux 等多种系统上安装运行。在学习 Python 编程之前，需要先安装配置 Python 开发环境。本节将详细讲解在常用的 Windows 和 Mac 两种系统上安装 Python 3 的全过程，让读者可以快速地准备好开发环境，顺利地开始 Python 编程的学习。

Python 官方网站地址：https://www.python.org。

Python 官方下载地址：https://www.python.org/downloads。

在 Python 的官方下载页面，选择需要安装的操作系统类型和 Python 版本，本书中使用的是 Python 3.6 版本，由于 Python 更新速度比较快，在本书出版时可能已经有更高的 Python 版本发布，后续更高版本的安装方法与 Python 3.6 版本的安装方法类似。

在安装 Python 之前，要先从 Python 官方下载地址：https://www.python.org/downloads 根据要安装的操作系统类型选择正确的安装包，安装包下载页面如图 1-2 所示。

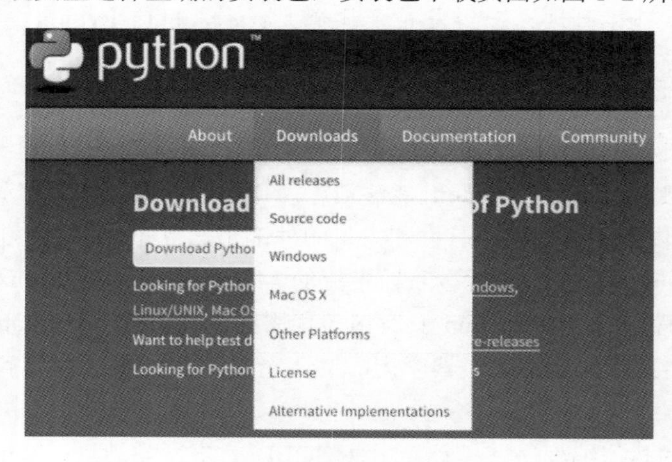

图 1-2　Python 安装包下载

在 Python 官方下载页面还提供了 Python 历史各版本的列表，如图 1-3 所示，也可以在历史版本列表中选择需要安装的 Python 版本，单击右侧的“Download”按钮下载安装包，安装包下载完成后即可进行安装。

Looking for a specific release?

Python releases by version number:

Release version	Release date	
Python 3.6.7	2018-10-20	Download
Python 3.5.6	2018-08-02	Download
Python 3.4.9	2018-08-02	Download
Python 3.7.0	2018-06-27	Download
Python 3.6.6	2018-06-27	Download
Python 2.7.15	2018-05-01	Download
Python 3.6.5	2018-03-28	Download
Python 3.4.8	2018-02-05	Download

图 1-3　Python 历史版本列表

1.2.1　Windows 系统下安装 Python 3

Python 3 安装包下载完成后开始安装，使用鼠标双击打开已经下载好的 Windows 系统版本的安装包，在弹出来的安装窗口中，选择安装方式为“Customize installation”，这种方式可以自定义 Python 安装路径。勾选“Install launcher for all users”选项为所有用户安装 Python，并且勾选“Add Python 3.6 to PATH”选项将安装好的 Python 添加到系统环境变量中，如图 1-4 所示。

图 1-4　安装方式选择窗口

将 Python 安装路径添加到系统环境变量后，就可以在已安装 Python 的操作系统中直接使用 Python 命令执行 Python 程序。

在下一步的可选功能窗口中勾选全部可选功能，然后单击“Next”按钮进入下一步，如图 1-5 所示。

在高级选项中单击“Browse”按钮可以选择安装路径，选择好安装路径后，单击“Install”按钮开始安装，如图 1-6 所示。

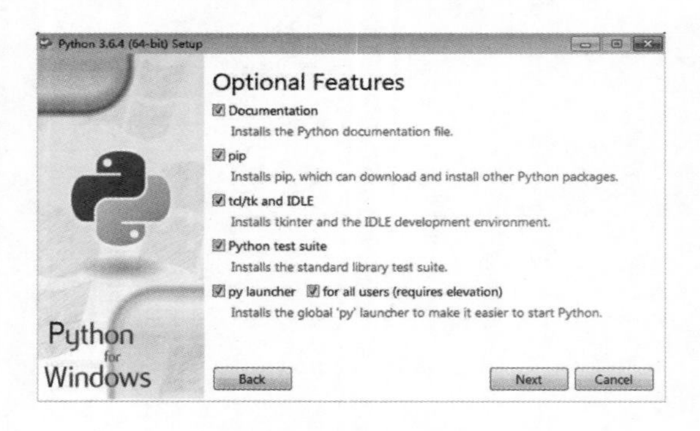

图 1-5　选择可选功能

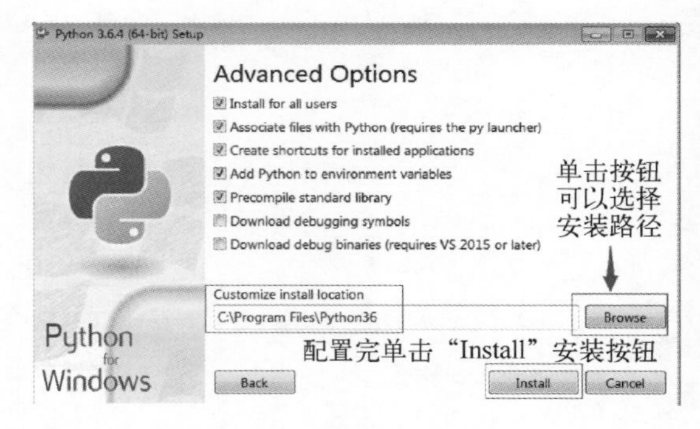

图 1-6　高级选项

安装完成后，在弹出的窗口单击“Close”按钮关闭窗口，如图 1-7 所示。

接下来验证 Python 3 是否安装成功。同时按键盘上的〈Windows+R〉组合键，在弹出的“运行”窗口中输入“cmd”，单击“确定”按钮，打开命令行窗口，如图 1-8 所示。

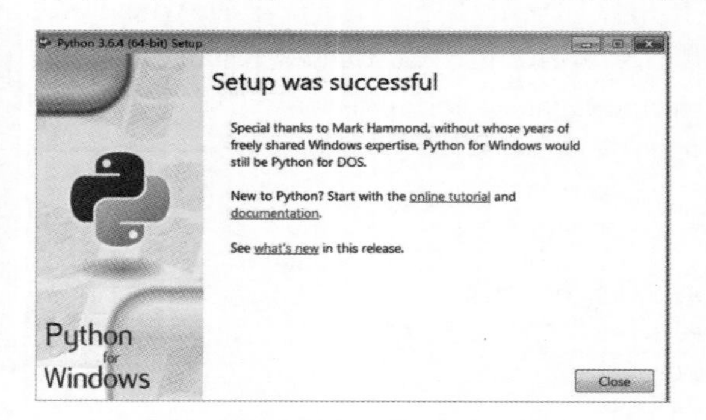

图 1-7　安装成功

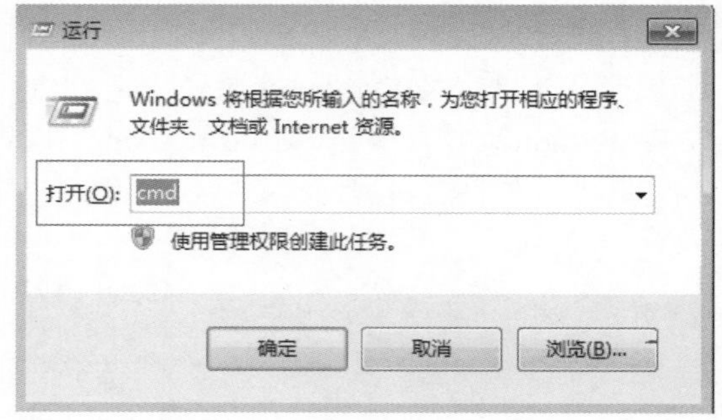

图 1-8　通过运行窗口打开命令行窗口

在命令行窗口中输入“python”，按〈Enter〉键进入 Python 交互模式，在交互模式下会显示正在使用的 Python 是 Python 3.6 版本，如图 1-9 所示。

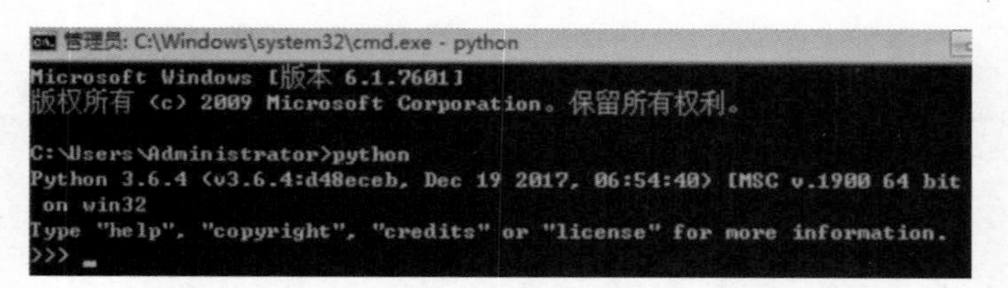

图 1-9　验证使用的 Python 版本

注意：交互模式通常用于 Python 代码测试、语法练习等，使用“exit()”命令退出交互模式。

到此，在 Windows 系统中已经成功安装 Python 3。

1.2.2　Mac 系统下安装 Python 3

Mac 系统自带的 Python 版本是 2.x 版本，我们需要安装的是 Python 3 版本，所以要重新安装。需要先从 Python 官方下载地址 https://www.python.org/downloads 下载 Mac 系统版本的 Python 3.6 安装包，安装包下载完成后的详细安装步骤如下。

双击已下载的安装包，在弹出的对话框中单击“继续”按钮，如图 1-10 所示。

在后续的每一步中一直单击“继续”按钮即可，但在许可协议窗口单击“继续”按钮会弹出是否同意许可协议的对话框，单击“同意”按钮，否则无法继续进行安装，如图 1-11 所示。

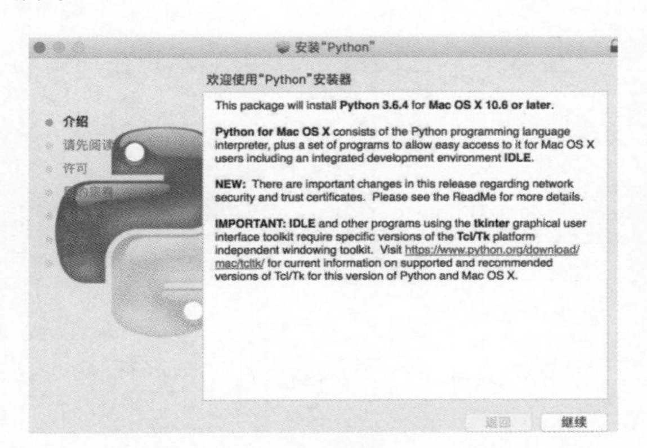

图 1-10　Mac 系统下安装 Python 3 的介绍窗口

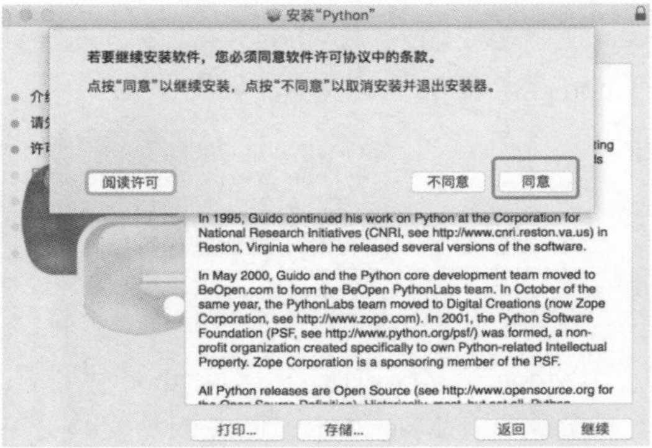

图 1-11　许可协议同意窗口

接下来单击“安装”按钮，Python 安装正式开始，如图 1-12 所示。

安装过程中会弹出安装进度窗口。安装完成后单击“关闭”按钮结束安装，如图 1-13 所示。

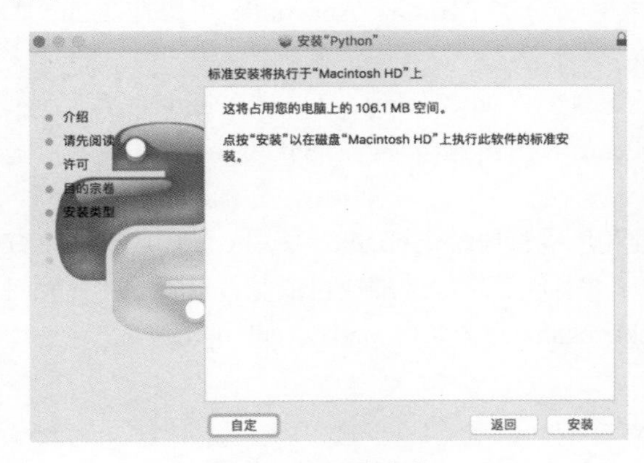

图 1-12　开始安装

图 1-13　安装成功

安装完成后，接下来检查 Python 版本。在“应用程序”的“实用工具”列表中打开“终端”，如图 1-14 所示。

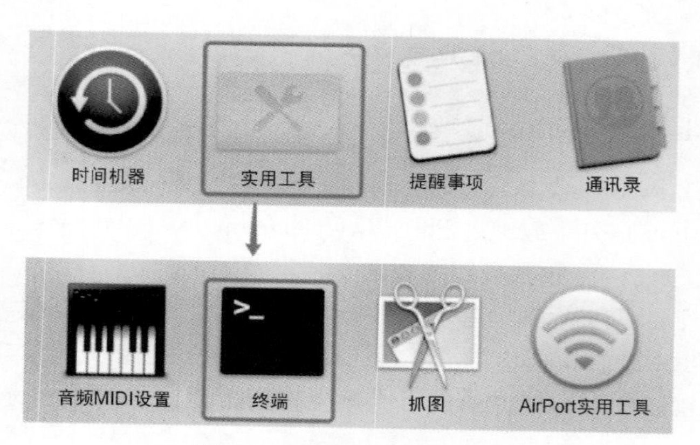

图 1-14　Mac 系统终端位置

在终端中输入“python3”命令进入 Python 交互模式，在交互模式下会显示正在使用的 Python 是 Python 3.6 版本，如图 1-15 所示。

```
xiaoguanyudeMacBook-Pro:~ derek$ python3
Python 3.6.4 (v3.6.4:d48ecebad5, Dec 18 2017, 21:07:28)
[GCC 4.2.1 (Apple Inc. build 5666) (dot 3)] on darwin
Type "help", "copyright", "credits" or "license" for more
>>> exit()
```

图 1-15　交互模式下检查 Python 版本

Python 交互模式通常用于 Python 代码测试、语法练习，退出交互模式使用“exit()”命令。至此，在 Mac 系统中已经成功安装 Python 3。

1.3　安装配置 Anaconda

Anaconda 主要为科学计算提供运行环境，在其内部集成了 Python。如果之前没有安装过 Python，可以直接安装 Anaconda，不需要再单独安装 Python。Anaconda 可以在 Linux、Mac、Windows 等多种系统中安装使用。

Anaconda 内置了大量常用的科学计算相关工具库，如 Numpy、Scipy、Pandas 等，还包括机器学习领域著名的机器学习算法库 Scikit-learn。在使用这些内置的库时，不需要单独安装，直接引入即可，非常方便。

Anaconda 还提供了与 pip 命令类似的包管理和环境管理命令 conda。使用 conda 可以非常方便地安装 Anaconda 中没有集成的第三方工具包，并且能够很好地解决包依赖、包版本冲突等问题。使用 conda 安装包的命令为 conda install packagename，例如：conda install numpy。

Anaconda 相关链接地址如下：

Anaconda 官方网站地址：https://www.anaconda.com。

Anaconda 官方下载地址：https://www.anaconda.com/download。

Anaconda 官方历史各版本下载地址：https://repo.anaconda.com/archive。

Anaconda 官方的下载链接有时会很慢，为了加快下载速度，还可以使用清华大学提供的 Anaconda 各版本镜像下载链接进行下载。

清华大学下载地址（推荐）：https://mirrors.tuna.tsinghua.edu.cn/anaconda/archive。

1.3.1　Windows 系统下安装 Anaconda

本节安装的 Anaconda 安装包是 Anaconda3-5.2.0-Windows-x86_64，该版本的 Anaconda 适用于 Windows 64 位操作系统，内置的是 Python 3.6。关于 Anaconda 安装包的下载方法不再赘述，Anaconda 的详细安装步骤如下。

使用鼠标双击打开已下载的安装包，在弹出的欢迎安装窗口中单击“Next”按钮进入下一步骤，如图 1-16 所示。

进入到安装许可协议窗口后，直接单击“I Agree”按钮同意协议内容，如图 1-17 所示。

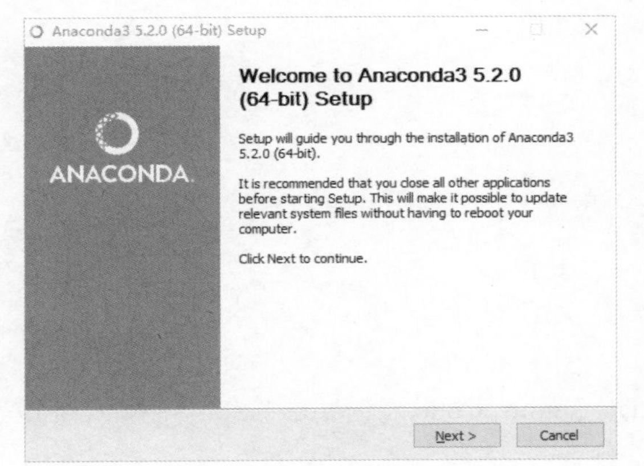

图 1-16　开始安装 Anaconda

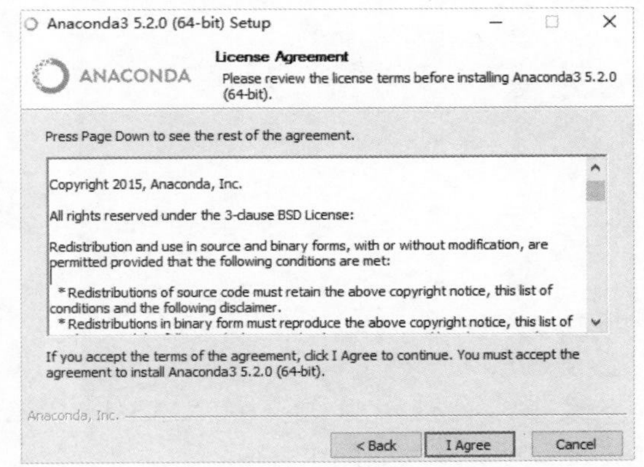

图 1-17　安装许可协议

在选择安装类型窗口中，选择“All Users”选项，给所有用户安装 Anaconda，如图 1-18 所示。

然后单击“Next”按钮，进入安装路径设置窗口，在这一步可以根据个人需求修改默认安装路径，单击“Browse”按钮选择 Anaconda 在磁盘上的安装路径，如图 1-19 所示。

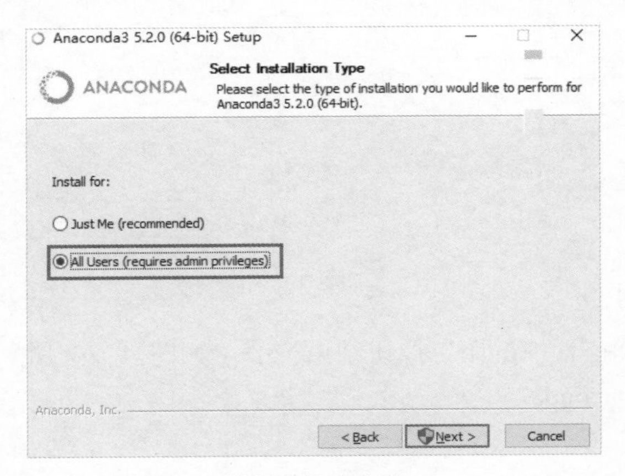

图 1-18　给所有用户安装 Anaconda

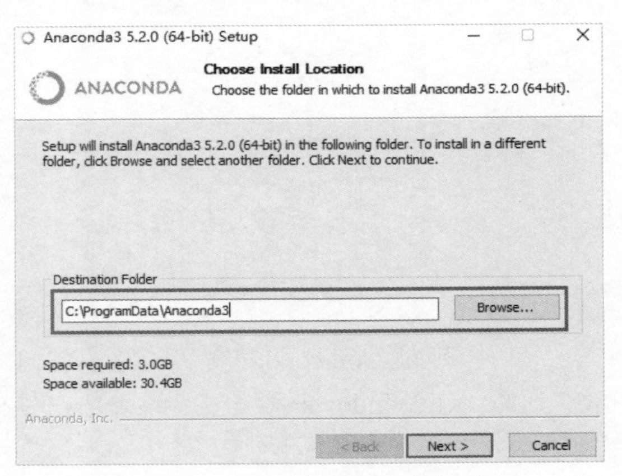

图 1-19　自定义安装路径

然后单击“Next”按钮，进入高级选项设置窗口。在这一步，勾选所有的高级选项，这样就会在安装过程中把 Anaconda 添加到系统环境变量中，在 Windows 系统中就可以直接使用 Anaconda 相关命令，如图 1-20 所示。

然后单击“Install”按钮开始安装 Anaconda，在安装过程中会显示安装进度，如图 1-21 所示。这一步需要等待几分钟。

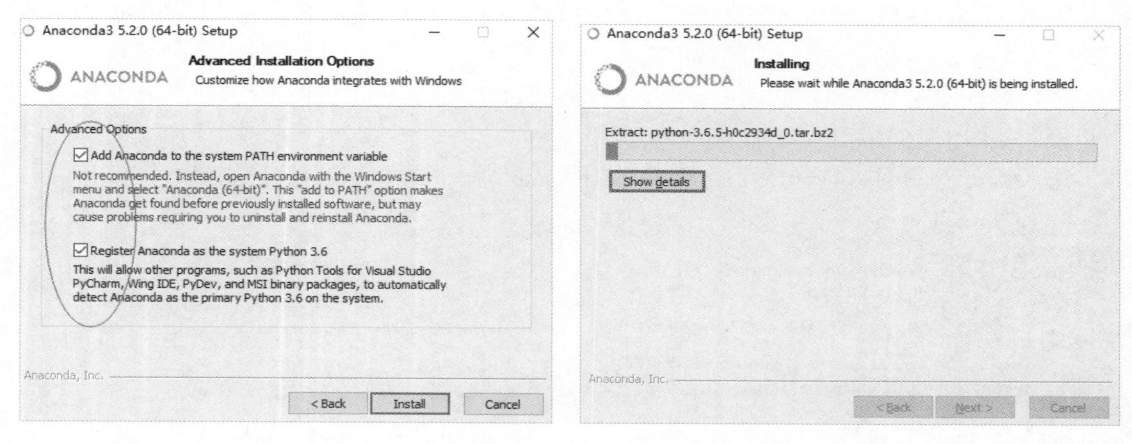

图 1-20　高级选项　　　　图 1-21　安装进度

安装完成，单击“Next”按钮进入下一步，如图 1-22 所示。

接下来会提示是否安装 VSCode（Visual Studio Code），单击“Skip”按钮跳过 VSCode 的安装，如图 1-23 所示。

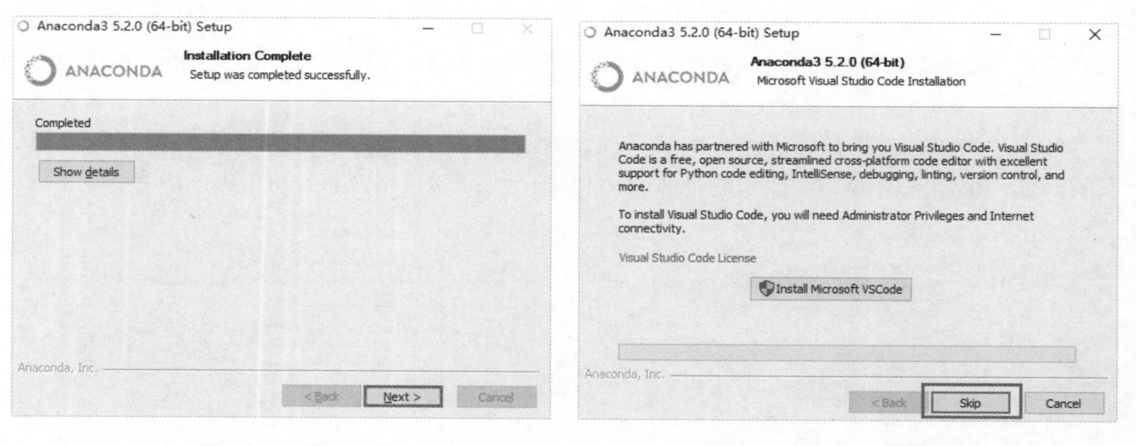

图 1-22　安装完成　　　　图 1-23　跳过 VSCode 的安装

最后一步是 Anaconda 安装的感谢窗口，单击“Finish”按钮结束安装，如图 1-24 所示。到此，在 Windows 系统中已经成功安装 Anaconda。

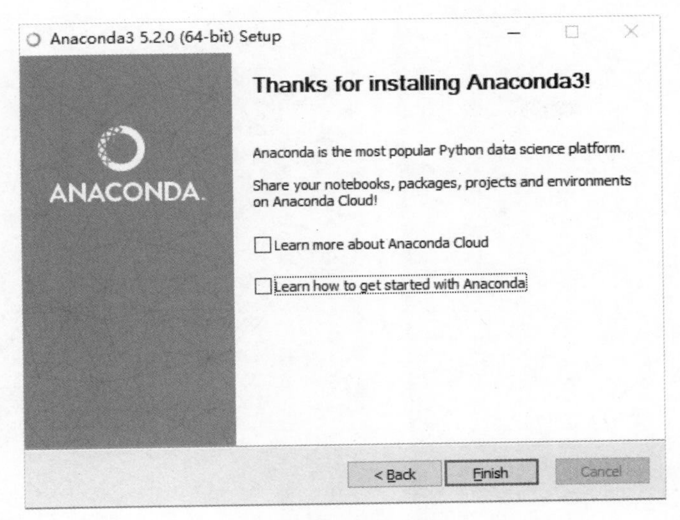

图 1-24　安装完成

1.3.2　Mac 系统下安装 Anaconda

本节安装的 Anaconda 安装包是 Anaconda3-5.2.0-MacOSX-x86_64，该版本的 Anaconda 用于安装在 Mac 64 位操作系统上，内置的是 Python 3.6，关于 Anaconda 安装包的下载方法请参考本节开头的内容。Anaconda 的详细安装步骤如下。

双击打开已下载的安装包，在弹出的安装窗口中，前两步是安装 Anaconda 的介绍信息，可以一直单击“继续”按钮进入下一步骤，如图 1-25 所示。

在软件许可协议窗口中单击“继续”按钮，会弹出是否同意许可协议条款对话框，单击“同意”按钮后，进入下一步骤，如图 1-26 所示。

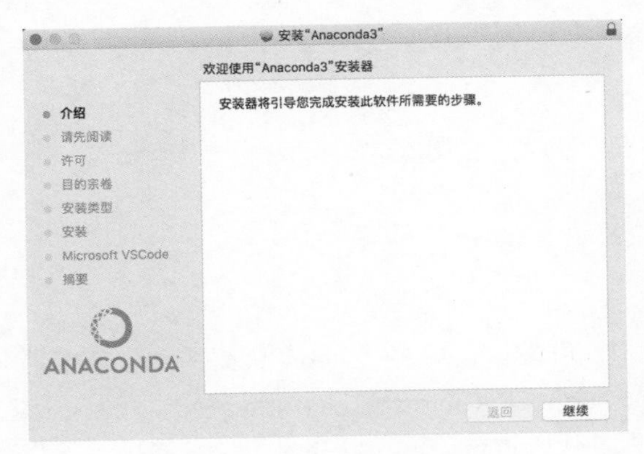

图 1-25　Anaconda 安装介绍

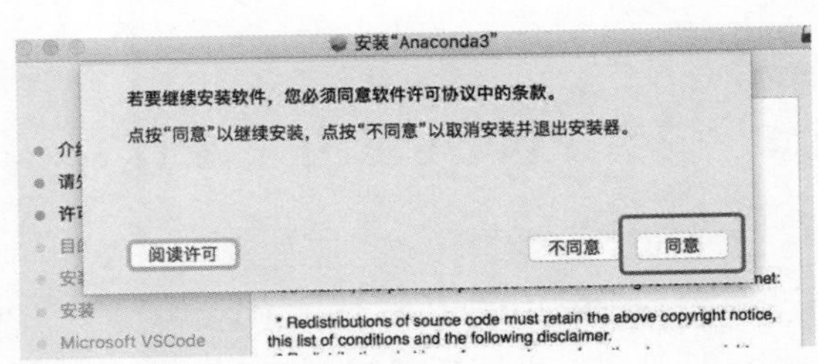

图 1-26　安装许可协议

在这一步单击“更改安装位置”可以更改 Anaconda 安装位置，默认安装在用户个人目录下，如/Users/derek/anaconda3。单击“安装”按钮开始安装，如图 1-27 所示。

安装 Anaconda 的过程中会显示安装进度，如图 1-28 所示。

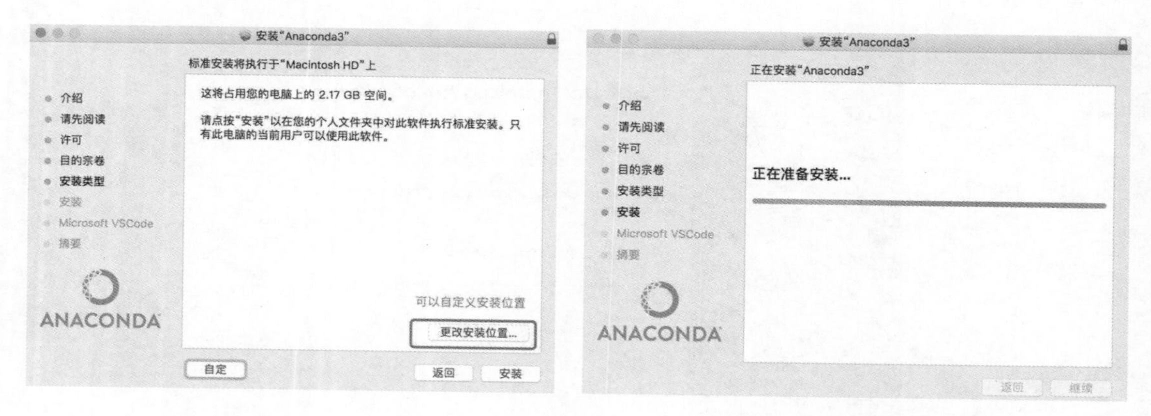

图 1-27　设定安装位置

图 1-28　安装进度

安装完成后会提示是否安装 VSCode，单击“继续”按钮跳过 VSCode 的安装，进入下一步，如图 1-29 所示。

最后一步显示安装摘要，单击“关闭”按钮结束安装，如图 1-30 所示。到此，在 Mac 系统中已经成功安装 Anaconda。

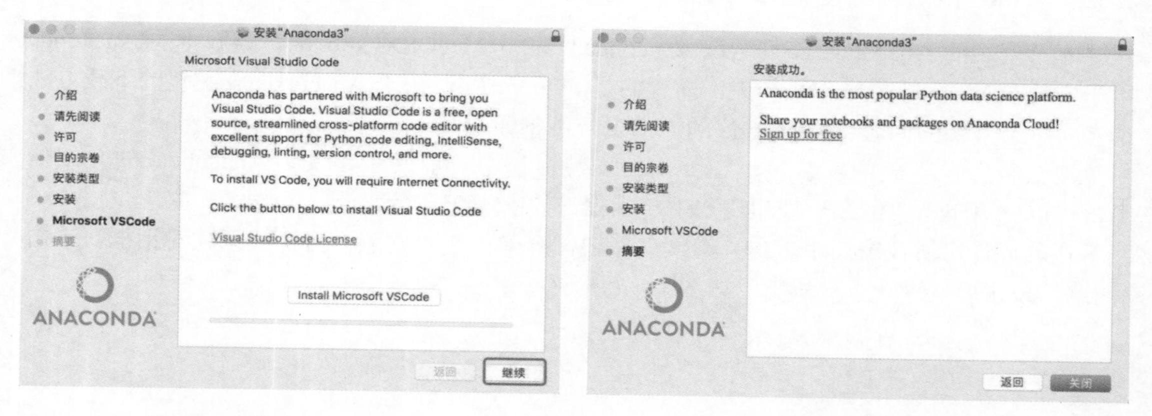

图 1-29　跳过 VSCode 安装

图 1-30　安装摘要

1.4　安装 PyCharm 开发工具

俗话说“工欲善其事，必先利其器”。为了提高开发人员编写 Python 代码的工作效率，这里推荐一款常用的 Python 代码编辑器——PyCharm。PyCharm 由 JetBrains 公司开发，该编辑器能够很好地支持 Python，提供了项目管理、代码调试、语法高亮显示、智能提示、代码自动补全等很多强大的功能。PyCharm IDE 有两个版本，一个是免费的社区版，另一个是收费的支持 Web 开发的版本。如果在日常的开发中不进行 Web 开发，那么只需要下载免费的社区版 PyCharm 即可。

下面通过两个小节分别讲解在 Windows 系统和 Mac 系统上安装 PyCharm 的步骤。

1.4.1　Windows 系统下安装 PyCharm

在安装 PyCharm 之前需要先下载 Pycharm 安装包。

PyCharm 的官方下载地址为：http://www.jetbrains.com/pycharm/download。

在 PyCharm 官方下载页面中，首先选择需要安装的操作系统类型，然后单击“Community”社区版下的“DOWNLOAD”按钮下载 PyCharm 安装包，如图 1-31 所示。

双击打开已下载的安装包开始安装，单击“Next”按钮进入下一步，如图 1-32 所示。

图 1-31　PyCharm 安装包下载页面

图 1-32　开始安装 PyCharm

在设置安装路径的窗口中，可以根据个人需求单击“Browse”按钮选择磁盘上的安装路径，如果不需要修改安装路径，那么会将 PyCharm 安装在默认路径“C:\Program Files\JetBrains”下，如图 1-33 所示。

在可选配置窗口中，在“Create Desktop Shortcut”的选项中，勾选“64-bit launcher”创建桌面快捷方式，因为当前环境为 64 位的 Windows 系统，所以选择此选项。勾选“Create Associations”下的“.py”选项，勾选这个选项后，以后再打开以“.py”结尾的 Python 文件将会默认使用 PyCharm 打开，如图 1-34 所示。

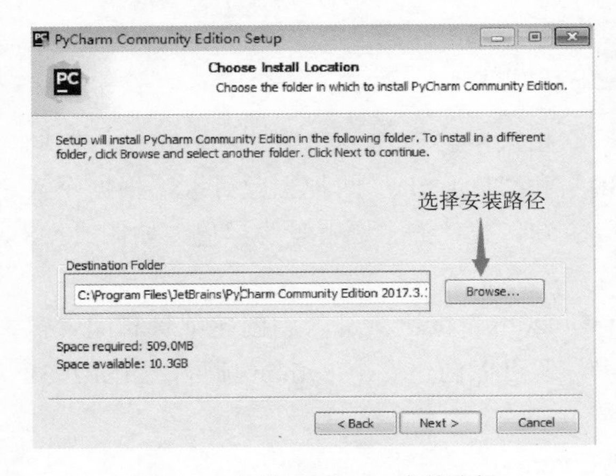

图 1-33　设置 PyCharm 安装路径

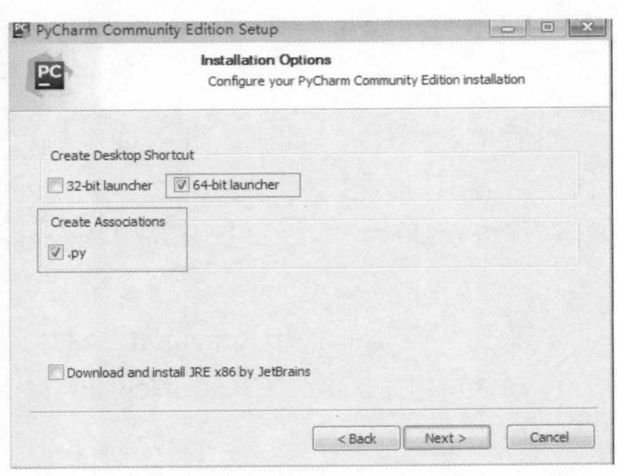

图 1-34　设置安装选项

然后单击“Next”按钮进入下一步，使用默认配置，单击“Install”按钮开始安装，安装的过程中会显示安装进度，如图 1-35 所示。

等待几分钟之后安装完成，勾选“Run PyCharm Community Edition”选项，单击“Finish”按钮，会启动已安装好的 PyCharm，如图 1-36 所示。

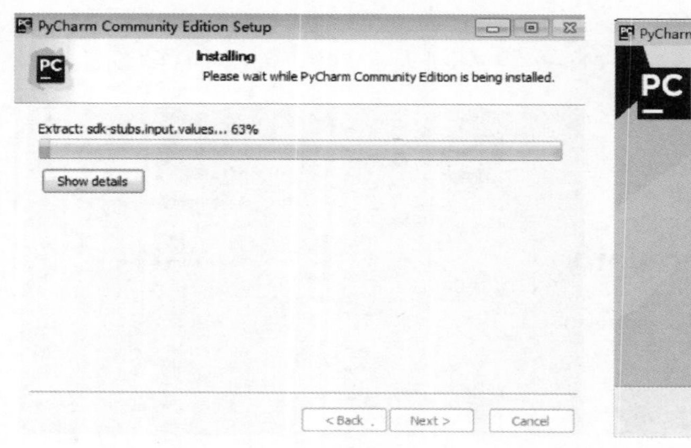

图 1-35　安装进度

图 1-36　安装完成

启动 PyCharm，开始设置相关的常用配置项，在启动窗口中我们不需要从本地加载配置文件，可以勾选“Do not import settings”选项，如图 1-37 所示。

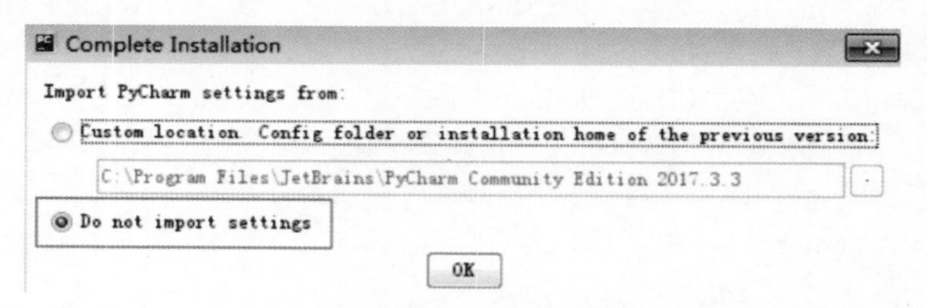

图 1-37　配置 PyCharm

然后单击“OK”按钮，进入许可协议条款相关内容窗口，单击“Accept”按钮同意协议内容，进入 UI 主题设置，有“IntelliJ”和“Darcula”两种主题可选，根据个人喜好选择合适的主题，这里选择了“Darcula”主题，整体的主题背景为黑色，如图 1-38 所示。

单击左下角的“Skip Remaining and Set Defaults”按钮，进入到创建项目和配置窗口。在这个窗口中单击“Create New Project”按钮可以创建一个 Python 项目，如图 1-39 所示。

到此，在 Windows 系统中已经成功安装 PyCharm。

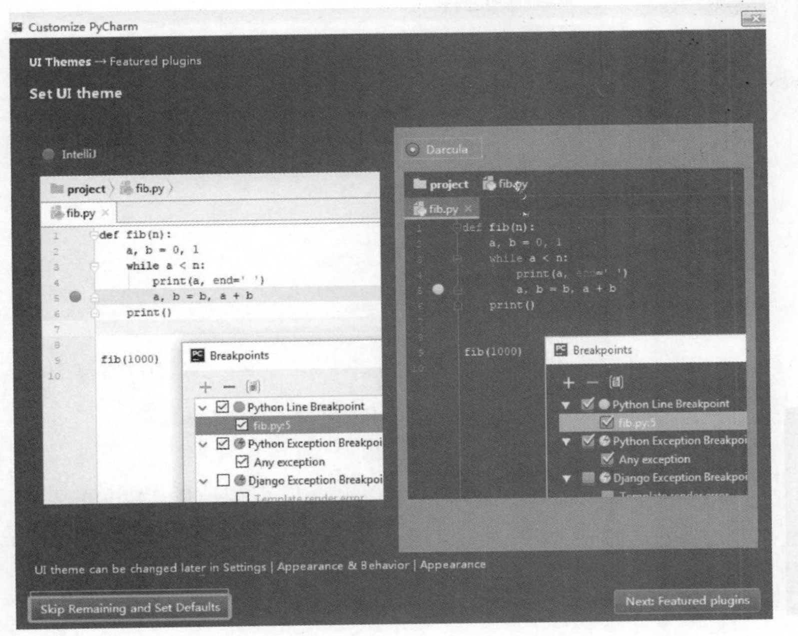

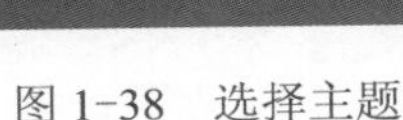

图 1-38　选择主题

图 1-39　创建项目与配置窗口

1.4.2　Mac 系统下安装 PyCharm

在安装 PyCharm 之前需要先在 PyCharm 的官方下载页面中下载 Mac OS 版的 Pycharm 安装包，下载地址参考上一节相应内容，下载页面如图 1-40 所示。

双击打开已下载的安装包开始安装，在弹出的安装窗口中将 PyCharm 程序图标拖拽到 Applications 中，即可快速地安装 PyCharm，如图 1-41 所示。安装具体过程不再赘述。

图 1-40　PyCharm 安装包下载页面

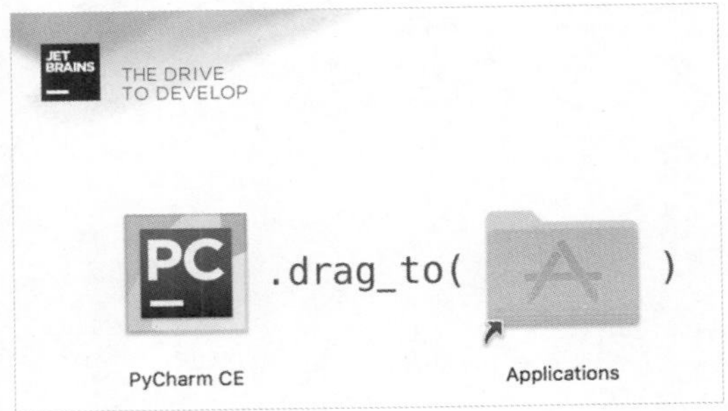

图 1-41　Mac 系统下的 PyCharm 安装窗口

1.4.3　配置 PyCharm 开发环境

打开 PyCharm 创建一个新 Python 项目，单击“Create New Project”，如图 1-42 所示。

图 1-42　创建新项目

进入下一步项目配置，在 Location 对应的输入框中填写项目名称，这里填写的项目名称是“python_ action”，如果创建项目的路径不合适，可以单击右侧的“...”按钮在磁盘上选择项目存储路径。新创建的 Python 项目默认使用 PyCharm 自带的 Python 解释器，而开发者通常需要设置成根据自己喜好另外安装的 Python 解释器，或者 Anaconda 中集成的 Python 解释器。Anaconda 内置了大量的工具包，使用起来非常方便，是大家通常的选择。通过 Interpreter 右侧的“...”按钮可选择本地安装的 Anaconda 中的 Python 解释器，如图 1-43 所示。如果读者觉得 Anaconda 包比较大，也可以选择使用本地安装的 Python 解释器。

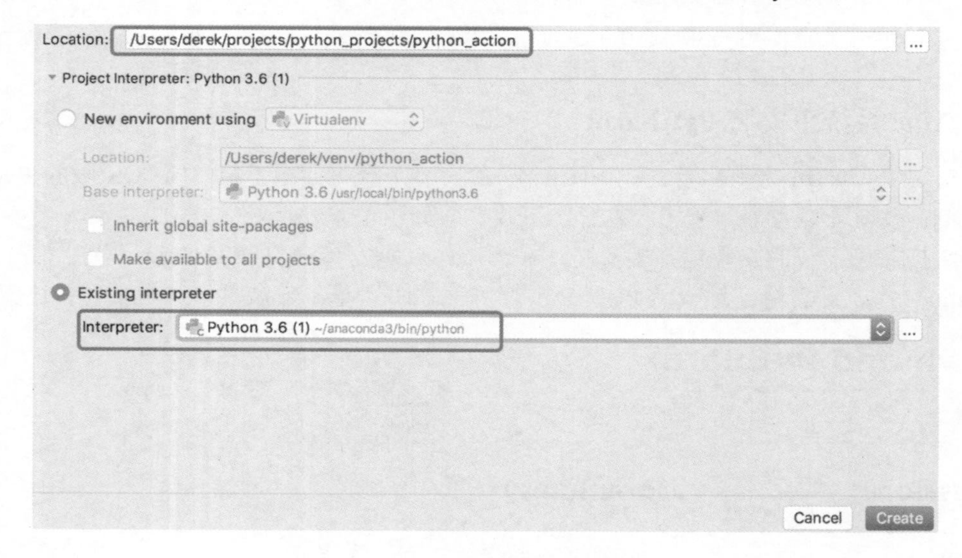

图 1-43　新项目配置

项目配置完成后单击“Create”按钮一个新的项目创建完成。

第 2 章 Python 基础

俗话说“万事开头难”，本章将使用通俗易懂的语言详细介绍 Python 的基础语法，使读者能够快速具备基本的 Python 编程能力。

2.1 注释

注释在程序开发的过程中起着非常重要的作用，往往在一个优秀的项目中，注释的行数不比代码的行数少，甚至有可能注释的行数比代码的行数还要多。那么为什么要写注释呢？

原因有如下几点：

通过代码实现一个功能时，代码的编写逻辑一般是按照程序员的思维逻辑编写的。当过一段时间，回过头来再继续看这段代码，很可能已经忘记当时为什么要这样实现，甚至有可能已经忘记了这段代码是实现一个什么功能。注释以我们自己的语言来描述一段代码的实现逻辑，介绍这段代码具体实现的是什么功能，通过阅读注释可以非常清晰地了解一段代码。

当参与到由多人协作完成的一个大型开发项目中时，每个人负责完成项目一部分功能的实现，当程序很大、很复杂时，直接阅读源码会变得非常困难，项目中各部分功能之间的依赖关系也会变得更加复杂。此时，通过阅读项目中的注释可以让所有的项目参与者快速地理解整个项目结构。

所以在程序开发的过程中，要多写注释，养成写注释的好习惯。

注意：在程序运行过程中，注释是不会被执行的，注释的数量没有限制。

注释的作用：

- 通过自己的语言描述代码逻辑、实现的功能；
- 增强程序代码的可读性，易于维护。

2.1.1 单行注释

单行注释用于注释一行文字或者代码，单行注释格式以#号开头。

如果想对多行的文字或者代码分别添加注释，可以在需要注释的行开头分别添加#号。

例 2-1 在代码中添加单行注释（源代码位置：chapter02/2.1 注释.py）。

案例代码如下：

```
#下面代码实现的功能是：打印一行文字
print("hello world")
#print("hello python") #注释一行代码
```

2.1.2 多行注释

多行注释用于一次对多行文字或者代码块进行注释，多行注释的格式以三个英文单引（'''）号开头，三个英文单引号结尾（'''）。虽然通过使用单行注释对多行的文字或代码进行注释也能够实现多行注释的功能，但是如果注释的是几十行文字，单行注释就会显得非常麻烦。

例 2-2 在代码中添加多行注释（源代码位置：chapter02/2.1 注释.py）。

案例代码如下：

```
'''
使用多行注释描述代码功能
打印一行文字 hello world
'''
print("hello world")
```

2.2 关键字与标识符

2.2.1 关键字

在 Python 内部定义了一些具有特殊功能的标识符，通常称之为 Python 中的关键字。由于关键字在 Python 中具有特殊的含义和功能，所以开发者自定义一些标识符时不要单独使用 Python 内置的关键字。

如果想查看 Python 内置的关键字可以引入 keyword 模块，通过 kwlist 变量查看，kwlist 变量是列表类型，包含了 Python 内置的所有关键字。

例 2-3 查看 Python 内置关键字（源代码位置：chapter02/2.2 关键字与标识符.py）。

案例代码如下：

```
import keyword
keyword.kwlist
```

运行结果如下：

```
['False', 'None', 'True', 'and', 'as', 'assert', 'break', 'class', 'continue', 'def', 'del', 'elif', 'else', 'except', 'finally',
'for', 'from', 'global', 'if', 'import', 'in', 'is', 'lambda', 'nonlocal', 'not', 'or', 'pass', 'raise', 'return', 'try', 'while',
```

```
'with', 'yield']
```

2.2.2　标识符

在 Python 程序开发过程中，开发者自定义的一些符号和名称，如变量名、函数名、类名等称为标识符。标识符由字母、数字、下划线组成。

定义标识符的注意事项：

- 不能以数字开头，如果以数字开头会报语法错误；
- 标识符区分大小写，如 Name 和 name 两个变量不相等；
- 不能使用 Python 内置关键字作为标识符名称；
- 应见名知意，提高可读性。

2.3　变量

什么是变量呢？没有接触过编程的读者可能会对变量的概念有些陌生，为了方便理解，先用一个现实生活中的案例来类比一下。

1．变量的含义

比如，口渴了要喝饮料，打开冰箱，冰箱里有可乐、雪碧等各种饮料，然后你毫不犹豫地拿出一瓶可乐打开喝了，特别高兴。但你是怎么判断拿出来的饮料就是可乐呢？一般是通过瓶子外形和标签来判断出你拿出来的饮料是可乐的。那么在 Python 中这个装可乐的瓶子就是变量，实际喝到嘴里的可乐就是变量的值。当你要喝可乐时，你就会从冰箱里把装可乐的瓶子拿出来。在 Python 中当你要使用某种类型的值时，就要通过变量名来使用变量的值。简单来说，变量就是装各种不同类型值的容器。

注意：

变量定义格式：变量名 = 变量值

其中，“=”等号左边是变量名，等号右边是变量值，通过“=”将变量值赋值给变量。在定义变量的时候，一般有个约定俗成的规则，就是在等号两边添加一个空格，这样做是为了代码格式美观，当然也可以没有空格。

例 2-4　打印个人信息（源代码位置：chapter02/2.3 变量.py）。

案例代码如下：

```
#定义姓名变量 name
name = "xiaoming"
#定义身高变量 high
high = 180.5
#定义年龄变量 age
age = 20
#打印个人信息相关的变量值
print("姓名：",name)
```

```
print("身高：",high)
print("年龄：",age)
```

2．变量定义与赋值的区别

程序代码在执行过程中从上向下执行，如果在一段代码中变量第一次出现，表示定义了一个变量，如果不是第一次出现，表示给这个已经存在的变量重新赋值。

例 2-5 身高计算。

案例代码如下：

```
#定义身高变量 high
high = 180.5
#身高增加 5 厘米
high = high + 5
```

这段代码定义了一个新的变量身高 high，“high = high + 5”这行代码在等号右侧先调用变量 high 的原始值，在原始值的基础之上加 5，然后将计算出来的新值重新赋值给变量 high，重新赋值之后变量 high 的值等于 185.5。

2.4 数据类型

我们在介绍变量时把饮料瓶子类比为变量，把瓶子中的饮料类比为变量值，不同的饮料使用不同的饮料瓶子来装，不同的变量可以存储不同数据类型的变量值。Python 提供了 6 种标准数据类型，包括数字类型（number）、字符串类型（string）、列表（list）、元组（tuple）、字典（dictionary）、集合（set）。其中数字类型还包括 3 种数值类型：整型（int）、浮点型（float）、复数类型（complex）。

本节主要介绍数字类型的数据类型，将会在本章 2.7 节介绍字符串，在第 3 章容器中详细介绍列表、元组、字段、集合 4 种数据类型。

注意：在 Python 中定义的变量不需要显示指定数据类型，Python 解释器会根据变量值自动推断该变量的数据类型。

2.4.1 数字类型

1．整型（int）

在 Python 中使用类型 int 表示整型，整型表示不带小数的数字，包括正整数和负整数。使用 Python 内置的 type 函数可以查看变量类型。

例 2-6 整型变量（源代码位置：chapter02/2.4 数据类型.py）。

案例代码如下：

```
a = 10
b = 20
c = a + b
```

```
print("变量 a 类型：",type(a))
print("变量 b 类型：",type(b))
print("变量 c 类型：",type(c))
```

运行结果如下：

```
变量 a 类型：  <class 'int'>
变量 b 类型：  <class 'int'>
变量 c 类型：  <class 'int'>
```

2．浮点型（float）

在 Python 中使类型 float 表示浮点型，浮点型用于表示带有小数的数字，如 3.14。

例 2-7　计算圆面积（源代码位置：chapter02/2.4 数据类型.py）。

案例代码如下：

```
pi = 3.14
r = 4
area = pi * r ** 2
print("圆面积：",area)
print("变量 pi 类型：",type(pi))
print("变量 r 类型：",type(r))
print("变量 area 类型：",type(area))
```

运行结果如下：

```
圆面积：  50.24
变量 pi 类型：  <class 'float'>
变量 r 类型：  <class 'int'>
变量 area 类型：  <class 'float'>
```

2.4.2　类型转换函数

在编写一个程序的代码时，有时需要将不同的数据类型转换成指定数据类型，以完成想要的计算，这时可以使用 Python 内置的一些类型转换函数来实现，如表 2-1 所示。

表 2-1　内置类型转换函数

函数名	描　述
int(x)	将对象 x 转换为整型
float(x)	将对象 x 转换为浮点型
str(x)	将对象 x 转换为字符串类型
tuple(s)	将序列 s 转换为元组
list(s)	将序列 s 转换为列表
set(s)	将序列 s 转换为集合，并对序列 s 中元素去重

例 2-8　类型转换函数的使用。

案例代码如下：

```
a1= int("123") #字符串转整型
a2= int(3.14) #浮点型转整型，将去掉小数部分
f1= float(3) #整型转浮点型，将添加小数部分用 0 填充
f2= float("3.14") #字符串转浮点型
s1= str(123) #整型转字符串
s2= str(3.14) #浮点型转字符串
#打印变量的类型和值
print("a1 类型：",type(a1)," a1 的值：",a1)
print("a2 类型：",type(a2)," a2 的值：",a2)
print("f1 类型：",type(f1)," f1 的值：",f1)
print("f2 类型：",type(f2)," f2 的值：",f2)
print("s1 类型：",type(s1)," s1 的值：",s1)
print("s2 类型：",type(s2)," s2 的值：",s2)
```

运行结果如下：

```
a1 类型：  <class 'int'>   a1 的值：  123
a2 类型：  <class 'int'>   a2 的值：  3
f1 类型：  <class 'float'>   f1 的值：  3.0
f2 类型：  <class 'float'>   f2 的值：  3.14
s1 类型：  <class 'str'>   s1 的值：  123
s2 类型：  <class 'str'>   s2 的值：  3.14
```

2.4.3 布尔类型

在程序开发过程中，经常会遇到判断某个变量或者某个条件的真或假。在代码中不能使用汉字作为判断结果，需要用一种专门的类型表示真假，这个类型就是布尔类型。布尔类型的值只有 True 和 False 两种值，分别表示真和假。注意与 Java 语言不同，Python 中布尔类型值首字母要大写。

例 2-9 布尔类型变量示例（源代码位置：chapter02/2.4 数据类型.py）。

案例代码如下：

```
t = True            #定义布尔类型变量 t 的值 True
f = False
print(type(t))      #通过 type（变量）函数获取变量类型
print(type(f))
```

运行结果如下：

```
<class 'bool'>
<class 'bool'>
```

说明：bool 是 boolean 的简写，表示布尔类型。关于布尔类型的具体使用场景，在后续章节的案例中会详细介绍。

2.5　输入（input）与输出（print）

程序运行过程中，有时需要不断地与用户进行交互，获取用户输入信息。有时也需要将程序运行的一些信息打印到控制台或者文件中提供给用户查看。在 Python 中提供了易于使用并且功能强大的输入输出函数。

2.5.1　输入函数（input）

在程序运行的过程中如果需要与用户进行交互，获取用户输入的信息，可以使用 Python 内置的 input 函数接收用户输入的信息。input 函数返回用户输入的信息为字符串类型，如果用户输入的是数字，需要使用数字类型转换函数将输入的字符型数字转换成数字类型。

例 2-10　对用户输入的两个数字求和（源代码位置：chapter02/2.5 输入输出函数.py）。

案例代码如下：

```
#接收用户输入数字,input 函数返回字符串类型信息
num1 = input("请输入第一个数字:")
num2 = input("请输入第二个数字:")
#使用 type 函数查看变量类型
print(type(num1))
print(type(num2))
#使用类型转换函数将字符串类型数字转换成整型
num1_1 = int(num1)
num1_2 = int(num2)
result = num1_1 + num1_2
print("result:",result)
```

运行结果如下：

```
请输入第一个数字:2
请输入第二个数字:3
<class 'str'>
<class 'str'>
result: 5
```

运行结果中打印的<class 'str'>信息表示变量 num1 和变量 num2 的数据类型是字符串类型，由于要对输入的两个数字求和，所以使用整型转换函数将字符串转换成整型，然后求和。

2.5.2　输出函数（print）

Python 内置的 print 函数可以将程序运行过程中的一些信息打印到程序执行的控制台或者输出到文件中提供给用户查看，用户根据 print 函数打印的信息可以了解程序的运行情况。print 函数也常用于程序的调试过程，在程序调试过程中经常使用 print 函数打印一些关

键变量值或者一些提示信息等。

1．打印变量值

print 函数可以直接打印一个变量值，也可以一次打印多个变量值，多个变量值之间用逗号隔开。

例 2-11　打印变量值（源代码位置：chapter02/2.5 输入输出函数.py）。

案例代码如下：

```
print("hello python")
str = "hello world,hello python!"
#打印变量值
print(str)
a = 10
b = 20
#同时打印多个变量值
print(a,b)
```

运行结果如下：

```
hello python
hello world,hello python!
10 20
```

2．无换行打印

print 函数默认在打印的一行结束后添加换行，这是因为在定义 print 函数时设置了默认参数 end='\n'，在 Python 中\n 是换行符表示换行输出。如果想无换行打印则需要设置 print 函数的 end 参数值为空。

例 2-12　无换行打印（源代码位置：chapter02/2.5 输入输出函数.py）。

案例代码如下：

```
print("hello",end="")
print(" python",end="")
print(" !",end="")
```

运行结果如下：

```
hello python !
```

3．转义字符

在 Python 中转义字符使用 \ 表示，转义字符的作用是将 Python 中具有特殊意义的符号转换为普通字符。

如果想在 print 中以字符串形式原样输出换行符“\n”，需要在换行符前添加转义字符，则\n 将不再表示换行符而是普通的字符串。

例 2-13　转义字符（源代码位置：chapter02/2.5 输入输出函数.py）。

案例代码如下：

```
print("中国\n 北京")
print("-------华丽分割线-----")
print("中国\\n 北京")#使用转义字符，
```

运行结果如下：

```
中国
北京
-------华丽分割线-----
中国\n 北京
```

2.6　运算符

Python 提供了非常丰富的运算符，包括算术运算符、逻辑运算符、比较运算符等各种运算符，帮助我们在写代码的过程中进行各种计算。本节将详细讲解各种常用运算符的使用方法。

2.6.1　算术运算符

常用的算术运算符包括加（+）、减（-）、乘（*）、除（/）、幂（**）、取模（%）、取整（//）。加、减、乘、除运算我们都已经非常熟悉，本节着重讲解幂运算、取模运算、取整运算。

1．幂运算

在 Python 中幂运算使用**运算符表示。

例 2-14　幂运算（源代码位置：chapter02/2.6 运算符.py）。

案例代码如下：

```
a = 3 ** 2   #3 的 2 次方
b = 5 ** 3   #5 的 3 次方
print("a=",a)
print("b=",b)
c = a ** 0.5   #开平方
print("c=",c)
```

运行结果如下：

```
a= 9
b= 125
c= 3.0
```

说明：求一个数的多少次幂，在**运算符后面填上幂值即可。

2．取模

取模（%）运算又称取余运算，返回除法的余数。

例 2-15　取模运算（源代码位置：chapter02/2.6 运算符.py）。

案例代码如下：

```
f = 10 % 3
print("f=",f)
```

运行结果如下：

```
f= 1
```

说明：10 除以 3 商 3 余 1，10 对 3 取模取的是余数的值，所以 f 的值等于 1。

3．取整

取整（//）运算返回除法的整数部分。

例 2-16 取整运算（源代码位置：chapter02/2.6 运算符.py）。

案例代码如下：

```
z = 10 // 3
print("z=",z)
```

运行结果如下：

```
z = 3
```

说明：10 除以 3 商 3 余 1，10 对 3 取整取的是商的值，所以 z 的值等于 3。

2.6.2 比较运算符

比较运算用于比较两个表达式是否满足比较的条件，返回值是 True 或者 False。比较运算符的详细介绍如表 2-2 所示。

表 2-2 比较运算符

运算符	描述
==	等于，比较两个表达式是否相等，若相等返回 True，否则返回 False
!=	不等于，比较两个表达式是否不相等，若不相等返回 True，否则返回 False
>	大于，比较运算符左边的表达式是否大于右边的表达式，若大于返回 True，否则返回 False
<	小于，比较运算符左边的表达式是否小于右边的表达式，若小于返回 True，否则返回 False
>=	大于等于，比较运算符左边的表达式是否大于或者等于右边的表达式，若大于或者等于返回 True，否则返回 False
<=	小于等于，比较运算符左边的表达式是否小于或者等于右边的表达式，若小于或者等于返回 True，否则返回 False

2.6.3 赋值运算符

赋值运算符用于给变量赋值，我们最熟悉的赋值运算符就是等号，用于将等号右边的值赋值给左边的变量。为了使赋值运算更加的灵活方便，Python 提供的赋值运算符除了等号这种简单的赋值运算符，还提供了其他功能强大并且易用的赋值运算符，如表 2-3 所示。

表 2-3　赋值运算符

运算符	描　述
=	a = 10 表示给变量 a 赋值为 10
+=	设 a=10，a += 5 表示在变量 a 原值基础上加 5 之后重新赋值给变量 a，此时 a=15
−=	设 a=10，a −= 5 表示在变量 a 原值基础上减 5 之后重新赋值给变量 a，此时 a=5
*=	设 a=10，a *= 5 表示在变量 a 原值基础上乘以 5 之后重新赋值给变量 a，此时 a=50
/=	设 a=10，a /= 5 表示在变量 a 原值基础上除以 5 之后重新赋值给变量 a，此时 a=2.0
%=	设 a=10，a %= 3 表示在变量 a 原值基础上对 3 取模（取余）之后重新赋值给变量 a，此时 a=1
//=	设 a=10，a //= 3 表示在变量 a 原值基础上对 3 取整之后重新赋值给变量 a，此时 a=3

2.6.4　逻辑运算符

在程序运行过程中，经常需要针对不同的情况做逻辑运算，尤其是在 if 条件判断和循环中使用最为频繁。Python 中支持常用的逻辑运算，如表 2-4 所示。

表 2-4　逻辑运算符

运算符	描　述
not	not x，如果表达式 x 为 True，对它取否，则返回 False
and	x and y，如果表达式 x 和 y 同时为 True，则返回 True。如果表达式 x 或 y 任何一个为 False，都会返回 False
or	x or y，如果表达式 x 或 y 任何一个为 True，都会返回 True。只有表达式 x 和 y 同时为 False 时，才会返回 False

2.6.5　运算符优先级

运算符优先级：算术运算符 > 比较运算符 > 逻辑运算符，从左向右运算符优先级依次降低。

算术运算符的优先级：幂运算 > 乘、除、取模、取整 > 加、减，幂运算的优先级最高，其他同级算术运算符之间是并列关系，按照从左到右的顺序执行。

例 2-17　算术运算符优先级。

案例代码如下：

```
10 + 5 * 3 ** 2
```

计算结果如下：

```
55
```

解析：先算 3 的 2 次方得 9，然后 5 乘以 9 得 45，最后 10 加 45 得 55。

逻辑运算符优先级：not > and、or。

例 2-18　逻辑运算符优先级。

案例代码如下：

```
a = True
b = False
c = True
print(not a and b or c)
```

运行结果如下：

```
True
```

解析：逻辑运算符中 not 的优先级高，先算 not a 返回值是 False，第一步的返回值 False 和变量 b 的值做 and 逻辑与运算，and 运算符左右两边的表达式任何一个为 False，则返回值是 False。最后和变量 c 的值做 or 逻辑或运算，or 运算符左右两边的表达式任何一个为 True，则返回值是 True。所以，最终结果是 True。

2.7 字符串

通过前几节的学习，我们已经了解字符串的一些用法，字符串在 Python 编程过程中被广泛使用，熟练掌握字符串的使用方法非常重要。本节将详细介绍字符串的使用方法。

2.7.1 字符串定义

字符串类型的变量值使用一对双引号或者一对单引号括起来。

定义一个字符串类型的变量：s ="python"或者 s = 'python'。

2.7.2 字符串格式化

我们在开发程序的过程中，有时需要将多个值组合成一个新的字符串，下面将详细介绍与字符串格式化有关的三种方法。

1．使用+号将多个值拼接起来组成一个新的字符串

例 2-19 拼接字符串（源代码位置：chapter02/2.7 字符串.py）。

案例代码如下：

```
new_str = "hello" + "=>" + "python" + str(3)
print(new_str)
```

运行结果如下：

```
hello=>python3
```

注意：在拼接字符串时，如果涉及非字符串类型的值，要使用字符串类型转换函数 str 将其转换成字符串。

2. 使用格式化符号，实现对字符串的格式化

表 2-5　常用的格式化符号

运算符	描述
%s	字符串格式化符号
%d	有符号十进制整数格式化符号
%f	浮点数格式化符号

例 2-20　字符串格式化（源代码位置：chapter02/2.7 字符串.py）。

案例代码如下：

```
name = "小明"
print("姓名：%s"%name)
age = 20
print("年龄：%d 岁"%age)
high = 180.5
print("身高：%f 厘米"%high)
```

运行结果如下：

```
姓名：小明
年龄：20 岁
身高：180.500000 厘米
```

格式化符号在字符串中相当于占位符，标记它所占的位置应该传入哪种类型的值，在使用格式化符号时，如果只传入一个变量值，则使用%加变量名或%加值传入。如果在一个字符串中使用多个格式化符号，需要传入多个变量值，此时需要使用%(value1,value2,…)方式按照字符串中格式化符号的顺序和类型传入多个变量值。

例 2-21　格式化字符串传入多个变量值（源代码位置：chapter02/2.7 字符串.py）。

案例代码如下：

```
name = "小明"
age = 20
high = 180.5
print("姓名：%s，年龄：%d 岁，身高：%f 厘米"%(name,age,high))
```

运行结果如下：

```
姓名：小明，年龄：20 岁，身高：180.500000 厘米
```

从运行结果可以看出，在打印浮点型变量值时，默认保留 6 位小数，小数位用 0 补全。在 Python 中提供了设置浮点数精度的方法，比如将身高设置为保留 1 位小数，可使用格式化符号%.1f 表示。

例 2-22　设置浮点数精度值（源代码位置：chapter02/2.7 字符串.py）。

案例代码如下：

```
name = "小明"
age = 20
high = 180.5
print("姓名：%s，年龄：%d 岁，身高：%.1f 厘米"%(name,age,high))
```

运行结果如下：

```
姓名：小明，年龄：20 岁，身高：180.5 厘米
```

3．format 格式化函数

除了使用格式化符号实现字符串格式化，Python 还提供了另一种比较简洁的字符串格式化函数 format。format 函数不需要使用格式化符号设置每一个位置传入的变量类型，只需要使用一对{}占据字符串中指定位置。

例 2-23 format 函数的使用（源代码位置：chapter02/2.7 字符串.py）。

案例代码如下：

```
name = "小明"
age = 20
high = 180.5
print("姓名：{}，年龄：{}岁，身高：{:.1f}厘米".format(name,age,high))
```

运行结果如下：

```
姓名：小明，年龄：20 岁，身高：180.5 厘米
```

注意： format 函数是字符串内置的函数，使用时需要在字符串后加上点号调用 format 函数。如果想在 format 函数的占位符中设置浮点数的精度可以使用{:.1f}表示。

2.7.3 字符串内置方法

在 Python 程序开发过程中，经常需要操作字符串，例如：在一个字符串中查找是否存在某个子字符串，将字符串中的某个子字符串替换成另外一个新的子字符串，将一个字符串按照指定的分隔符分割成多个字符串，等等很多常用的场景。

为了方便的操作字符串，在 Python 内部提供了很多操作字符串的方法，我们在开发的过程中可以直接调用这些内置的方法，直接操作字符串，使用起来非常方便。下面将详细介绍几个常用的字符串内置方法。

1．find(str[,start,end])

find 用于在字符串中查找指定的子字符串是否存在，如果存在子字符串，返回第一个出现子字符串起始位置的下标。如果没有找到子字符串则返回-1。[ ]中括号括起来的 start、end 两个参数是可选参数，表示可以在字符串指定的起始和结束下标范围内查找子字符串。

例 2-24 find()方法的使用（源代码位置：chapter02/2.7 字符串.py）。

案例代码如下：

```
line = "hello world hello python"
#查找字符串中的 world
print(line.find("world"))
#line 中包含两个 hello，只返回第一个 hello 的起始下标
print(line.find("hello"))
#从下标 6 开始向后查找 hello
print(line.find("hello",6))
#如果没有找到子字符串则返回-1
print(line.find("zhangsan"))
```

运行结果如下：

```
6 #在 line 中第一次找到 world 的开始位置下标
0 #在 line 中第一次找到 hello 的开始位置下标
12 #从下标 6 开始向后查找，在 line 中第一次找到 hello 的开始位置下标
-1 #没有找到 zhangsan 子字符串
```

2．count(str[,start,end])

count( )方法用于统计一个字符串中包含子字符串的个数，[ ]括起来的 start、end 两个参数是可选参数，表示可以在字符串指定的起始和结束下标范围内，统计子字符串个数。

例 2-25　count( )方法的使用（源代码位置：chapter02/2.7 字符串.py）。

案例代码如下：

```
#统计 line 中包含 hello 的个数
print("line 中包含的 hello 个数：",line.count("hello"))
```

运行结果如下：

```
line 中包含的 hello 个数： 2
```

3．replace(old,new[,count])

replace( )方法使用新的子字符串替换指定的子字符串，返回一个新的字符串，原字符内容不变。count 是可选参数，可以指定替换的字符串个数，默认全部替换。

例 2-26　replace( )方法的使用（源代码位置：chapter02/2.7 字符串.py）。

案例代码如下：

```
#将 line 中的所有 hello 替换成 hi
new_line = line.replace("hello","hi")
print("        line:",line)
print(" new_line:",new_line)
#只替换 1 个子字符串
new_line2 = line.replace("hello","hi",1)
print("        line:",line)
print("new_line2:",new_line2)
```

运行结果如下：

```
        line: hello world hello python
```

```
  new_line: hi world hi python
      line: hello world hello python
 new_line2: hi world hello python
```

4．split(sep[, maxsplit])

split()方法按照指定的分割符分割字符串，返回分割之后所有元素的列表。maxsplit 是可选参数，指定要对几个分割符进行分割。

例 2-27　split()方法的使用（源代码位置：chapter02/2.7 字符串.py）。

案例代码如下：

```
#按照空格分割字符串
split_list = line.split(" ")
print("line:",line)
print("split:",split_list)
#按照空格分割字符串，只对匹配的一个分隔符进行分割
split_list2 = line.split(" ",1)
print("line:",line)
print("split2:",split_list2)
```

运行结果如下：

```
line: hello world hello python
split: ['hello', 'world', 'hello', 'python']
line: hello world hello python
split2: ['hello', 'world hello python']
```

5．startswith(prefix[,start,end]) 与 endswith(suffix[, start, end])

startswith()方法用于判断字符串是否以指定的前缀开头，返回值为 True 或 False。start、end 是可选参数，表示查找前缀的起始和结束范围。

endswith()方法用于判断字符串是否以指定的后缀结束，返回值为 True 或 False。start、end 是可选参数，表示查找后缀的起始和结束范围。

例 2-28　startswith 与 endswith 方法的使用（源代码位置：chapter02/2.7 字符串.py）。

案例代码如下：

```
#判断 line 字符串是否以 hello 开头
print(line.startswith("hello"))
#判断 line 字符串是否以 python 结尾
print(line.endswith("python"))
```

运行结果如下：

```
True
True
```

6．upper()与 lower()

upper()方法用于将字符串所有字符大写，lower()方法用于将字符串所有字符小写。

例 2-29　upper()方法和 lower()方法的使用。假设用户在 ATM 机取款完成，ATM 机会提示是否继续，需要用户手动输入信息，用户输入 yes 表示继续，用户输入 no 表示退出。（源代码位置：chapter02/2.7 字符串.py）。

案例代码如下：

```
content = input("提示信息，取款成功，yes 继续，no 直接退出：")
print("您输入的信息：",content)
#为了防止用户输入大写字符串，影响后续的判断，使用 lower 将用户输入的内容全部转换为小写
if content.lower() == "yes":
    print("欢迎继续使用！")
else:
    print("退出成功，请取卡！")
```

运行结果如下：

```
提示信息，取款成功，yes 继续，no 直接退出：YES
您输入的信息：  YES
欢迎继续使用！
```

7．join（序列）

字符串内置的 join()方法用于将一个序列中的多个字符串元素拼接成一个完整的字符串，序列可以是元组、列表等。

例 2-30　join()方法（源代码位置：chapter02/2.7 字符串.py）。

案例代码如下：

```
#姓名、年龄、所在城市这些信息用逗号隔开拼接成一个字符串
print(",".join(["小明",str(20),"北京"]))
```

运行结果如下：

```
小明,20,北京
```

注意：列表中的元素必须是字符串类型，其他类型值要使用字符串转换函数 str 转换成字符串。

8．strip()

strip()方法默认可以去掉字符串开头和结尾的空白字符，也可以把要去掉的字符作为参数传入 strip()方法，并且去掉字符串开头和结尾的指定字符。

例 2-31　strip()方法的使用（源代码位置：chapter02/2.7 字符串.py）。

案例代码如下：

```
## 默认去掉字符串头和尾的空白字符
#去掉空格
print("   sss   ".strip())
#去掉制表符
print("\tsss\t".strip())
```

```
#去掉换行符
print("\nsss\n".strip( ))
## 指定的字符作为参数，去掉字符串开头和结尾的指定字符
#去掉字符串开头和结尾的逗号
print(",,,,sss,,,,".strip(","))
```

运行结果如下：

```
sss
sss
sss
sss
```

注意：strip 方法只能去掉字符串开头和结尾的空白字符或者指定字符，不能去掉字符串中间的空白字符或指定字符。

2.8 if 条件判断

if 条件判断语句在平常项目开发过程中经常被用到，为了将代码写得比较健壮，经常要对各种可能发生的情况进行判断，根据不同的判断条件，采取对应的处理方法，在 Python 中同样如此。所以学习 if 条件判断语句非常重要。

2.8.1 语法格式

if 条件判断语法格式如下：

```
if 表达式 1:
    ……
elif 表达式 2:
    ……
elif 表达式 3:
    ……
else:
    ……
```

为了方便理解，将 if 条件判断语法格式翻译成如下的中文表达方式：

```
如果 表达式 1 成立：
    执行代码块内的逻辑代码
如果 表达式 2 成立：
    执行代码块内的逻辑代码
如果 表达式 3 成立：
    执行代码块内的逻辑代码
上述所有表达式都不满足，则：
    执行代码块内的逻辑代码
```

在 if 条件判断中，if 语句是必选表达式，elif 语句是可选表达式，可以有多个表示对不同情况的判断。else 语句是可选表达式，整个条件判断中只能有一个 else 语句，它表示 if 和 elif 列举的所有表达式都不满足，则进入到 else 代码块中。在条件判断过程中从上到下逐个表达式判断，一旦满足某个表达式条件，则返回 True，进入到对应的代码块中执行具体的逻辑代码，代码块执行完，则整个条件判断结束，不再向下继续判断。

例 2-32　if 条件判断语句的使用。去便利店买烟酒时都会提示，不允许向未成年人销售，根据年龄输入的情况编写相应代码进行判断是否可售（源代码位置：chapter02/2.8 if 条件判断.py）。

案例代码如下：

```
age_in = input("请输入年龄：") #用户输入年龄
age = int(age_in) #类型转换
#条件满足则进入代码块执行，条件不满足则直接跳过该段代码块
if age < 18:
    print("温馨提示：")#使用缩进来表示一段代码块
    print("不向未成年人销售烟酒，请您买块糖吧！")
else:
    print("年龄合法，请付款！")
print("欢迎下次继续光临！") #这行代码会在 if 判断条件之后执行，跟 if 判断没有任何关系
```

运行结果如下：

```
请输入年龄：16
温馨提示：
不向未成年人销售烟酒，请您买块糖吧！
欢迎下次继续光临！
请输入年龄：20
年龄合法，请付款！
欢迎下次继续光临！
```

2.8.2　条件判断与逻辑运算符

在条件判断的表达式中可以使用任意运算符，逻辑运算符的使用常用于一个表达式中多个条件的判断。

例 2-33　条件判断中逻辑运算符的应用。仍继续以例 2-32 为例，为输入的年龄设定一个范围（源代码位置：chapter02/2.8 if 条件判断.py）。

案例代码如下：

```
age_in = input("请输入年龄：") #用户输入年龄
age = int(age_in) #类型转换
#如果用户输入的年龄小于等于 0 或者大于等于 150 都是无效年龄
if age <= 0 or age >150:
    print("年龄无效！")
elif age < 18: #多条件判断
    print("温馨提示：")
```

```
    print("不向未成年人销售烟酒，请您买块糖吧！")
else:
    print("年龄合法，请付款！")
print("欢迎下次继续光临！")
```

运行结果如下：

```
请输入年龄：-1
年龄无效！
欢迎下次继续光临！
请输入年龄：151
年龄无效！
欢迎下次继续光临！
请输入年龄：16
温馨提示：
不向未成年人销售烟酒，请您买块糖吧！
欢迎下次继续光临！
请输入年龄：20
年龄合法，请付款！
欢迎下次继续光临！
```

2.8.3 if 嵌套

if 嵌套就是在 if 判断的语句块里使用 if 判断，常用于对某一事物的多重判断。

例 2-34 if 嵌套的应用。去医院体检，首先要挂号缴费，缴费成功进入体检科室，按照性别各排一队，等待体检。要求编写代码对缴费成功与否以及性别情况进行判断。（源代码位置：chapter02/2.8 if 条件判断.py）。

案例代码如下：

```
fee = input("请缴费 50 元：")
fee_int = int(fee)
if fee_int == 50:
    print("缴费成功！")
    gender = input("请输性别，b 代表男性，g 代表女性：")
    #b 表示男，g 表示女
    if gender == "b":
        print("请排在男生队伍中，耐心等待…")
    elif gender == "g":
        print("请排在女生队伍中，耐性等待…")
else:
    print("对不起，无法识别！")
```

运行结果如下：

```
请缴费 50 元：20
对不起，无法识别！
请缴费 50 元：100
对不起，无法识别！
请缴费 50 元：50
```

```
缴费成功！
请输性别，b 代表男性，g 代表女性：b
请排在男生队伍中，耐心等待…
```

2.9　while 循环

Python 程序有顺序执行、选择执行、循环执行三大执行流程，程序在执行过程中采用从上到下逐行代码执行的方式顺序执行，当遇到 if 条件判断语句进行选择执行，判断是否符合 if…elif…else 等条件，如果有任何一个条件满足则执行条件判断中的语句，否则跳过条件判断中的语句块，继续向下执行。程序在执行过程中，当遇到了循环语句，也需要进行条件判断，只有条件判断返回值为 Ture，也就是符合条件则进入循环体内执行循环体内的代码，相反，条件不满足则跳过循环代码块，继续向下顺序执行。本节将详细讲解 while 循环的使用方法。

2.9.1　语法格式

● while 循环语法格式：

while 表达式:

　　循环体内代码块

● while 循环执行流程：

首先对 while 中的表达式进行判断，当返回值为 True 时，执行循环体内代码块，循环体内的代码按照从上到下顺序执行，执行完循环体内的代码块再判断 while 中的表达式，如果返回值仍然为 True，则继续进入循环体，以此类推。如果遇到 while 表达式为 False，则结束循环，顺序执行循环体之后的代码。执行流程如图 2-1 中的 while 循环流程图。

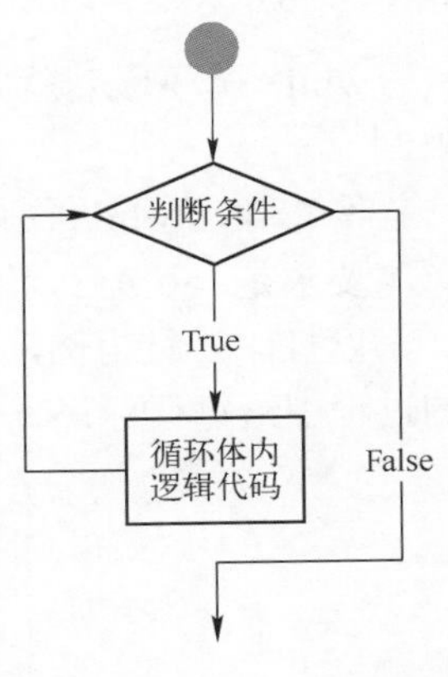

图 2-1　while 循环流程图

● while 循环的应用场景：对于满足某种条件，重复调用实现某一功能的代码块，这种场景适合使用 while 循环。

例 2-35　while 循环的使用。打印数字 1 到 10（源代码位置：chapter02/2.9 while 循环.py）。

案例代码如下：

```
num = 1
while num <= 10: #设置循环次数
    print(num)
    num += 1 #每次打印完 num 的值，num 的值加 1
```

运行结果如下：

```
1
2
```

```
3
4
5
6
7
8
9
10
```

注意：每次打印之后，切记一定要给变量 num 加 1，否则程序会死循环。

while 循环可以按照表达式中规则在满足规则的条件下，循环执行循环体内的代码，这样的执行流程可以大大减少实现相同功能的代码量，使代码更加的简洁，程序更加的健壮。不过要注意防止死循环的出现，死循环会一直执行 while 循环中的代码块，导致计算资源的浪费，降低程序的性能。

2.9.2 while 循环嵌套

while 循环嵌套就是在 while 循环中继续使用 while 循环，使用的 while 循环数量没有限制。

例 2-36 while 循环嵌套的使用，打印三角形。

要求是：从上到下，下一行比上一行多两个*，在行开头下一行比上一行少 1 个空格。

以打印 4 行为例，图 2-2 为代码逻辑分析图，分析如何用代码实现。为了方便，在分析的过程中给每行标记一个行号，从第 1 行开始，一共 4 行。

```
              行号  打印*个数  距离左侧空格数
      *        1      1          3
     ***       2      3          2
    *****      3      5          1
   *******     4      7          0
```

图 2-2 代码逻辑分析

规律 1：每行打印*的个数：第 1 行 1 个星，第 2 行 3 个星，第 3 行 5 个星，第 4 行 7 个星。每行打印星号的个数有个规律，即每行打印的星号都是奇数个，下一行比上一行多两个星，结合行号找出的规律是 2 乘以行号再减 1。

规律 2：每行第 1 个星号距离左侧的空格数，第 1 行 3 个空格，第 2 行两个空格，第 3 行 1 个空格，第 4 行 0 个空格。可以看出一个规律，就是每行开头的第 1 个星号距离左侧的空格数与行号的关系是打印的总行数减去行号。

有了这两个打印三角形的规律，我们就可以开始写代码实现（源代码位置：chapter02/2.9 while 循环.py）。

案例代码如下：

```
i = 1 #用于控制行号
n = 4 #正三角形共打印多少行
#外层循环控制打印图形的总行数
while i <= n:
    #打印第一个星号距离左侧的空格数
    print(" "*(n-i),end="")#无换行输出
    #开始打印每行的星号，星号的个数=2*i-1 个
    j = 1
    while j <= 2*i-1:
        print("*",end="")#无换行输出
        j +=1
    print("")#打印一行换行
    i += 1
```

运行结果如下：

```
   *
  ***
 *****
*******
```

2.9.3 break 跳出整个 while 循环

在执行循环过程中，有时需要对某些条件进行判断，当条件满足时，就要跳出整个循环，结束循环继续执行循环体之后的代码。此时就要用到 break 关键字。

例 2-37 打印 1 到 20 的偶数，当遇到 10 的整数倍数字时，结束整个循环（源代码位置：chapter02/2.9 while 循环.py）。

案例代码如下：

```
print("--------start--------")
i = 1
while i <= 20:
    #能被 2 整除表示是偶数
    if i % 2 == 0:
        if i % 10 == 0:
            #遇到 10 的整数倍数字，跳出整个循环
            break
        print(i)
    i += 1
#循环结束后，继续执行下面的代码
print("--------end--------")
```

运行结果如下：

```
--------start--------
2
4
6
```

```
8
--------end--------
```

注意：在循环中执行 break 后，break 之后的代码和剩余循环都不会再执行，结束整个循环。

2.9.4 continue 跳出当次 while 循环

continue 关键字用于跳出它所在的当次循环，如果后面还有循环未执行，则继续执行后面的循环。注意区分 continue 关键字与 break 关键字跳出循环的不同。

例 2-38 打印 1 到 20 的偶数，不打印 10 的整数倍偶数（源代码位置：chapter02/2.9 while 循环.py）。

案例代码如下：

```
print("--------start--------")
i = 1
while i <= 20:
    i += 1 #要放在前面，如果放在最后，则执行完 continue
    if i % 2 == 0:
        if i % 10 == 0:
            #跳出本次循环，不打印 10 的整数倍偶数，后边的偶数继续打印
            continue
        print(i)
print("--------end--------")
```

运行结果如下：

```
--------start--------
2
4
6
8
12
14
16
18
--------end--------
```

2.10 for 循环

在 2.9 小节中详细地介绍了 while 循环的使用方法，通过 while 循环可以轻松实现对同一个处理逻辑的多次重复执行，但是如果使用 while 循环遍历一个序列，实现起来相对会比较复杂。不过不用担心，Python 为我们提供了遍历序列更为简洁的方式，就是使用 for 循环。for 循环不是 Python 特有的语法，在其他高级编程语言中也都有提供，例如：Java、C++、

PHP 等。for 循环的使用非常普遍，通常用于遍历各种类型的序列，例如：列表、元组、字符串等。

2.10.1　语法格式

- for 循环语法格式：

for 临时变量 in 序列:
    代码块

- for 循环的执行流程：

每次循环判断 for 中的条件，从序列的零脚标开始，将序列中的元素赋值给临时变量，进入循环体执行代码，执行完循环体内代码，继续判断 for 条件中序列是否还有下一个待处理的元素，如果有则继续进入循环体，依次类推，直到序列中最后一个元素被处理完，循环结束。for 循环的执行流程如图 2-3 所示。

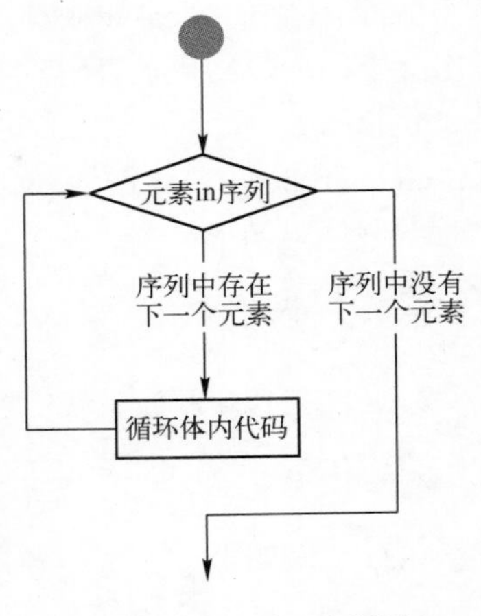

图 2-3　for 循环流程图

例 2-39　for 循环的使用，打印 0 到 9 十个数字（源代码位置：chapter02/2.10 for 循环.py）。

案例代码如下：

```
for i in range(0,10):
    print(i)
```

运行结果如下：

```
0
1
2
3
4
5
6
7
8
9
```

解析：Python 内置的 range 函数可以返回指定范围的数字序列，其语法格式为：range(start,end,step)，该函数可以传入 3 个参数，start 表示开始值，end 表示结束值的后一个元素，step 表示步长，默认步长是 1。range(0,10) 返回序列中包含的元素为 0,1,2,3,4,5,6,7,8,9。

注意：并没有返回结束值 10，只到结束值 10 的前一个数值 9，因为 range 函数返回的序列是左闭右开的区间。

2.10.2 break 跳出整个 for 循环

for 循环中的 break 用法与 while 循环中 break 的用法类似，在 for 循环中 break 也是用于跳出整个循环，结束循环继续执行循环体之后的代码。

例 2-40 打印 1 到 20 的偶数，当遇到 10 的整数倍数字时，结束整个循环（源代码位置：chapter02/2.10 for 循环.py）。

案例代码如下：

```
for i in range(1,21):
    if i % 2 == 0:
        if i % 10 == 0:
            break
        print(i)
```

运行结果如下：

```
2
4
6
8
```

2.10.3 continue 跳出当次 for 循环

for 循环中的 continue 关键字的用法与 while 循环中 continue 的用法类似，用于跳出它所在的当次循环，如果后面还有循环未执行，则继续执行后面的循环。

例 2-41 打印 1 到 20 的偶数，不打印 10 的整数倍偶数（源代码位置：chapter02/2.10 for 循环.py）。

案例代码如下：

```
for i in range(1,21):
    if i % 2 == 0:
        if i % 10 == 0:
            continue
        print(i)
```

运行结果如下：

```
2
4
6
8
12
14
16
18
```

第3章 容器

在生活中，我们会使用一个容器来存放物品，当使用的时候再将物品从容器里取出来。例如：如果存储的是水，我们可能会选择使用水壶；如果存储的是小零件，我们可能会选择使用箱子。在程序开发过程中，需要处理各种各样的数据（类比成生活中各种各样的东西），如果有大量的数据需要存储起来，那么我们也可以使用程序中的容器，在 Python 中内置了四种常用并且重要的容器类型，分别是列表、元组、字典、集合。本章将详细讲解这四种容器类型。

3.1 列表

列表用来顺序存储相同或者不同类型数据的集合，需要注意的是，列表内存储的元素是有序的。

3.1.1 列表的定义

列表使用一对[ ]定义，列表中存储的每一个值称为元素，在列表内可以存储多个元素，元素之间用逗号隔开。

例 3-1 存储班级中所有同学的姓名（源代码位置：chapter03/3.1 列表.py）。

案例代码如下：

```
name_list = ["小明","小白","小黑"]
print(type(name_list)) #使用 type 函数查看变量类型
print(name_list)
```

运行结果如下：

```
<class 'list'>
['小明', '小白', '小黑']
```

解析：本例中使用列表存储相同类型的数据。

例 3-2　存储一个同学的详细信息（源代码位置：chapter03/3.1 列表.py）。

案例代码如下：

```
#信息包含：姓名，年龄，身高，体重，是否会 Python
info_list = ["小明",20,180.5,80,True]
print(info_list)
```

运行结果如下：

```
['小明', 20, 180.5, 80, True]
```

解析：本例中使用列表存储不同类型的数据。

3.1.2　查询列表中元素

由于列表是顺序存储数据的，所以可以通过索引（脚标）查询列表中指定位置的元素，索引值从 0 开始，排在后面的元素索引值依次递增 1。

例 3-3　查询存储同学信息列表中的姓名及该同学是否会 Python（源代码位置：chapter03/3.1 列表.py）。

案例代码如下：

```
#信息包含：姓名，年龄，身高，体重，是否会 Python
info_list = ["小明",20,180.5,80,True]
name = info_list[0] #列表中第 1 个元素，脚标是 0
if_python = info_list[4] #列表中第 5 个元素，脚标是 4
print("{}是否会 Python:{}".format(name,if_python))
```

运行结果如下：

```
小明是否会 Python:True
```

如果查询列表使用的索引值（脚标）超过列表的长度将会报索引越界错误，导致程序崩溃。

例 3-4　查询列表索引越界错误（源代码位置：chapter03/3.1 列表.py）。

案例代码如下：

```
if_python = info_list[5]
```

运行结果如下：

```
IndexError: list index out of range
```

如果想查看列表中的所有元素，可以使用循环来遍历列表，在第 2 章中我们学习了两种循环，一种是 while 循环，另一种是 for 循环，下面分别用这两种循环来遍历列表。

例 3-5　for 循环遍历列表（源代码位置：chapter03/3.1 列表.py）。

案例代码如下：

```
for i in range(0,len(info_list)):
    #通过索引查询列表元素值
    print(info_list[i])
```

运行结果如下：

```
小明
20
180.5
80
True
```

解析：len 函数可以获取所有序列或者字符串的长度，序列的长度指的是序列中存储的元素个数。例 3-5 中使用 len 函数获取 info_list 列表的长度，range 函数返回从 0 到列表长度前一位的数值组成的序列，每次从序列中按顺序拿出一个数字赋值给临时变量 i，临时变量 i 作为索引，通过索引获取列表中的元素。

例 3-6　使用 for 循环遍历列表（源代码位置：chapter03/3.1 列表.py）。

案例代码如下：

```
for item in info_list:
    print(item)
```

运行结果如下：

```
小明
20
180.5
80
True
```

使用 for 循环遍历列表 info_list 过程中，直接将列表中的元素赋值给变量 item，然后在 for 循环中直接打印 item 变量值。

例 3-7　使用 while 循环遍历列表（源代码位置：chapter03/3.1 列表.py）。

案例代码如下：

```
list_len = len(info_list)
i = 0
while i< list_len:
    print(info_list[i])
    i += 1
```

运行结果如下：

```
小明
20
180.5
80
True
```

3.1.3 嵌套列表

嵌套列表就是把列表作为元素存储在列表中，3.1.2 节例中定义的 info_list 列表只存储了一个用户的信息，如果想存储多个用户的信息可以使用嵌套列表实现。

例 3-8 嵌套列表（源代码位置：chapter03/3.1 列表.py）。

案例代码如下：

```
#存储多个同学的信息
info_lists = [["小明",20,180.5,80,True],["小白",18,175,70,True],["小黑",25,185,90,False]]
#查询第 1 个同学的信息
print(info_lists[0])

#查询每个同学的姓名
print("所有同学姓名：")
#第 1 个脚标获取的是第 1 个同学的所有信息，第 2 个脚标获取的是下一个同学的姓名
print(info_lists[0][0])
print(info_lists[1][0])
print(info_lists[2][0])
```

运行结果如下：

```
['小明', 20, 180.5, 80, True]
所有同学姓名：
小明
小白
小黑
```

3.1.4 向列表中添加元素

如果想向一个已经定义的列表中添加元素，可以使用列表内置的多种方法实现，下面将详细介绍各个方法该如何使用。

1．append()方法

appdend()方法用于向列表末尾添加元素。

例 3-9 使用 append()方法向 info_lists 列表末尾添加新同学信息（源代码位置：chapter03/3.1 列表.py）。

案例代码如下：

```
new_info = ["小壮",25,190,85,False]
info_lists.append(new_info)
print(info_lists)
```

运行结果如下：

```
[['小明', 20, 180.5, 80, True], ['小白', 18, 175, 70, True], ['小黑', 25, 185, 90, False]
['小壮', 25, 190, 85, False]]
```

从运行结果看，列表 info_lists 最后一个元素是新同学小壮的信息。

2．insert()方法

insert()方法可以向列表指定位置添加元素，语法格式：insert(索引,元素)。

例3-10 使用 insert()方法向 info_lists 列表指定位置添加新同学信息（源代码位置：chapter03/3.1 列表.py）。

案例代码如下：

```
new_info = ["小壮",25,190,85,False]
info_lists.insert(1,new_info)
print(info_lists)
```

运行结果如下：

```
[['小明', 20, 180.5, 80, True], ['小壮', 25, 190, 85, False], ['小白', 18, 175, 70, True],
['小黑', 25, 185, 90, False]]
```

从运行结果看，列表 info_lists 中第 2 个元素是新同学小壮的信息。

3．extend()方法

extend()方法可以向一个列表中添加另外一个列表中的所有元素。

例 3-11 使用 extend()方法向 info_lists 列表中添加另外一个存储新同学信息的列表 new_info_lists 的所有新同学信息（源代码位置：chapter03/3.1 列表.py）。

案例代码如下：

```
new_info_lists = [["小壮",25,190,85,False],["小牛",23,170,70,False]]
info_lists.extend(new_info_lists)
print(info_lists)
```

运行结果如下：

```
[['小明', 20, 180.5, 80, True], ['小白', 18, 175, 70, True], ['小黑', 25, 185, 90, False],
['小壮', 25, 190, 85, False], ['小牛', 23, 170, 70, False]]
```

4．使用+号拼接两个列表，组成新的列表

例3-12 拼接两个存储同学姓名的列表（源代码位置：chapter03/3.1 列表.py）。

案例代码如下：

```
#使用+号拼接两个列表，组成新的列表
name_list1 = ["小白","小黑","小明"]
name_list2 = ["小壮","小牛"]
name_list3 = name_list1 + name_list2
print("name_list1:",name_list1) # name_list1 中元素不变
print("name_list2:",name_list2) # name_list2 中元素不变
print("name_list3:",name_list3) # name_list1 和 name_list2 中元素的集合
```

运行结果如下：

```
name_list1: ['小白', '小黑', '小明']
name_list2: ['小壮', '小牛']
name_list3: ['小白', '小黑', '小明', '小壮', '小牛']
```

从运行结果可以看出，name_list1 和 name_list2 两个列表内的元素没变，通过+号将两个列表中的元素拼接成了一个新的列表 name_list3。

3.1.5 修改列表中元素值

列表中的元素值在使用过程中是可变的，可以通过索引修改指定位置的元素值。

例 3-13 修改已定义的列表 info_list 中小明的体重值（源代码位置：chapter03/3.1 列表.py）。

案例代码如下：

```
info_list = ["小明",20,180.5,80,True]
print("减肥之前体重：",info_list)
info_list[3] = 75
print("减肥之后体重：",info_list)
```

运行结果如下：

```
减肥之前体重：  ['小明', 20, 180.5, 80, True]
减肥之后体重：  ['小明', 20, 180.5, 75, True]
```

3.1.6 删除列表中元素

如果想删除列表中的元素，可以使用多种方法实现，下面将详细介绍删除列表中的元素不同的方法。

1．del 删除列表中指定下标的元素

例 3-14 使用 del 删除 info_list 中小明的年龄（源代码位置：chapter03/3.1 列表.py）。

案例代码如下：

```
info_list = ["小明",20,180.5,80,True]
del info_list[1]
print(info_list)
```

运行结果如下：

```
['小明', 180.5, 80, True]
```

解析：在列表 info_list 中年龄是第 2 个元素，列表中索引值从 0 开始，所以第 2 个元素的索引值是 1。

2．remove()方法（删除元素值）

remove()方法可以删除列表中与指定的元素值相等的元素。del 通过索引删除元素需要先计算出待删除元素的索引值后再删除，操作起来十分烦琐，如果想直接通过元素值将它删除，可以使用列表内置的 remove()方法。

例 3-15　使用 remove()方法从列表中删除小明的年龄（源代码位置：chapter03/3.1 列表.py）。

案例代码如下：

```
info_list = ["小明",20,180.5,80,True]
info_list.remove(20)
print(info_list)
```

运行结果如下：

```
['小明', 180.5, 80, True]
```

3．pop()方法

pop()方法默认从列表的末尾删除一个元素，如果传入要删除元素的索引作为参数，也可以删除指定位置的元素。

例 3-16　使用 pop()方法根据年龄索引将其从列表中删除（源代码位置：chapter03/3.1 列表.py）。

案例代码如下：

```
info_list = ["小明",20,180.5,80,True]
info_list.pop(1)
print(info_list)
```

运行结果如下：

```
['小明', 180.5, 80, True]
```

3.1.7　列表切片

列表切片的含义是在原列表中通过指定起始脚标和结束脚标获取一个子列表。

语法格式：list[start:end:step]。

参数说明：

- start：起始索引（可选项），默认从索引 0 开始。
- end：结束索引的后一位（可选项），默认切片切到列表最后。
- step：步长（可选项），默认步长为 1。

注意：切片的截取范围是左闭右开，如果设置 end 的值，则需要设置为截取的最后一位的下一位。

例 3-17　列表切片的使用方法。列表 name_core_list 存储了全班考试成绩由高到低的前 5 名同学的名字，根据要求使用列表切片分别取出不同名次的同学名字（源代码位置：chapter03/3.1 列表.py）。

案例代码如下：

```
name_core_list = ["小明","小白","小黑","小壮","小牛"]
#取前三名同学的名字
top3 = name_core_list[:3] #从索引 0 开始，截取到索引 2，切片是左闭右开，所以结束索引是 3
print("top3:",top3)
#取第 4 名和第 5 名同学的名字
top4_5 = name_core_list[3:] #从索引 3 也就是第 4 个元素开始截取到列表最后
print("top4_5:",top4_5)
#取第 1 名、第 3 名、第 5 名同学的名字
top1_3_5 = name_core_list[0::2]#从头开始找，一直找到末尾，设置步长为 2 实现隔一个元素取出一个
print("top1_3_5:",top1_3_5)
```

运行结果如下：

```
top3: ['小明', '小白', '小黑']
top4_5: ['小壮', '小牛']
top1_3_5: ['小明', '小黑', '小牛']
```

3.1.8 列表元素排序

列表提供了排序方法 sort，使用 sort()方法可以对列表内的元素按特定顺序重新排列，默认是升序排列，可以通过设置参数 reverse=True 实现列表中元素降序排列。

例 3-18 使用 sort()方法对列表内的元素进行排序（源代码位置：chapter03/3.1 列表.py）。

案例代码如下：

```
num_list = [6,2,8,13,97]
num_list.sort() #默认升序排列
print("升序：",num_list)
num_list.sort(reverse=True) #reverse=True 降序排列
print("降序：",num_list)
```

运行结果如下：

```
升序： [2, 6, 8, 13, 97]
降序： [97, 13, 8, 6, 2]
```

3.2 元组

Python 中的元组与列表类似，它们的相同点是都可以顺序存储相同类型或者不同类型的元素，不同点是元组一旦被定义，之后不可以再修改元组内的元素，元组不支持添加、修改、删除元素操作。

3.2.1 元组的定义

元组使用一对小括号表示，如 tp = (1,2,3)。

定义一个空元组：

```
tp_none = ()
```

定义只包含一个元素的元组：

```
tp_one = (1,)
```

注意：定义只包含一个元素的元组时，在元素的后边要多添加一个逗号。

3.2.2　查询元组中的元素

元组是有序的，可以通过索引查询元组中的元素。

例 3-19　通过索引查询元组中元素（源代码位置：chapter03/3.2 元组.py）。

案例代码如下：

```
db_info = ("192.168.1.1",3306,"root","root123")
ip = db_info[0]
port = db_info[1]
print("ip:{},port:{}",format(ip,port))
```

运行结果如下：

```
ip:192.168.1.1,port:3306
```

如果想查看元组中所有元素，可以使用循环遍历元组。

例 3-20　使用 for 循环遍历元组（源代码位置：chapter03/3.2 元组.py）。

案例代码如下：

```
for item in db_info:
    print(item)
```

运行结果如下：

```
192.168.1.1
3306
root
root123
```

例 3-21　使用 while 循环遍历元组（源代码位置：chapter03/3.2 元组.py）。

案例代码如下：

```
i = 0
while i< len(db_info):
    print(db_info[i])
    i += 1
```

运行结果如下：

```
192.168.1.1
3306
root
root123
```

3.3 字典

Python 中的字典主要用于存储 key-value 键值对形式的数据，如果想查找字典中的数据需要通过 key 查询对应的 value。

3.3.1 字典的定义

字典使用一对{}定义，字典中的一个元素就是一个键值对，多个元素之间用逗号隔开。

例 3-22 使用字典存储个人信息（源代码位置：chapter03/3.3 字典.py）。

案例代码如下：

```
#使用字典存储个人信息,包含：姓名，年龄，性别，掌握的编程语言
user_info_dict = {"name":"小明","age":20,"gender":"male","program":"python"}
print(user_info_dict)
```

运行结果如下：

```
{'name': '小明', 'age': 20, 'gender': 'male', 'program': 'python'}
```

3.3.2 查询字典中键值对

如果想查询字典中的元素需要使用 key 获取对应的 value，查询格式为:value = dict[key]。

例 3-23 查询小明掌握的编程语言（源代码位置：chapter03/3.3 字典.py）。

案例代码如下：

```
user_info_dict = {"name":"小明","age":20,"gender":"male","program":"python"}
program = user_info_dict["program"]
print("program:{}".format(program))
```

运行结果如下：

```
program:python
```

如果我们查询一个字典中不存在的 key，将会报错。

例 3-24 查询小明的手机号（源代码位置：chapter03/3.3 字典.py）。

案例代码如下：

```
#查询小明的电话号码
tel = user_info_dict["tel"] #user_info_dict 字典中没有 tel 键
print("tel:{}".format(tel))
```

运行结果如下：

```
KeyError: 'tel'
```

使用 get()方法查询字典中的键值，如果键存在则直接返回键对应的值，如果键不存

在则返回 None 空类型，并且程序不会报错。如果字典中键不存在且不想返回 None 空类型，可以在 get()方法中设置一个默认值，若键存在则返回键的值，若键不存在则返回该默认值。

例 3-25　使用 get()方法查询小明的手机号（源代码位置：chapter03/3.3 字典.py）。

案例代码如下：

```
tel = user_info_dict.get("tel") #tel 键不存在，get 方法将返回 None
print("tel:{}".format(tel))
```

运行结果如下：

```
tel:None
```

例 3-26　使用 get()方法设置默认手机号，如果查询小明的手机号不存在则返回默认手机号（源代码位置：chapter03/3.3 字典.py）。

案例代码如下：

```
#在 get 方法中设置默认手机号
tel = user_info_dict.get("tel","10086")
print("tel:{}".format(tel))
```

运行结果如下：

```
tel:10086
```

3.3.3　向字典中添加键值对

通过 dict[key] = value 这种方式可以向字典中添加一个新的键值对。

例 3-27　向字典 user_info_dict 中添加小明的手机号（源代码位置：chapter03/3.3 字典.py）。

案例代码如下：

```
user_info_dict["tel"] = "13801234567"
print(user_info_dict)
tel = user_info_dict.get("tel","10086")
print("tel:{}".format(tel))
```

运行结果如下：

```
{'name': '小明', 'age': 20, 'gender': 'male', 'program': 'python', 'tel': '13801234567'}
tel:13801234567
```

3.3.4　修改字典中键的值

通过 dict[key] = value 这种方式给已存在的键重新赋值就可以实现对字典中键值对的修改操作。

例 3-28 小明更换了手机号，需要修改字典 user_infor_dict 已存储的手机号（源代码位置：chapter03/ 3.3 字典.py）。

案例代码如下：

```
user_info_dict["tel"] = "13801234567"#添加手机号
tel = user_info_dict.get("tel","10086")
print("原 tel:{}".format(tel))
user_info_dict["tel"] = "13866666666"#修改手机号
tel = user_info_dict.get("tel","10086")
print("新 tel:{}".format(tel))
```

运行结果如下：

```
原 tel:13801234567
新 tel:13866666666
```

解析：通过 dict[key] = value 这种方式，如果键不存在则向字典中添加新的键值对，如果键已经存在则修改字典中已存在键的值。

3.3.5 删除字典中的键值对

如果想删除字典中的键值对，可以使用 del dict[key]的方式删除指定的键值对。

例 3-29 为了保护隐私，小明要删除字典 user_infor_dict 中自己的手机号（源代码位置：chapter03/3.3 字典.py）。

案例代码如下：

```
print("删除手机号之前：",user_info_dict)
del user_info_dict["tel"]
print("删除手机号之后：",user_info_dict)
```

运行结果如下：

```
删除手机号之前：  {'name': '小明', 'age': 20, 'gender': 'male', 'program': 'python', 'tel': '13801234567'}
删除手机号之后：  {'name': '小明', 'age': 20, 'gender': 'male', 'program': 'python'}
```

3.3.6 循环遍历字典

如果想查看字典里的所有键值对，可使用 for 语句循环遍历字典。包括以下三种用法。

1．用法 1

通过字典提供的 keys()方法获取字典中所有的 key 的集合，循环遍历字典的 key 集合，把所有的 key 对应的 value 值查询出来。

例 3-30 通过 keys()方法获取字典内的所有键，循环遍历字典（源代码位置：chapter03/3.3 字典.py）。

案例代码如下：

```
for key in user_info_dict.keys():
```

```
        print("{}:{}".format(key,user_info_dict[key]))
```

运行结果如下：

```
name:小明
age:20
gender:male
program:python
```

解析：通过字典内置的 keys()方法获取到了 user_info_dict 内的所有键组成的序列，然后使用 for 语句遍历这个序列，把序列中的每一个键赋值给临时变量 key，在循环体内通过 key 查询对应的 value。

2．用法 2

字典不仅提供了使用 keys()方法获取字典内所有 key，还提供了 values()方法用于获取字典内所有 value。

例 3-31　通过 values()方法获取字典内的所有值，循环打印键值（源代码位置：chapter03/3.3 字典.py）。

案例代码如下：

```
for value in user_info_dict.values():
    print(value)
```

运行结果如下：

```
小明
20
male
python
```

解析：通过 values()方法只能返回字典中所有的 value，但是获取不到字典中的 key。字典不支持通过 value 查询 key。

3．用法 3

keys()和 values()两个方法只能获取到字典内的所有键或者所有的值，但不能同时获取一个键值对。字典内的每一个键值对作为字典的一个元素，字典提供了 items()方法可以获取字典内的所有键值对组成的元组列表。

例 3-32　通过 items()方法返回由字典内键值对组成的元组（源代码位置：chapter03/3.3 字典.py）。

案例代码如下：

```
#items 返回键值对组成的元组
for item in user_info_dict.items():
    print("---------------")
#打印变量 item 类型
    print("item 类型：",type(item))
    print("item:",item)
```

```
#元组的第 1 个元素是 key
        print(item[0])
#元组的第 2 个元素是 value
        print(item[1])
```

运行结果如下：

```
----------------
item 类型：  <class 'tuple'>
item: ('name', '小明')
name
小明
----------------
item 类型：  <class 'tuple'>
item: ('age', 20)
age
20
----------------
item 类型：  <class 'tuple'>
item: ('gender', 'male')
gender
male
----------------
item 类型：  <class 'tuple'>
item: ('program', 'python')
program
python
```

在使用 for 循环结合 items()方法遍历字典的过程中，为了更加方便地获取键值对，还可以使用两个变量来接收 item 元组中的键和值，可以非常灵活地控制 key 和 value 的使用。

例 3-33　使用两个变量接收 items()方法返回的由键和值组成的元组（源代码位置：chapter03/3.3 字典.py）。

案例代码如下：

```
for key,value in user_info_dict.items():
    print("{}:{}".format(key,value))
```

运行结果如下：

```
name:小明
age:20
gender:male
program:python
```

3.4　集合

集合使用类型 set 表示，集合用于无序存储相同或者不同数据类型的元素。

3.4.1　集合的定义

集合使用一对{ }定义，与字典定义使用的符号相同，但是集合内存储的值不是键值对，是一个个独立的数值。

例 3-34　使用集合 set 存储学生学号（源代码位置：chapter03/ 3.4 集合.py）。

案例代码如下：

```
#使用集合存储学生学号
student_id_set = {"20180101","20180102","20180103","20180104"}
#使用 type 函数查看 student_id_set 变量类型
print(type(student_id_set))
#使用 len 函数查询集合元素个数
print(len(student_id_set))
print(student_id_set)
```

运行结果如下：

```
<class 'set'>
4
{'20180102', '20180104', '20180103', '20180101'}
```

创建集合还可以使用 Python 提供的 set 函数，set 函数接收一个序列作为参数，对序列中的元素去重后创建一个新的集合。序列可以是列表、元组、字典、字符串。

例 3-35　根据不同的序列使用 set 函数创建集合（源代码位置：chapter03/3.4 集合.py）。

案例代码如下：

```
#使用 set(序列)函数创建集合
#使用集合对列表元素去重,并且创建一个 set 集合
student_id_list = ["20180101","20180102","20180103","20180104","20180101","20180103"]
print("去重之前的列表：",student_id_list)

#使用 set 函数对 student_id_list 元素去重并创建新的集合
dist_student_id_set1 = set(student_id_list)
print("列表去重之后的集合：",dist_student_id_set1)

#使用集合对元组中的元素去重,并且创建一个 set 集合
student_id_tuple = ("20180101","20180102","20180103","20180104","20180101","20180103")
dist_student_id_set2 = set(student_id_tuple)
print("元组去重之后的集合：",dist_student_id_set2)

#注意，下边的方式创建集合会把传入的字符串按照字符拆开，每个字符作为个体添加到集合中
string_set = set("hello")#把 hello 按字母拆分开，并且去重
print("字符串元素组成的集合：",string_set)
```

运行结果如下：

```
去重之前的列表：  ['20180101', '20180102', '20180103', '20180104', '20180101', '20180103']
```

```
列表去重之后的集合： {'20180104', '20180102', '20180101', '20180103'}
元组去重之后的集合： {'20180104', '20180102', '20180101', '20180103'}
字符串元素组成的集合： {'h', 'e', 'o', 'l'}
```

解析：从运行结果看，set 函数对列表或元组中重复的元素进行去重，同时会创建一个新的集合。当把字符串作为参数传入 set 函数时，会将组成字符串的元素拆开并且去重，创建一个新的集合。

创建一个空集合可以使用 set 函数直接创建，不需要传入任何参数，默认调用 set 函数会返回一个不包含任何元素的空集合。

3.4.2 成员运算符在集合中的应用

判断一个元素在集合中是否存在可以使用 Python 内置的成员运算符 in 或者 not in，成员运算符的返回值是布尔类型值 True 或 Flase。

例 3-36 判断一个学生的学号在存储学生学号的集合中是否存在（源代码位置：chapter03/3.4 集合.py）。

案例代码如下：

```
student_id_set = {"20180101","20180102","20180103","20180104"}
student_id = "20180102"
if student_id in student_id_set:
    print("{}学号存在！".format(student_id))

student_id = "20180108"
if student_id not in student_id_set:
    print("{}学号不存在！".format(student_id))
```

运行结果如下：

```
20180102 学号存在！
20180108 学号不存在！
```

3.4.3 向集合中添加元素

1．add()方法

使用 add()方法可以将一个元素添加到集合中。注意：add()方法是把要添加的元素作为整体添加到集合中。

例 3-37 使用 add()方法将一个新同学的学号添加到存储学号的集合中（源代码位置：chapter03/3.4 集合.py）。

案例代码如下：

```
#存储学生学号的集合
student_id_set = {"20180101","20180102","20180103","20180104"}
#使用 add 方法把一个元素作为整体添加到集合中
```

```
student_id_set.add("20180105")
print(student_id_set)
```

运行结果如下：

```
{'20180105', '20180104', '20180103', '20180101', '20180102'}
```

2．update()方法

使用 update()方法将序列中的每个元素添加到集合中，并对集合中的元素去重。序列可以是列表、元组、字典等。如果需要向 update()方法中传入多个序列，则序列之间用逗号隔开。

例 3-38　使用 update()方法将不同序列中存储的学号添加到存储学号的集合中（源代码位置：chapter03/3.4 集合.py）。

案例代码如下：

```
#将列表中的每一个元素作为整体添加进集合，同时对元素去重
student_id_set.update(["20180106","20180107","20180106"])
print("update 列表：",student_id_set)

#将元组中的每一个元素作为整体添加进集合，同时对元素去重
student_id_set.update(("20180108","20180109"))
print("update 元组：",student_id_set)

#把一个集合并到另外一个集合
student_id_set_new = {"20180110","20180111"}
student_id_set.update(student_id_set_new)
print("update 合并集合：",student_id_set)

#多个序列添加到集合中，使用逗号分隔，同时对所有序列中的元素去重
student_id_set.update(["20180112","20180113"],["20180113","20180114","20180115"])
print("update 合并集合：",student_id_set)

# 如果向 update 中传入一个字符串，会把字符串按字符拆开，分别添加到集合中
student_id_set.update("0000000")
print("update 字符串：",student_id_set)
```

运行结果如下：

```
update 列表：  {'20180106', '20180102', '20180103', '20180107', '20180104', '20180101'}
update 元组：  {'20180106', '20180108', '20180102', '20180103', '20180107', '20180109', '20180104',
'20180101'}
update 合并集合：  {'20180106', '20180108', '20180102', '20180110', '20180103', '20180107', '20180111',
'20180109', '20180104', '20180101'}
update 合并集合：  {'20180106', '20180108', '20180114', '20180102', '20180115', '20180110', '20180103',
'20180107', '20180112', '20180113', '20180111', '20180109', '20180104', '20180101'}
update 字符串：  {'20180106', '20180108', '20180114', '20180102', '20180115', '20180110', '20180103',
'20180107', '20180112', '20180113', '20180111', '20180109', '0', '20180104', '20180101'}
```

注意：运行结果的最后一行，当把字符串作为参数传入 update()方法时，update()方法把字符串作为序列处理，拆分出组成字符串的元素 0 分别添加到集合中，由于集合需要对元素去重，所以在 student_id_set 集合中只存在一个 0。

3.4.4 删除集合中的元素

1．remove()方法

根据元素值使用 remove()方法删除集合中指定的元素，如果要删除的元素不存在，则程序会报错。

例 3-39 使用 remove()方法删除存储学号集合中的“20180101”学号（源代码位置：chapter03/3.4 集合.py）。

案例代码如下：

```
student_id_set = {"20180101","20180102","20180103","20180104"}
#删除学号 20180101
student_id_set.remove("20180101")
print("执行 remove 方法后：",student_id_set)
#再次删除学号 20180101 将报错
student_id_set.remove("20180101")
```

运行结果如下：

```
执行 remove 方法后：  {'20180103', '20180104', '20180102'}
Traceback (most recent call last):
  File "/Users/derek/projects/python_projects/python3_action/chapter03/3.4 集合.py", line 93, in <module>
    student_id_set.remove("20180101")
KeyError: '20180101'
```

解析：第一次调用 remove()方法时 student_id_set 集合中存在 20180101 学号，当删除学号后，再次使用 remove()方法删除不存在的 20180101 学号，则程序报错，并且在报错信息中提示出报错的原因和出现错误的代码位置。

2．discard()方法

根据元素值使用 discard()方法删除集合中指定的元素，如果要删除的元素不存在，也不会引发错误。

例 3-40 使用 discard()方法删除存储学号集合中的“20180101”学号（源代码位置：chapter03/3.4 集合.py）。

案例代码如下：

```
student_id_set = {"20180101","20180102","20180103","20180104"}
#删除学号 20180101
student_id_set.discard("20180101")
print("执行 discard 方法后：",student_id_set)
student_id_set.discard("20180101")
print("再次执行 discard 方法后：",student_id_set)
```

运行结果如下：

```
执行 discard 方法后：  {'20180104', '20180102', '20180103'}
再次执行 discard 方法后：  {'20180104', '20180102', '20180103'}
```

解析：第一次调用 discard()方法时 student_id_set 集合中存在 20180101 学号，当删除学号后，再次使用 discard()方法删除不存在的 20180101 学号，程序没有报错。

3．pop()方法

使用 pop()方法可以随机删除集合中的某个元素，并返回被删除的元素。

例 3-41　使用 pop()方法随机删除一个学号（源代码位置：chapter03/ 3.4 集合.py）。

案例代码如下：

```
item = student_id_set.pop()
print("执行 pop 方法后：",student_id_set)
print("被删除的元素:",item)
```

运行结果如下：

```
执行 pop 方法后：  {'20180102', '20180104', '20180103'}
被删除的元素: 20180101
```

3.4.5　集合常用操作

在 Python 程序中可以使用集合完成各种交、并、差集等运算。

1．交集

两个集合的交集表示两个集合共有的相同元素。求集合的交集使用集合内置的 intersection()方法或者使用 & 运算符。

例 3-42　求两个数字集合的交集（源代码位置：chapter03/3.4 集合.py）。

案例代码如下：

```
num_set1 = {1,2,4,7}
num_set2 = {2,5,8,9}
inter_set1 = num_set1 & num_set2 #使用&运算符求交集
inter_set2 = num_set1.intersection(num_set2) #使用 intersection 方法求交集
print(inter_set1)
print(inter_set2)
```

运行结果如下：

```
{2}
{2}
```

解析：使用两种方式求得的集合交集结果相同。

2．并集

两个集合的并集表示两个集合包含的所有元素去重组成新的集合。求集合的并集使用集

合内置的 union( )方法或者使用 | 运算符。

例 3-43 求两个数字集合的并集（源代码位置：chapter03/3.4 集合.py）。

案例代码如下：

```
num_set1 = {1,2,4,7}
num_set2 = {2,5,8,9}
union_set1 = num_set1 | num_set2 #使用|运算符求并集
union_set2 = num_set1.union(num_set2) #使用 union 方法并集
print(union_set1)
print(union_set2)
```

运行结果如下：

```
{1, 2, 4, 5, 7, 8, 9}
{1, 2, 4, 5, 7, 8, 9}
```

解析：使用两种方式求得的集合并集结果相同。

3．差集

可通过“set1.difference(set2)”语句计算在集合 set1 中而不在集合 set2 中的元素并组成新的集合。求集合的差集使用集合内置的 difference( )方法或者使用 - 运算符。

例 3-44 求两个数字集合的差集（源代码位置：chapter03/3.4 集合.py）。

案例代码如下：

```
diff_set1 = num_set1 - num_set2
diff_set2 = num_set1.difference(num_set2)
print(diff_set1)
print(diff_set2)
```

运行结果如下：

```
{1, 4, 7}
{1, 4, 7}
```

解析：使用两种方式求得的集合差集结果相同。

第 4 章 函数

函数是对实现某一功能的过程的封装。函数可以重复调用，能够有效减少重复代码，提高代码的编写效率。Python 内部已有很多功能强大的函数供我们使用，如前几章介绍的 input 函数、print 函数等。Python 自身提供的函数仅能满足开发过程中的基本需求，对于工作中的需求，还需要自定义函数来实现。本章将继续采用理论与实践相结合的方式，详细介绍函数的使用方法。

4.1 函数定义与调用

Python 中定义函数的语法格式如下：

```
def 函数名称 (参数) :
    函数体代码
    return 返回值
```

说明：在 Python 中定义函数要使用 def 关键字标识，函数名称遵循标识符的定义规则，不能以数字开头。函数参数是可选项，如果设置多个参数，参数之间用逗号隔开；如果没有参数，可以将其设置为空。函数体代码前要有制表符（Tab 键）缩进，标识这段函数体是属于哪个函数的代码块。如果函数有返回值，需要使用 return 关键字加返回值，如果没有返回值则可以省略 return 关键字。

函数定义完之后，程序并不会自动执行这个函数，而是需要通过函数名调用函数执行函数内的代码。

例 4-1 定义函数，实现打印个人信息功能（源代码位置：chapter04/4.1 函数定义与调用.py）。

案例代码如下：

```
#定义函数，实现打印个人信息功能
def print_user_info( ):
    print("姓名:小明")
```

```
        print("年龄:20")
        print("性别:男")
    #函数调用
    print_user_info()
```

运行结果如下：

```
姓名:小明
年龄:20
性别:男
```

说明：以上代码定义了一个名为 print_user_info 的不带参数的函数，通过函数名()的方式调用函数执行，函数调用没有次数限制，如果想多次调用函数，只需要写多个函数名()就可以实现多次调用函数。

在 Python 程序中，代码是从上到下执行的。程序在执行过程中，如果遇到定义的函数，不会执行函数体代码，将跳过函数体继续向下执行，只有遇到函数调用时才会执行函数体代码。如果调用多个函数，也是按照从上到下的顺序，执行完一个函数再执行下一个函数。直到所有代码顺序执行完成，程序结束。

4.2 函数参数

思考一个问题，4.1 节中我们定义的打印个人信息的函数，每次调用的时候只能打印小明的个人信息，如果想打印任何一个人的信息，这个函数应该怎样实现呢？这就需要使用带参数的函数实现，在函数调用的时候通过向函数传入不同人的信息作为函数的参数，函数体内根据参数使用同一段代码处理不同人的信息，从而实现一个函数可以灵活地打印不同人的信息。

4.2.1 带参函数

在函数定义时，可以在一对小括号中设置函数需要的参数，当函数调用时需要按照函数定义参数的顺序和个数传入，函数内部针对函数调用传入的参数值做进一步处理。

例 4-2 定义带参函数，实现打印任何人信息的功能（源代码位置：chapter04/4.2 函数参数.py）。

案例代码如下：

```
def print_user_info(name,age,gender):
    print("姓名:%s"%name)
    print("年龄:%d"%age)
    print("性别:%s"%gender)

name = "小黑"
age = 25
gender = "男"
```

```
print_user_info(name,age,gender)
```

运行结果如下：

```
姓名:小黑
年龄:25
性别:男
```

说明：函数 print_user_info 设置了 3 个参数，分别是 name、age、gender，在函数调用时按照参数顺序和参数数量传入对应的参数，函数调用时传入的变量名称可以与函数定义的参数名称不同，可以任意定义传入的变量名称。

带参函数通过相同的处理逻辑可以处理不同的参数值，使用灵活方便。调用带有参数的函数时，需要在函数名后的小括号中传入参数，在函数定义时有几个参数，调用函数时就需要传递几个参数，也就是调用带参函数时传入的参数数量要与函数定义时的参数数量相同，并且传入的参数与定义的参数按顺序一一对应。

形参：函数定义时的参数叫作形参。

实参：函数调用时传入的参数叫作实参。

4.2.2　缺省参数

在函数定义时，设置带有默认值的参数叫作缺省参数。

调用带有缺省参数的函数时，缺省参数的位置可以不传入实参，如果没有传入缺省参数的值，在函数体内将会使用缺省参数的默认值。如果在调用函数时，缺省参数的位置传入了实参，在函数内使用传入的实参，不再使用缺省参数默认值。

例 4-3　缺省参数的使用：计算两个数字的和（源代码位置：chapter04/4.2 函数参数.py）。

案例代码如下：

```
def x_y_sum(x,y=20):
    rs = x + y
    print("{}+{}={}".format(x,y,rs))

#函数调用
#只传入一个参数 x 的值
x_y_sum(10)
print("----------")
#传入缺省参数 y 的实参 30
x_y_sum(10,30)
```

运行结果如下：

```
10+20=30
----------
10+30=40
```

注意：定义函数时，缺省参数一定要位于普通形参之后，否则会报错。缺省参数的个数没有限制。

4.2.3 命名参数

命名参数是指在调用带有参数函数时，通过指定参数名称传入参数的值，并且可以不按照函数定义的参数的顺序传入实参。

例 4-4 命名参数的使用：计算两个数字的和（源代码位置：chapter04/4.2 函数参数.py）。

案例代码如下：

```
def x_y_sum2(x,y):
    rs = x + y
    print("{}+{}={}".format(x, y, rs))
#注意：使用命名参数的参数名称必须与函数定义时的形参名称相同
x_y_sum2(x=10,y=20)
#不按照函数定义的形参顺序，通过指定参数名称传入实参
x_y_sum2(y=30,x=15)
```

运行结果如下：

```
10+20=30
15+30=45
```

4.2.4 不定长参数

有时需要一个函数能处理不定个数、不定类型的参数，这些参数叫作不定长参数，不定长参数在声明时不会设置所有的参数名称，也不会设置参数的个数。

不定长参数有两种定义方式：一种是不定长参数名称前有一个*表示把接收到的参数值封装到一个元组中；另一种是不定长参数名称前有两个*表示接收键值对参数值，并将接收到的键值对添加到一个字典中。

1．带有一个*的不定长参数

例 4-5 计算任意多个数字的和（源代码位置：chapter04/4.2 函数参数.py）。

案例代码如下：

```
#计算任意多个数字的和
def any_num_sum(*args):
    print("args 参数值：",args)
    print("args 参数类型：",type(args))
    rs = 0
    #判断元组是否不为空
    if len(args) > 0:
        #循环遍历元组，累加所有元素的值
        for arg in args:
```

```
            rs += arg
        print("总和：{}".format(rs))
#函数调用
any_num_sum(20,30)
any_num_sum(20,30,40,50)
any_num_sum(20,30,40,50,60,70)
```

运行结果如下：

```
args 参数值：  (20, 30)
args 参数类型：  <class 'tuple'>
总和：50
args 参数值：  (20, 30, 40, 50)
args 参数类型：  <class 'tuple'>
总和：140
args 参数值：  (20, 30, 40, 50, 60, 70)
args 参数类型：  <class 'tuple'>
总和：270
```

解析：不定长参数*args 接收任意个数的数字，并将函数调用传入的数字封装到元组中。通过循环遍历元组，获取每个参数值，然后累加求和。不定长参数不仅可以接收数字类型的参数值，还可以接收其他不同数据类型的参数值。在定义函数时，在不定长参数之前还可以设置其他的参数。

2．带有两个*的不定长参数

例 4-6　每月在发工资之前，公司的财务要计算每个人的实发工资，这里我们使用一种比较简单的工资计算方法：实发工资=基本工资-个人所得税-个人应缴社保费用，下面按照这个工资计算方法编写一个工资计算器函数（源代码位置：chapter04/4.2 函数参数.py）。（源代码位置：chapter04/4.2 函数参数.py）。

案例代码如下：

```
def pay(basic,**kvargs):
    print("kvargs 参数值：",kvargs)
    print("kvargs 参数类型：",type(kvargs))
    #扣除个税金额
    tax = kvargs.get("tax")
    #扣除社保费用
    social = kvargs.get("social")
    #实发工资 = 基本工资 - 缴纳个税金额 - 缴纳社保费用
    pay = basic - tax - social
    print("实发工资：{}".format(pay))
#函数调用
pay(8000,tax=500,social=1500)
```

运行结果如下：

```
kvargs 参数值：  {'tax': 500, 'social': 1500}
kvargs 参数类型：  <class 'dict'>
```

```
实发工资：6000
```

解析：不定长参数**kvargs 接收了函数调用时传入的键值对形式的实参，通过运行结果打印出的 kvargs 参数值和参数类型“dict”，可以知道 kvargs 参数将接收到的参数值封装到了字典中。

3．拆包

当一个函数中设置了不定长参数，如果想把已存在的元组、列表、字典传入到函数中，并且能够被不定长参数识别，需要使用拆包方法。下面通过示例详细介绍拆包的具体使用方法。

例 4-7 使用例 4-5 中定义的求任意多个数字和的函数 any_num_sum，计算一个列表中多个数字的和；使用例 4-6 中定义的工资计算器，计算某个人的实发工资（源代码位置：chapter04/4.2 函数参数.py）。

案例代码如下：

```
#求数字列表中所有元素的累加和
#数字列表
num_list = [10,20,30,40]
#由于 any_num_sum 函数设置了不定长参数*args，所以在传入列表时需要使用拆包方法"*列表"
any_num_sum(*num_list)
#打印一行分割线
print("------------------------------")

#个人工资计算器
#发工资之前需要扣除的费用
fee_dict = {"tax":500,"social":1500}
#由于 pay 函数设置了不定长参数**kvargs，所以在传入字典时需要使用拆包方法"**字典"
pay(8000,**fee_dict)
```

运行结果如下：

```
args 参数值： (10, 20, 30, 40)
args 参数类型： <class 'tuple'>
总和：100
------------------------------
kvargs 参数值： {'tax': 500, 'social': 1500}
kvargs 参数类型： <class 'dict'>
实发工资：6000
```

说明：拆包的作用是将已定义好的列表、元组、字典等容器类型参数中包含的元素拆分出来，然后再传入函数，这样才会正确识别函数中的不定长参数。列表、元组类型的拆包方法是在变量名前加一个*，拆包之后的参数值只能由“*args”这种前边带有一个*的不定长参数接收。字典类型的拆包方法是在变量名前加**，拆包之后的参数值只能由“**kvargs”这种前边带有两个*的不定长参数接收。

4.3　函数返回值

如果调用一个函数时，希望函数执行完成后能够将执行结果返回，以便在之后的代码中使用这个返回结果，就需要定义带有返回值的函数。函数的返回值需要在函数末尾使用 return 关键字显示声明返回值。

例 4-8　在例 4-6 中，定义了一个比较简单的工资计算器。本例通过计算个人社保缴费函数、个人所得税缴费函数、计算实发工资函数三个函数实现了一个复杂的工资计算器（源代码位置：chapter04/4.3 函数返回值.py）。

案例代码如下：

```
#计算社保缴费金额
def insurance(basic,**kvargs):
    #医疗保险缴费比例
    health = kvargs.get("health")
    #养老保险缴费比例
    pension = kvargs.get("pension")
    #社保缴费金额=医疗保险缴费金额（缴费基数*缴费比例）+养老保险缴费金额（缴费基数*缴费比
例）
    cost = basic * health + basic * pension
    #返回社保缴费金额
    return cost

#计算缴纳工资个税金额
def tax(balance):
    #根据余额选择属于哪个缴税区间，按照对应的缴税比例缴税
    if balance <= 5000:
        #剩余工资小于等于 5000 不需要缴税
        return 0
    elif balance > 5000 and balance <= 10000:
        # 剩余工资大于 5000 并且小于等于 10000 税率为 5%
        return balance * 0.05
    elif balance > 10000 and balance <= 30000:
        # 剩余工资大于 10000 并且小于等于 30000 税率为 10%
        return balance * 0.1
    else:
        #剩余工资 30000 以上税率 20%
        return balance * 0.2

#计算实发工资
def pay(basic):
    #社保中医疗保险和养老保险的缴费比例
    cost_dict = {"health":0.02,"pension":0.08}
    #计算社保缴费金额
    cost = insurance(basic,**cost_dict)
    #工资余额 = 缴费基数 - 社保花费
    balance = basic - cost
```

```
        #计算个税缴费金额
        tax_fee = tax(balance)
        #实发工资 = 基本工资 - 社保费用 - 个税
        pay_fee = basic - cost - tax_fee
        print("基本工资：{}，社保缴费：{}，个税：{}，实发工资：{}".format(basic,cost,tax_fee,pay_fee))

#程序执行入口
pay(8000)
```

运行结果如下：

```
基本工资：8000，社保缴费：800.0，个税：360.0，实发工资：6840.0
```

解析：本例中定义了 3 个函数，insurance 函数用于计算社会保险缴费金额，tax 函数用于计算个税缴费金额，pay 函数用于计算实发工资。

我们按照程序的执行顺序来分析：程序由上到下顺序执行，当遇到函数的定义时，跳过函数体继续向下执行，当遇到第一个函数调用 pay(8000)时，进入到 pay 函数体内执行代码。在 pay 函数内定义了社保的缴费比例，然后在函数内调用 insurance 函数根据基本工资和社保缴费比例计算社保缴费金额，调用哪个函数就要进入到该函数内执行它的函数体代码，此时进入到 insurance 函数内执行代码，计算完社保缴费金额后，在 insurance 函数尾使用 return 关键字将社保缴费金额返回，insurance 函数执行结束（注意：在函数中一旦遇到 return 关键字将结束函数的执行）。此时程序又回到了 pay 函数体内，使用变量 cost 接收 insurance 函数的返回值，所以变量 cost 的值就是社保缴费金额。

pay 函数继续向下执行，基本工资减去社保缴费金额得出剩余工资，然后调用 tax 函数，根据剩余工资计算应缴纳的个人所得税，在 tax 函数体内使用 if 条件判断语句根据剩余工资金额判断属于哪个缴税区间，当剩余工资符合其中一个判断条件（缴费区间）则按照缴费比例缴纳个税金额，并使用 return 关键字将个税金额返回，结束函数的执行，继续回到 pay 函数内，使用 tax_fee 变量接收 tax 函数返回的个税金额，所以变量 tax_fee 的值为个税金额。继续执行 pay 函数剩余的代码，计算出实发工资金额。

4.4 变量作用域

变量作用域指的是定义的变量在代码中可以使用的范围，根据变量的使用范围可以把变量分为局部变量和全局变量两种。从这两种变量的名称可以看出，局部变量只能在某个特定的范围内使用，而全局变量可以在全局范围内使用。

4.4.1 局部变量

在函数体内定义的变量称为局部变量。不同函数内的局部变量可以定义相同的名字，互不影响。

作用范围：在定义变量的函数体内可以使用，其他函数不能直接使用。也就是在 a 函数中定义的变量，在 b 函数中不能使用。同理，在 b 函数中定义的变量，在 a 函数中也不能使用。

例 4-9　打印两个同学的个人信息（源代码位置：chapter04/4.4 变量作用域.py）。

案例代码如下：

```
def print_info1():
    #局部变量
    name = "小明"
    age = "20"
    print("name:{},age:{}".format(name,age))

def print_info2():
    #与 print_info1 函数中局部变量同名的局部变量
    name = "小黑"
    age = "25"
    print("name:{},age:{}".format(name,age))
print_info1()
print_info2()
```

运行结果如下：

```
name:小明,age:20
name:小黑,age:25
```

解析：print_info1 函数打印的是小明同学的个人信息，在函数内定义了两个局部变量 name 和 age。print_info2 函数打印小黑同学的个人信息，在 print_info2 函数内定义了两个与 print_info1 函数中同名的局部变量 name 和 age。当在两个函数中分别调用 print 函数打印各自函数内变量值的时候，都正确地打印出了函数内的变量值，说明局部变量只在对应的函数内有效，不同函数内的局部变量可以同名并且互不影响。

4.4.2　全局变量

函数外定义的变量称为全局变量。建议在定义全局变量时，在全局变量的名称前添加“g_”前缀，这样就可以避免在函数内部局部变量与全局变量重名，能够清晰地分辨出全局变量和局部变量。

作用范围：可以在不同函数中使用同一个全局变量。

例 4-10　全局变量作为共享基准值在不同函数中参与计算（源代码位置：chapter04/4.4 变量作用域.py）。

案例代码如下：

```
#基准值（全局变量）
basic_value = 1000
#求和
def sum(x):
    rs = basic_value + x
```

```
    print("{}与{}的和：{}".format(basic_value,x,rs))
#乘积
def product(x):
    rs = basic_value * x
    print("{}与{}的乘积：{}".format(basic_value,x,rs))
#函数调用
sum(20)
product(20)
```

运行结果如下：

```
1000 与 20 的和：1020
1000 与 20 的乘积：20000
```

解析：在函数外定义了一个全局变量 basic_value，分别在函数 sum 和函数 product 的计算过程中使用了全局变量 basic_value 的值，说明全局变量是一个公共的共享变量，在不同函数内都可以使用。

如果在函数内修改全局变量的值，需要在函数内使用 global 关键字声明全局变量。

例 4-11 定义一个全局变量、求和函数、计算乘积函数，在求和函数中修改全局变量值，在计算乘积函数中调用修改后的全局变量，打印最终结果（源代码位置：chapter04/4.4 变量作用域.py）。

案例代码如下：

```
#基准值（全局变量）
basic_value = 1000
#求和
def sum(x):
    #使用 global 关键字声明全局变量
    global basic_value
    #修改全局变量值
    basic_value = 1500
    rs = basic_value + x
    print("{}与{}的和：{}".format(basic_value,x,rs))
#乘积
def product(x):
    rs = basic_value * x
    print("{}与{}的乘积：{}".format(basic_value,x,rs))

#函数调用
print("basic_value:",basic_value)
sum(20)
print("basic_value:",basic_value)
product(20)
```

运行结果如下：

```
basic_value: 1000
1500 与 20 的和：1520
```

```
basic_value: 1500
1500 与 20 的乘积：30000
```

解析：在函数调用的时候，调用 sum 函数之前，先打印了没有经过修改的全局变量 basic_value 值是 1000，然后调用 sum 函数，在 sum 函数内通过 global 关键字声明全局变量 basic_value，然后修改 basic_value 的值等于 1500，在 sum 函数内使用 basic_value 修改之后的值 1500 进行计算。sum 函数执行结束之后，又打印了变量 basic_value 的值依然是修改之后 1500，说明在函数内修改全局变量的值会使全局变量的值被完全更改。

4.5　递归函数

一个函数在其函数体内调用函数自身，这样的函数就是递归函数。递归函数原理是使用一个函数通过不断地调用函数自身来实现循环处理数据，直到处理到最后一步，再将每一步的计算结果向上一步逐级返回。

注意：在使用递归的过程中一定要有结束递归的判断，否则递归会无限制地执行下去，造成死循环，直到程序报错。

例 4-12　使用递归函数计算 3 的阶乘（源代码位置：chapter04/4.5 递归函数.py）。

案例代码如下：

```
def factorial_func(num):
    if num > 1:
        return num * factorial_func(num -1)
    else:
#结束递归的判断，当 num=1 时，已经递归到了最后一步，直接返回 1
        return num

#计算 3 的阶乘
print(factorial_func(3))
```

运行结果如下：

```
6
```

在数学中阶乘的实现步骤：

1! = 1

2! = 2 * 1

3! = 3 * 2 * 1

4! = 4 * 3 * 2 * 1

…

n! = n * (n−1) * … * 1

使用递归函数计算 3 的阶乘程序执行步骤：

第 1 步：3 * factorial_func(3-1)等价于 3 * factorial_func(2)，此时等待 factorial_func(2)的返回值。

第 2 步：2 * factorial_func(2-1)等价于 2 * factorial_func(1)，此时等待 factorial_func(1)的返回值。

第 3 步：factorial_func(1) 在函数内通过执行 if 条件判断，进入到 else 代码块，已经是最后一步，直接将 1 返回到第 2 步。第 2 步得到了 factorial_func(1) 的返回值，执行该步后续代码，将计算结果返回到第 1 步。第 1 步得到 factorial_func(2) 的返回值，执行该步后续代码，第 1 步已经没有再向上返回的步骤，程序结束，将 3 的阶乘最终结果返回给调用 factorial_func(3)的地方。

4.6 匿名函数

在前面章节中已经介绍了函数的定义和使用，之前在定义函数时都要给函数起个名字，那么是不是函数都必须要有名字呢？答案是否定的。在 Python 中有一种没有名字的函数，叫做匿名函数。匿名函数定义不需要使用 def 关键字，也不需要设置函数名称，在函数定义时使用 lambda 关键字声明即可。

匿名函数语法格式：lambda 参数列表:表达式

匿名函数中参数列表的参数数量没有个数限制，多个参数之间用逗号隔开。需要特别注意的是匿名函数会将表达式的计算结果自动返回，不需要使用 return 关键字。

匿名函数的用法：可以把匿名函数赋值给一个变量，也可以把匿名函数作为参数传入其他函数中。

1．将匿名函数赋值给变量，通过变量名调用匿名函数

例 4-13 计算两个数字的和（源代码位置：chapter04/4.6 匿名函数.py）。

案例代码如下：

```
#把匿名函数赋值给一个变量
sum = lambda x,y:x+y
#通过变量名称调用匿名函数
print(sum(10,20))
```

运行结果如下：

```
30
```

解析：将计算两个变量和的匿名函数赋值给一个变量，通过变量调用匿名函数，使用非常灵活方便。

2．匿名函数作为普通函数的参数

例 4-14 根据不同的匿名函数对两个数字进行求值计算（源代码位置：chapter04/4.6 匿名函数.py）。

案例代码如下：

```
def x_y_compute(x,y,func): #func 是匿名函数
    print("x={}".format(x))
    print("y={}".format(y))
    result = func(x,y) #对 x 和 y 两个参数使用 func 匿名函数进行计算
    print("result={}".format(result))

#传入的匿名函数用于求两个数的和
x_y_compute(3,5,lambda x,y:x+y)
#传入的匿名函数用于求两个数的乘积
x_y_compute(3,5,lambda x,y:x*y)
```

运行结果如下：

```
x=3
y=5
result=8
x=3
y=5
result=15
```

解析：定义函数 x_y_compute 时，在函数内并没有定义计算逻辑，而是在函数参数中设置匿名函数作为参数，在函数体内采用匿名函数的计算逻辑。

4.7　闭包

在本书第 2 章学习条件判断和循环时，我们已经知道条件判断和循环是可以嵌套使用的，那么函数内是否也可以嵌套函数呢？答案是可以的，这就是本节闭包要实现的功能。所谓闭包就是指当一个嵌套函数的内部函数引用了外部函数的变量，外部函数的返回值是内部函数的引用，这种函数的表达方式我们称之为闭包。先通过示例说明闭包的使用。

例 4-15　分别定义一个普通求和函数和一个闭包求和函数，对比两种函数的不同（源代码位置：chapter04/4.7 闭包.py）。

案例代码如下：

```
#普通函数，求两个数字的和
def sum(x,y):
    return x + y
#闭包，求两个数字的和
#外部函数
def sum_closure(x):
    #内部函数
    def sum_inner(y):
        #调用外部函数的变量 x
        return x + y
    #外部函数返回值是内部函数的引用
```

```
        return sum_inner
    rs1 = sum(10,1)
    #打印 rs1 的值
    print("rs1={}".format(rs1))
    #打印 rs1 的类型
    print("rs1 的类型：{}".format(type(rs1)))

    rs_func = sum_closure(10)
    #打印 rs_func 的值
    print("rs_func={}".format(rs_func))
    #打印 rs_func 的类型
    print("rs_func 的类型：{}".format(type(rs_func)))
```

运行结果如下：

```
rs1=11
rs1 的类型：<class 'int'>
rs_func=<function sum_closure.<locals>.sum_inner at 0x103785a60>
rs_func 的类型：<class 'function'>
```

解析：从运行结果看，变量 rs1 的类型是 int 整数类型，变量 rs_func 的类型是 function 函数类型。原因是 rs1 是普通函数 sum 返回的两个数字的和，rs_func 是闭包函数 sum_closure 返回的内部函数 sum_inner 的引用，也就是说 rs_func 指向函数 sum_inner，rs_func 可以像普通函数一样被调用。

接下来我们调用函数 rs_func，了解闭包函数的使用。

例 4-16 闭包函数的使用（源代码位置：chapter04/4.7 闭包.py）。

案例代码如下：

```
rs2 = rs_func(1)
print("rs2={}".format(rs2))
print("rs2 的类型：{}".format(type(rs2)))
```

运行结果如下：

```
rs2=11
rs2 的类型：<class 'int'>
```

解析：从运行结果看，变量 rs2 是函数 rs_func 的返回值，这个返回值计算的是 10 加 1 的结果，由于在闭包函数 sum_closure 的内部函数 sum_inner 中调用了外部函数的变量 x，根据例 4-15 程序的执行，此时 x=10，所以 rs2 的结果是 10 加 1 的计算结果 11。

通过上面两个示例可以基本了解闭包的概念和闭包函数的用法。

闭包在实际工程项目中可以做很多事情。比如，需要实现一个计数器的功能，每调用一次计数器则值增加 1。下面使用普通函数和闭包分别来实现这样一个计数器。

例 4-17 使用普通函数实现计数器（源代码位置：chapter04/4.7 闭包.py）。

案例代码如下：

```
'''
参数说明：
    base：整型，表示基准值，计数器在基准值上累加，初始值为 0
    step：整型，表示步长，初始值为 1
'''
def counter_func(base=0,step=1):
    return base + step
c1 = counter_func( )
print("当前计数器值为：{}".format(c1))
c2 = counter_func(c1)
print("当前计数器值为：{}".format(c2))
c3 = counter_func(c2)
print("当前计数器值为：{}".format(c3))
```

运行结果如下：

```
当前计数器值为：1
当前计数器值为：2
当前计数器值为：3
```

解析：使用普通函数实现了计数器的功能，并且可以灵活地定义基准值和步长。但问题也很明显，就是每调用一次计数器函数都要把上一次的计数器结果作为参数传入，很容易传错参数，调用过程有些复杂，代码量比较大。

例 4-18　使用闭包实现计数器（源代码位置：chapter04/4.7 闭包.py）。

案例代码如下：

```
def counter_closure(base=0):
    #在外部函数中定义一个列表类型的变量，存储计数器的累加基数
    cnt_base = [base]
    def counter(step=1):
        cnt_base[0] += step
        return cnt_base[0]
    return counter
counter = counter_closure( )
print("当前计数器值为：{}".format(counter( )))
print("当前计数器值为：{}".format(counter( )))
print("当前计数器值为：{}".format(counter( )))
```

运行结果如下：

```
当前计数器值为：1
当前计数器值为：2
当前计数器值为：3
```

解析：通过闭包实现的计数器，在调用的时候非常简单，如果按照从 0 开始以默认的步长 1 累加，只需要每次调用 counter 就可以实现累加计数功能。使用闭包实现计数器的好处

是调用过程逻辑简单，不需要考虑额外的因素，不容易出错，使程序更加健壮。

4.8 装饰器

装饰器这个概念对于刚接触 Python 的读者可能有些陌生，为了让大家能够更好地理解装饰器，先用程序模拟现实生活中电商购物的场景，慢慢地引出装饰器的使用方法。

例 4-19 设置电商客服标准回复话术（源代码位置：chapter04/4.8 装饰器.py）。

案例背景：从网上购物经常遇到买到的商品不喜欢的情况，需要联系客服退货。客服每天面对很多人，为了使客服能够更好地服务客户，降低客服压力，在客服与客户交流的过程中设置标准的回复话术，这样可以节省交流时间，提高服务质量。

案例代码如下：

```
#模拟客服与客户对话
def contact( ):
    q = input("问：")
    print("答：亲~ 对不起，暂时无法解答'{}'这个问题！".format(q))
#欢迎话术
print("亲~，请问有什么可以帮助您的吗？")
#开始与客服对话
contact( )
#结束话术
print("亲~，请评价我的服务！")
print("1 非常满意，2 满意，3 一般，4 差")
score = input("请输入您的评价：")
print("感谢您的评价！谢谢！")
```

运行结果如下：

```
亲~，请问有什么可以帮助您的吗？
问：我要老板上门退货
答：亲~ 对不起，暂时无法解答'我要老板上门退货'这个问题！
亲~，请评价我的服务！
1 非常满意，2 满意，3 一般，4 差
请输入您的评价：4
感谢您的评价！谢谢！
```

解析：在程序中调用了一次 contact 函数联系客服，在现实生活中可能会有多个人同时联系客服，每联系一次客服就要调用一次 contact 函数，在调用 contact 函数的前后都要打印欢迎和结束话术，这样就会产生大量的重复打印话术的代码。有些读者会想到一种解决办法，就是把打印话术的代码放在 contact 函数内，这样每次调用 contact 函数时就可以重复使用打印话术的代码。如果这个标准的话术只在 contact 这一个函数里使用，这个解决办法没有问题，但是如果这个标准的话术需要在很多个函数里使用，并且有可能在未来没有出现的函数里使用，那么上面的解决办法还是会产生大量重复打印相同话术的代码。这个问题有一个很好的解决办法，就是在函数调用时动态添加打印话术的功能。

4.8.1　初识装饰器

在 Python 中，函数既可以作为参数传递，也可以赋值给变量。通过本章 4.7 小节闭包的学习，我们已经掌握了闭包的使用方法。闭包中的内层函数会使用外层函数的变量，我们可以利用闭包的这个特性，将例 4-19 中的 contact 函数作为参数传递到闭包函数中，在内层函数中调用 contact 函数，在调用 contact 函数前后打印标准话术，这样就可以动态地给被调用的函数 contact 添加打印话术的功能。同理，如果有任何一个函数需要动态地添加额外功能，也可以使用闭包函数实现。这样做还有一个好处是，如果以后需要对额外的功能进行修改调整，只需要在闭包函数中修改即可，不会影响主功能。

下面使用闭包函数改造例 4-19 的电商客服标准回复话术程序。

例 4-20　使用闭包函数改造电商客服标准回复话术程序（源代码位置：chapter04/4.8 装饰器.py）。

案例代码如下：

```
#机器人在调用被装饰函数 func 前后打印标准话术
def robot(func):
    def say():
        print("亲~，请问有什么可以帮助您的吗？")
        func()
        print("亲~，请评价我的服务！")
        print("1 非常满意，2 满意，3 一般，4 差")
        score = input("请输入您的评价：")
        print("感谢您的评价！谢谢！")
    return say
def contact():
    q = input("问：")
    print("答：亲~ 对不起，暂时无法解答'{}'这个问题！".format(q))
#调用闭包函数
func_closure = robot(contact)
func_closure()
```

运行结果如下：

```
亲~，请问有什么可以帮助您的吗？
问：我要老板上门退货
答：亲~ 对不起，暂时无法解答'我要老板上门退货'这个问题！
亲~，请评价我的服务！
1 非常满意，2 满意，3 一般，4 差
请输入您的评价：4
感谢您的评价！谢谢！
```

解析：在代码中定义了一个闭包函数 robot，robot 函数需要传入一个函数类型的参数 func，在 robot 的内层函数 say 中调用了 func 函数，并且在调用 func 函数前后定义了打印话术的语句。当调用闭包函数 robot 时，把 contact 函数作为参数传入到 robot 中，然后执行返回值函数 func_closure，实现了在 contact 函数调用前后打印话术的功能。

在例 4-20 中，使用闭包函数实现了给 contact 函数动态添加打印话术的功能，但是程序的主要功能是客服，核心是 contact 函数，通过调用闭包函数掩盖了程序的主要功能，有点喧宾夺主的感觉，并且代码的可读性不是很强。Python 给我们提供了更加简洁的表达方式，那就是使用装饰器。装饰器的语法非常简洁，只需要在被装饰函数 contact 前添加“@robot”，这是一种 Python 语法糖，“@”是装饰器的语法，“robot”是装饰器的名称，表示给 contact 函数添加一个 robot 装饰器，这样在调用 contact 时就会通过装饰器在 contact 函数执行的前后添加要回复的话术。

例 4-21 使用装饰器改造电商客服标准回复话术程序（源代码位置：chapter04/4.8 装饰器.py）。

案例代码如下：

```
#添加装饰器
@robot
def contact():
    q = input("问：")
    print("正在输入……")
    print("答：亲~ 对不起，暂时无法解答'{}'这个问题！".format(q))
#直接调用 contact 函数
contact()
```

运行结果如下：

```
亲~，请问有什么可以帮助您的吗？
问：我要老板上门退货
答：亲~ 对不起，暂时无法解答'我要老板上门退货'这个问题！
亲~，请评价我的服务！
1 非常满意，2 满意，3 一般，4 差
请输入您的评价：4
感谢您的评价！谢谢！
```

解析：由于 contact 函数被装饰器 robot 装饰了，所以我们称 contact 函数为被装饰函数。在这个示例中，直接调用程序主功能函数 contact，意图非常明确，代码更加简洁，可读性强。当调用 contact 函数时，会自动找到装饰器 robot，robot 就是我们自定义的闭包函数 robot，装饰器会把被装饰函数 contact 作为参数传入到 robot 函数中，通过装饰器动态地给 contact 函数添加了打印话术的功能。同理，如果有其他函数也需要打印同样的话术，只需要使用装饰器“@robot”装饰该函数，即可添加打印话术的功能。

通过上述案例可知装饰器的作用：在代码运行期间，装饰器能够给被装饰函数添加额外的功能，很好地实现代码重用，提高代码可读性。

4.8.2 装饰器进阶

给无参函数添加装饰器非常简单。如果被装饰函数带有参数，那么装饰器代码应该怎样实现呢？下面通过示例来解答这个疑问。

例 4-22　带参函数使用装饰器计算两个数字的和，并计算程序执行耗时（源代码位置：chapter04/4.8 装饰器.py）。

案例代码如下：

```
#计算程序执行耗时
def time_counter(func):
    #在内层函数 counter 中设置与被装饰函数相同的参数
    def counter(x,y):
        start_time = time.time()
        print("start_time:",start_time)
        func(x,y)
        end_time = time.time()
        print("end_time:", end_time)
        print("run times:", end_time - start_time)
    return counter
#求两个数字的和
@time_counter
def sum(x,y):
    time.sleep(2)
    print("{} + {} = {}".format(x,y,x+y))
sum(10,20)
```

运行结果如下：

```
start_time: 1540530274.24964
10 + 20 = 30
end_time: 1540530276.2531729
run times: 2.003532886505127
```

解析：当被装饰函数带有参数时，只需设置内层函数与被装饰函数带有相同的参数，就可实现参数的传递。

在例 4-22 中，通过硬编码的方式实现了参数的传递，这样做有一个明显的缺点，就是被装饰函数只能有两个参数，如果没有参数或者有多个参数，都无法满足要求。为了解决这个问题，我们可以使用函数的不定长参数，当一个函数传入的参数个数不确定时，可以使用不定长参数。接下来我们继续改造例 4-22 的代码。

例 4-23　给装饰器的内层函数添加不定长参数，使得装饰器可以装饰更多函数（源代码位置：chapter04/4.8 装饰器.py）。

案例代码如下：

```
def time_counter(func):
    #使用不定长参数接收任意个数的参数传入
    def counter(*args):
        start_time = time.time()
        print("start_time:",start_time)
        func(*args)
        end_time = time.time()
```

```
            print("end_time:", end_time)
            print("run times:", end_time - start_time)
        return counter
#求两个数字的和
@time_counter
def sum(x,y):
    time.sleep(2)
    print("{} + {} = {}".format(x,y,x+y))
#求三个数字的乘积
@time_counter
def multiplied(x,y,z):
    time.sleep(2)
    print("{} * {} * {} = {}".format(x,y,z,x*y*z))
sum(10,20)
multiplied(2,3,4)
```

运行结果如下：

```
start_time: 1540537572.9489868
10 + 20 = 30
end_time: 1540537574.952495
run times: 2.0035083293914795
start_time: 1540537574.952533
2 * 3 * 4 = 24
end_time: 1540537576.957271
run times: 2.0047380924224854
```

在定义装饰器函数时，需要定义两层函数，外层函数的参数接收的是被装饰函数的引用，内层函数的参数接收的是被装饰函数的参数。有些时候，定义装饰器函数时定义了三层函数，这是因为装饰器本身也可以有参数，第三层函数就是为了定义带参装饰器。下面我们继续通过示例介绍带参装饰器的使用。

例 4-24 使用参装饰器实现只有管理员权限才可以添加或修改学生成绩（源代码位置：chapter04/4.8 装饰器.py）。

案例代码如下：

```
#存储学生考试成绩
stuscores = {}
def if_admin(admin):
    def check(func):
        def inner(t_name,s_name,score):
            print("正在进行权限检查……")
            if t_name != admin:
                #如果不是管理员，则抛出异常
                raise Exception("权限不够！禁止操作！")
            func(t_name,s_name,score)
            print("操作成功！")
        return inner
    return check
```

```
#添加学生考试成绩
@if_admin("admin")
def add_stu_score(t_name,s_name,score):
    stuscores[s_name] = score

#修改学生考试成绩
@if_admin("admin")
def update_stu_score(t_name,s_name,score):
    stuscores[s_name] = score

add_stu_score("admin","Tom",100)
print(stuscores)
update_stu_score("admin","Tom",95)
print(stuscores)
add_stu_score("derek","David",97)
print(stuscores)
```

运行结果如下：

```
正在进行权限检查……
操作成功！
{'Tom': 100}
正在进行权限检查……
操作成功！
{'Tom': 95}
  File "/Users/derek/projects/python_projects/python3_action/chapter04/4.8 装饰器.py", line 135, in <module>
正在进行权限检查...
    add_stu_score("derek","David",97)
  File "/Users/derek/projects/python_projects/python3_action/chapter04/4.8 装饰器.py", line 115, in inner
    raise Exception("权限不够！禁止操作！")
Exception: 权限不够！禁止操作！
```

解析：装饰器 if_admin 需要传入一个参数，用于内层函数的权限检查，只有管理员 admin 才有权限向字典中添加或者修改学生考试成绩，如果其他人做类似的操作，则直接抛出异常。

第 5 章 包和模块

在 Python 中为了使项目组织结构更加的清晰，实现代码重用，一般一个 Python 项目由包、模块组成，在一个项目中可以创建多个包，一个包内可以创建多个模块，一个模块就是一个以“.py”结尾的 Python 文件，在一个模块中可以定义多个类和函数等。

5.1 包

在 Python 中包与普通文件夹的区别是，在包内要创建一个“__init__.py”文件，来标识它不是一个普通文件夹，而是一个包。一个项目可以包含多个包，一个包可以包含多个子包，也可以包含多个模块。一个包内的组织形式如图 5-1 所示。

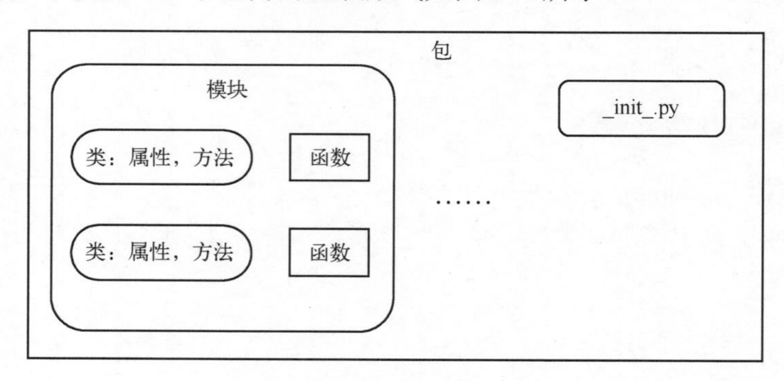

图 5-1　包组织形式

在一个项目中包的划分没有固定要求，比如可以按照功能划分，把实现同一个功能的不同模块放在一个包中。也可以按照章节划分，比如本书的代码在 python3_action 项目中按照章节划分，一章是一个包，一章内的一个小节在包内就是一个模块，如图 5-2 python3_action 项目结构所示。

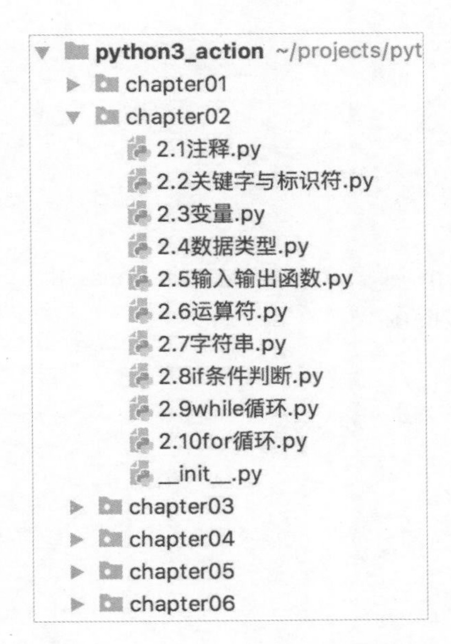

图 5-2　python3_action 项目结构

5.2　模块

在 Python 中一个以“.py”结尾的 Python 文件就是一个模块，不同包下可以有相同名称的模块，模块之间使用“包名.模块名”的方式区分。如果在一个模块中引入其他模块有多种方法可以实现。

表 5-1　引入模块的方法

描述	引入方法
引入单个模块	import model_name
引入多个模块	import model_name1,model_name2,…
引入模块中的指定函数或类等	from model_name import func,… from model_name import class,…

例 5-1　在 chapter05 包中创建 buss 和 tool 两个子包，在 buss 包中创建两个模块 model1.py 和 model2.py，在 tool 包中创建与 buss 包中同名的模块 model1.py。

在 buss 包内的 model1.py 模块中定义一个函数 project_info 用于打印项目相关信息。

案例代码如下：

```
def project_info( ):
    print("*" * 20) #打印 20 个*号
    print(" " * 4,"Python 项目"," " * 4)
    print("*" * 20)
```

在 tool 包内的 model1.py 模块中定义一个函数 tool_info 用于打印工具包相关信息。

案例代码如下：

```
def tool_info( ):
    print("*" * 20)
    print(" " * 4,"常用工具"," " * 4)
    print("*" * 20)
```

在 buss 包内创建 model2.py 模块，然后分别引入 buss 和 tool 两个包中的 model1 模块，最后分别调用两个同名模块中的函数。

案例代码如下：

```
#引入模块，通过包名.模块名的方式引入
import buss.model1
import tool.model1

#分别调用两个同名模块中的不同函数
buss.model1.project_info( )
tool.model1.tool_info( )
```

运行结果如下：

```
********************
      Python 项目
********************
********************
      常用工具
********************
```

解析：从运行结果看，在 buss 包内的 model2 模块中通过“import 包名.模块名”的方式引入模块，通过“模块名.函数名”的方式成功调用了同一包内和不同包内的同名模块的不同函数。

例 5-2 使用一个 import 命令引入多个模块（源代码位置：chapter05）。

案例代码如下：

```
import buss.model1,tool.model1
buss.model1.project_info( )
tool.model1.tool_info( )
```

运行结果如下：

```
********************
      Python 项目
********************
********************
      常用工具
********************
```

解析：使用一个 import 命令可以同时引入多个模块，多个模块之间用逗号隔开。

例 5-3　使用 from…import…引入模块内指定函数（源代码位置：chapter05）。

案例代码如下：

```
from buss.model1 import project_info
project_info()
```

运行结果如下：

```
********************
      Python 项目
********************
```

5.3　__init__.py 模块

在 Python 中一个包中必须包含一个默认的__init__.py 模块。在 Pycharm 中创建一个包会自动创建一个__init__.py 模块，当一个包或包下的模块在其他地方被导入时，__init__.py 会被 Python 解释器自动调用执行。

__init__.py 的作用：模块内可以是空白内容用于标识一个包，也可以在模块内定义关于包和模块相关的一些初始化操作。

例 5-4　使用 Python 解释器自动执行__init__.py（源代码位置：chapter05）。

在 buss 包内的__init__.py 中添加如下内容：

```
print("init 文件自动调用")
```

执行 buss 包的 model2 模块中的代码：

```
from buss.model1 import project_info
project_info()
```

运行结果如下：

```
init 文件自动调用
********************
      Python 项目
********************
```

解析：在执行 model2 中的代码时调用了 model1 模块中的 project_inofo 函数，在调用 project_inofo 函数之前并没有显示调用 buss 包中的__init__模块，但是运行结果显示在 project_inofo 函数执行之前，执行了__init__模块中的代码，打印了“init 文件自动调用”的信息。所以证明__init__模块被 Python 解释器自动调用执行。

5.4　__name__变量

我们熟悉的很多编程语言，像 C 语言、C++、Java 等编写的程序，在程序运行时都是要从一个主入口开始执行的。以面向对象编程语言 Java 为例，在编写 Java 程序时，要在代码的主类中定义一个 main 函数作为程序的入口，当执行 Java 程序时先找到程序主类的 main 函数，从 main 函数开始运行。

Python 属于脚本语言，Python 程序在执行时与其他编程语言有所不同，Python 程序没有编译过程，不需要将程序编译成二进制代码再运行，而是 Python 解释器根据 Python 代码文件从第一行开始由上到下逐行运行，整个程序没有统一的主入口。

一个以“.py”结尾的 Python 源码文件是一个模块，它可以被直接运行，也可以在其他 Python 源码文件中作为模块被导入。在 Python 内部定义了一个“__name__”变量（name 前后分别是两个下划线），它的值取决于 Python 源码文件被使用的方式。当 Python 源码文件被直接运行时，“__name__”变量的值等于“__main__”。当 Python 源码文件作为模块在其他地方被引入时，“__name__”变量的值等于被引入的模块名称（也就是 Python 源码文件名称）。

例 5-5 直接运行 Python 源码文件，查看“__name__”变量的值等于“__main__”（源代码位置：chapter05/5.4__name__变量.py）。

案例代码如下：

```
def info():
    print("当前正在运行，__name__值={}".format(__name__))
#函数调用
info()
```

运行结果如下：

```
当前正在运行，__name__值=__main__
```

解析：从运行结果可以看出，当直接执行一个 Python 源码文件时，该文件中“__name__”变量的值是“__main__”。

例 5-6 定义“__name__”变量的值等于模块名称（源代码位置：chapter05/5.4__name__变量.py 和 test_model.py）。

在 chapter05 包中新建一个 test_model 模块，源码文件中包含的内容如下：

```
def test_info():
    #打印__name__变量的值
    print("test_info 正在运行，__name__值={}".format(__name__))

#函数调用
test_info()
```

运行结果如下：

```
test_info 正在运行，__name__值=__main__
```

在“5.4__name__变量.py”源码文件中引入“test_model”模块，并调用 test_info 函数。

案例代码如下：

```
import test_model
def info():
    print("当前正在运行，__name__值={}".format(__name__))

print("-------------------")
info()
test_model.test_info()
```

运行结果如下：

```
test_info 正在运行，__name__值=test_model
-------------------
当前正在运行，__name__值=__main__
test_info 正在运行，__name__值=test_model
```

解析：在“5.4__name__变量.py”源码文件中引入了“test_model”模块，在调动 info()函数之后“test_model”模块中的 test_info()函数，当“5.4__name__变量.py”源码文件被执行时，运行结果中第一行打印的信息是“test_model”模块中 test_info()函数打印的内容。原因是在“test_model”模块中调用了 test_info()函数，当该模块在其他地方被引入时，先执行了“test_model”模块中的代码，所以结果中会先显示 test_info()函数打印的内容，并且有一点需要注意，在“test_model”作为模块被引入时 test_info()函数中获取到的“__name__”变量的值等于“test_model”，也就是模块名称。

如果 Python 源码文件被当作模块在其他地方被引入时，有些代码不希望在被引入时执行，可以在 Python 源码文件中加入 if __name__ == "__main__"的条件判断语句，把不希望在被引入时执行的代码放入到 if 条件判断的代码块中。当直接执行该 Python 源码文件时，__name__ 的值等于 "__main__"则进入到 if 条件判断代码块中执行代码。当被其他地方引入时__name__ 的值等于模块名称，则不会进入到 if 条件判断的代码块中。

例 5-7　在 Python 源码文件中加入 if __name__ == "__main__"的条件判断（源代码位置：chapter05/5.4__name__变量.py 和 test_model.py）。

“test_model.py”源码文件内容如下：

```
def test_info():
    #打印__name__变量的值
    print("test_info 正在运行，__name__值={}".format(__name__))

#函数调用
# test_info()
if __name__ == "__main__":
    test_info()
```

运行结果如下：

```
test_info 正在运行，__name__值=__main__
```

解析：当直接执行 test_model.py 时，“__name__”变量的值等于“__main__”，满足 if

条件判断要求，所以进入到条件判断的代码块中调用了 test_info()函数。

“5.4__name__变量.py”源码文件内容如下：

```
import test_model
def info():
    print("当前正在运行，__name__值={}".format(__name__))

print("------------------")
info()
test_model.test_info()
```

运行结果如下：

```
------------------
当前正在运行，__name__值=__main__
test_info 正在运行，__name__值=test_model
```

解析：当直接执行“5.4__name__变量.py”时，引入的“test_model”模块，中的“__name__”变量值等于“test_model”，不满足 if 条件判断要求，所以没有调用 test_info 函数。在“5.4__name__变量.py”中通过模块名称显示的调用 test_info 函数，test_info 函数才被执行。

所以在通常情况下，如果一个 Python 源码文件既要作为模块在其他地方被引用，又要在其单独运行时执行一些代码，就要在 Python 源码文件中加入 if __name__ == "__main__"的条件判断，也可以把条件判断的这段代码作为 Python 源码文件的入口。

第 6 章 面向对象

面向对象是高级编程语言的核心，是软件程序设计的一种思想。目前被广泛使用的面向对象编程语言有 Java、C++、Python 等。Python 是一种面向对象的解释型编程语言，本章将会详细地介绍面向对象编程中的类、对象、构造方法、访问权限、继承等。希望通过本章的学习，使读者能够快速、系统地掌握 Python 面向对象编程。

6.1 面向对象编程

面向对象编程（Object Oriented Programming，OOP）是一种解决软件复用的设计和编程方法，不是 Python 特有的，很多高级编程语言像 Java、C++等都遵循面向对象的编程方法。对于初学者来说面向对象编程理解起来比较抽象，不容易理解。那么简单来说，面向对象编程就是根据真实世界中的事物，抽象出事物的属性和功能，然后将抽象出来的属性和功能封装成对象的属性和方法（就是我们熟悉的函数），在软件系统中通过复用对象实例提高软件开发效率。

6.2 类和对象

面向对象编程中有两个非常重要的概念：类和对象。那么什么是类？什么是对象？它们之间有什么关系呢？

假如你想要拥有一辆小轿车，但是不懂汽车原理，也没有造车的工具和材料，短时间内靠自己造一辆车不太现实；只需要带着足够的钱去汽车 4S 店挑选自己喜欢的颜色、款式，是否有天窗等配置，选好配置付完钱就可以拥有一辆属于自己的小轿车，开着它出去兜风了。那么 4S 店的汽车是哪里来的呢？当然是汽车生产厂商提供的。汽车生产厂商也不是凭空就能生产汽车的，在生产汽车的过程中要根据汽车的图纸生产，汽车图纸描述了汽车应该有发动机、座椅、方向盘等部件，汽车的功能就是能在路上跑。这个汽车的图纸就可以抽象为程序代码中的类，表示汽车类。根据汽车图纸可以制造出不同颜色、不同款式等各种配置的汽车，制造出来的汽车就可以比作程序中的汽车对象，那么汽车的颜色、款式等各种配置就是汽车对象的各种属性，汽车对象的功能就是在路上跑。根据汽车图纸可以制造出无数辆汽车，那么根据汽车类也可以创建出无数个汽车对象。

通过上面汽车的示例，这里描述下类、对象、类与对象的关系。

类：是一类事物的抽象，它定义了一类事物的属性和行为（功能）。可以把类理解为具有相同属性和行为事物的统称或者抽象。根据汽车图纸（汽车类）只能造出汽车（对象），不能造出飞机，要想造飞机，就要有一个飞机的图纸（飞机类）描述飞机有哪些属性和行为。

对象：是通过类创建的一个具体事物，它具有状态和行为，可以做具体的事情。

类与对象的关系：类相当于创建对象的图纸，根据类可以创建多个对象。

6.2.1 类

类(Class) 由类名、属性、方法三部分构成。

类的定义：

```
class 类名:
    def 方法名(self[,参数列表]):
        方法体
    ……
```

在定义类时有两点注意事项：

- 定义类时首先使用 class 关键字声明这是一个类，类名遵循标识符的命名规则，类名的命名方式通常按照约定俗称的“大驼峰”命名法，即组成类名的一个或者多个单词首字母大写，如定义电动汽车类 class ElectricCar。
- 在类内部定义的函数叫作方法，在方法中第一个参数默认要传入一个 self，表示对象自身，因为根据一个类可以创建多个对象，当调用一个对象的方法时，对象会将自身的引用（引用可以理解成对象在内存中的地址，每创建一个对象会在内存中开辟一块内存区域存储这个对象，通过内存地址（引用）在内存中可以找到对象）传递到调用的方法中，这样 Python 解释器就知道应该操作哪个对象的方法。注意：定义方法时，self 必须作为第一个参数；通过对象调用方法时，不需要显示的在方法中传入 self 参数，Python 解释器会自动传入。

例 6-1 定义小狗类，小狗具备的行为是吃饭、喝水、奔跑（源代码位置：chapter06/6.2 类与对象.py）。

案例代码如下：

```
class Dog:
    def eat(self):
        print("正在啃骨头……")
    def drink(self):
```

```
        print("正在喝水……")
    def run(self):
        print("摇着尾巴奔跑！")
```

6.2.2　对象

之前我们讲过汽车类相当于汽车图纸，根据汽车图纸建造汽车就相当于根据汽车类创建汽车对象，只有创建了对象才能够使用这个对象。这个对象就叫作这个类的一个实例或者实例对象。

根据类创建对象的方法是：变量 = 类名([参数列表])。

在类名后加上一对小括号就创建了一个对象。如果在定义类时定义了构造方法，并且在构造方法中设置了除 self 之外的其他参数列表，那么在创建对象时需要传入对应的参数列表。如果在类中没有定义构造方法，或者是定义了构造方法没有在构造方法中设置除 self 参数之外的其他参数，那么创建对象时只需要使用类名加一对空的小括号就可以创建一个对象。在后续的章节中会详细地介绍构造方法的使用。

创建一个对象，把这个对象赋值给一个变量，这个赋值操作不是必需的。如果创建的对象不赋值给一个变量，那么创建的这个对象就没有任何用途，最终会被 Python 的垃圾收集器回收掉，从内存中清除这个对象。就像汽车厂生产一辆汽车，没有人买不给它上车牌，这辆车就不能够开上路合法行驶，长时间地放在汽车厂，当这辆车没用时就要把它报废回收掉。

创建对象的过程是在内存中开辟一块区域存储这个对象，这块内存区域有它对应的内存地址，通过内存地址就能够找到这块区域存储的这个对象。就好比是快递小哥通过门牌号就能够找到要送包裹的客户。把对象赋值给一个变量就是把存储这个对象的内存地址告诉给了变量，这个变量就指向了内存中的这个对象，通过这个变量就可以找到它所指向的对象，所以这个变量就叫作对象的引用。

例 6-2　根据小狗类创建一个小狗对象旺财（源代码位置：chapter06/6.2 类与对象.py）。

案例代码如下：

```
#根据 Dog 类创建对象 wangcai
wangcai = Dog()
#调用对象具备的行为（方法）
wangcai.eat()
wangcai.drink()
wangcai.run()
```

运行结果如下：

```
正在啃骨头……
正在喝水……
```

```
摇着尾巴奔跑！
```

根据小狗类 Dog 创建出了一个对象赋值给一个变量 wangcai，wangcai 此时就具备了吃饭、喝水、奔跑的行为，通过“变量.方法名”的方式调用对象的方法。

例 6-3 根据小狗类再创建一个小狗对象托福，对比两个小狗是否是同一只（源代码位置：chapter06/6.2 类与对象.py）。

案例代码如下：

```
print("--------hello 旺财--------")
wangcai = Dog()
#调用对象具备的行为（方法）
wangcai.eat()
wangcai.drink()
wangcai.run()

print("--------hello 托福--------")
tuofu = Dog()
#调用对象具备的行为（方法）
tuofu.eat()
tuofu.drink()
tuofu.run()

print("--------对比两只小狗的 id---------")
print("wangcai 的 id：{}".format(id(wangcai))) #id(对象)获取对象的内存地址
print("tuofu 的 id：{}".format(id(tuofu)))
```

运行结果如下：

```
--------hello 旺财--------
正在啃骨头……
正在喝水……
摇着尾巴奔跑！
--------hello 托福--------
正在啃骨头……
正在喝水……
摇着尾巴奔跑！
--------对比两只小狗的 id---------
wangcai 的 id：4484264848
tuofu 的 id：4484264904
```

解析：根据 Dog 类创建两只小狗对象 wangcai 和 tuofu，Python 内置的 id 函数可以获取一个对象的内存地址，通过运行结果可以看出 wangcai 的 id 是 4484264848，tuofu 的 id 是 4484264904，两个 id 值不同，说明 wangcai 和 tuofu 两个变量指向了两个不同的内存区域，也就是 wangcai 和 tuofu 指向的是两个不同的对象，所以通过一个类可以创建多个不同的对象。

6.3　__init__构造方法

构造方法的作用是在创建一个类的对象时，对对象进行初始化操作。Python 中类的构造方法名称是__init__，注意方法名前后是两个下划线，在创建对象时__init__构造方法会被 Python 程序自动调用。如果在定义类时没有显示定义__init__构造方法，在创建对象时程序会自动调用默认没有参数的__init__构造方法。

在创建对象时，有时也需要给对象设置一些属性，这些设置操作我们希望在对象被创建完成就已经自动设置完成，这就需要借助类的__init__构造方法实现，__init__构造方法在创建对象时自动被程序调用。

例 6-4　在类中定义构造方法（源代码位置：chapter06/6.3 构造方法.py）。

案例代码如下：

```
class Dog:
    #构造方法
    def __init__(self):
        print("执行了构造方法，正在初始化……")
    def eat(self):
        print("正在啃骨头……")
    def drink(self):
        print("正在喝水……")
    def run(self):
        print("摇着尾巴奔跑！")
#创建对象
wangcai = Dog()
wangcai.eat()
wangcai.drink()
wangcai.run()
```

运行结果如下：

```
执行了构造方法，正在初始化……
正在啃骨头……
正在喝水……
摇着尾巴奔跑！
```

解析：从运行结果看，在创建对象时我们并没有显示调用__init__构造方法，程序自动调用了__init__构造方法，打印了“执行了构造方法，正在初始化……”这句话。

以创建一个小狗对象 wangcai 为例，描述一个对象的创建过程如下，如图 6-1 所示。

1）根据 Dog 类创建一个对象，首先在内存中开辟一块内存区域存储创建的对象。

2）自动调用__init__构造方法，将该对象的引用作为 self 参数值传入构造方法，在构造方法内通过 self 就可以获取对象本身，然后对该对象进行初始化操作。

3）初始化操作完成后，将对象的引用返回给变量 wangcai，此时变量 wangcai 指向内存中的对象。

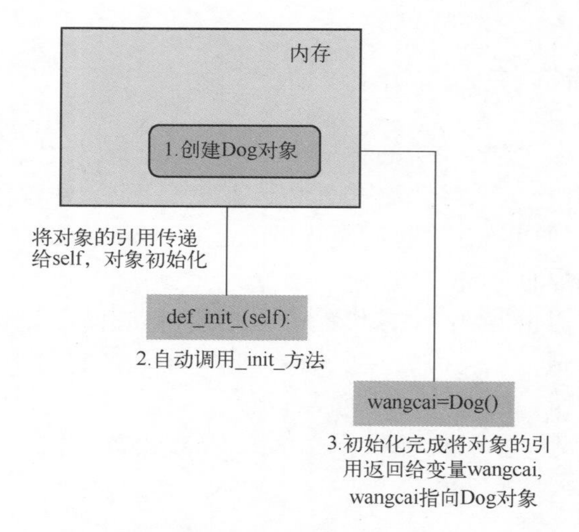

图 6-1　对象创建过程

创建一个小狗的对象可以比作是小狗刚刚出生，小狗出生后就已经具备了性别、品种等属性。这些属性是在小狗对象初始化时被设置的，我们可以通过__init__构造方法在对象初始化时设置它的属性。

例 6-5　通过__init__构造方法设置小狗的对象属性（源代码位置：chapter06/6.3 构造方法.py）。

案例代码如下：

```
class Dog:
    #通过构造方法设置对象的品种和性别属性
    def __init__(self,variety,gender):
        print("开始初始化！")
        self.variety = variety #self.属性名 = 属性值
        self.gender = gender
        print("初始化结束！")
#创建对象，传入旺财的品种是金毛，性别是雄性
wangcai = Dog("金毛","雄性")
print("旺财的品种：{}".format(wangcai.variety))#通过“对象变量.属性名”的方式获取对象属性值
print("旺财的性别：{}".format(wangcai.gender))
```

运行结果如下：

```
开始初始化！
初始化结束！
旺财的品种：金毛
旺财的性别：雄性
```

解析：在 Dog 类中定义了__init__构造方法，该构造方法需要传入除 self 之外的 variety 和 gender 两个参数，在构造方法内部通过 self 设置对象的 variety 和 gender 两个属性，属性值是创建对象时从外部传入的。为了加深对 self 参数的理解，这里再解释下 self 参数的含

义，在调用__init__构造方法之前，已经在内存中开辟了一块内存区域创建了一个对象，只是未对该对象进行初始化设置，self 参数就代表这个对象，把这个对象传入到__init__构造方法中，在构造方法中针对这个对象做的一些初始化设置都可以通过 self 进行设置。设置对象属性的方法：self.属性名 = 属性值。

有一点需要注意，如果在__init__构造方法中定义了除 self 参数外的其他参数，那么在创建对象时要在类名后的小括号中传入对应的参数值。

在 Python 中不但可以在构造方法中设置对象的属性，还可以在对象初始化完成后动态地给对象添加属性和属性值，设置方法：对象变量.属性名 = 属性值。

例 6-6　给小狗对象动态添加属性和属性值（源代码位置：chapter06/6.3 构造方法.py）。

案例代码如下：

```
#添加名字和年龄属性
wangcai.name = "旺财"
wangcai.age = 1
print("小狗名字：{}，年龄：{}岁".format(wangcai.name,wangcai.age))
```

运行结果如下：

```
小狗名字：旺财，年龄：1 岁
```

解析：从运行结果看，成功地给对象添加了 name 和 age 两个属性，但是在开发过程中不推荐使用动态添加属性的方法，大量地使用动态添加属性会使程序的可读性变差，不易于维护。

6.4　访问权限

熟悉 Java、C++等面向对象编程语言的同学对访问权限应该比较熟悉，在 Java 和 C++中，公共访问权限使用 public 关键字修饰，私有访问权限使用 private 关键字修饰。但是在 Python 中，类的属性和方法的访问权限不需要任何关键字修饰，只需要在属性或者方法名前添加两个下划线“__”即为私有的访问权限，反之都是公共访问权限。具有私有访问权限的属性和方法只能在类内部访问，外部不能访问。

例 6-7　由于狗的年龄通常在 1 岁到 20 岁之间，为了防止外部对年龄属性随意修改设置非法年龄，将 Dog 类的年龄属性设置为私有属性，通过内部私有方法设置年龄属性值（源代码位置：chapter06/6.4 访问权限.py）。

案例代码如下：

```
class Dog:
    def __init__(self,name):
        self.name = name
        self.__age = 1 #私有属性

    #私有方法，用于设置年龄
```

```
        def __set_age(self,age):
            self.__age = age

        #设置名字和年龄属性
        def set_info(self,name,age):
            #如果传入的名字不是空字符串，则给对象设置新的名字
            if name != "":
                self.name = name

            #合法年龄是 1 岁到 20 岁
            if age > 0 and age <= 20:
                #调用私有方法设置年龄
                self.__set_age(age)
            else:
                print("年龄设置失败，非法年龄！")

        def get_info(self):
            #在函数内访问私有属性"__age"
            print("我的名字是{}，我现在{}岁。".format(self.name, self.__age))

wangcai = Dog("旺财")
wangcai.get_info()
print("***我长大了***")
#给旺财设置新的年龄
wangcai.set_info("",10)
wangcai.get_info()
```

运行结果如下：

```
我的名字是旺财，我现在 1 岁。
***我长大了***
我的名字是旺财，我现在 10 岁。
```

解析：Dog 类内部的 get_info 方法获取到了私有属性__age 的值，在 set_info 方法内调用了私有方法__set_age，成功设置了私有属性__age 的值。说明具有私有权限的属性和方法在类内部是可以被访问的。

例 6-8 在类外部访问私有属性（源代码位置：chapter06/6.4 访问权限.py）。

案例代码如下：

```
wangcai = Dog("旺财")
print("我的名字是{}，我现在{}岁。".format(wangcai.name, wangcai.__age))
```

运行结果如下：

```
AttributeError: 'Dog' object has no attribute '__age'
```

解析：在类外部试图通过实例对象访问私有属性__age 时，在程序执行时会报 AttributeError 异常，提示 Dog 实例对象没有__age 属性，证明在类外部无法访问私有属性，

同理私有方法在类外部也无法访问。

6.5　继承

面向对象编程带来的好处之一是代码重用，通过继承机制可以很好地实现代码重用。在程序中继承描述了不同类之间，类型与子类型的关系。比如，在现实世界中猫和狗都属于动物类，它们都具备动物的吃饭、喝水、移动等特征。那么在程序中可以把现实世界中的猫和狗抽象为猫类和狗类，它们都继承自动物类。那我们称动物类为父类，猫类和狗类为动物类的子类。

6.5.1　单继承

所谓单继承就是子类只继承自一个父类。

单继承类定义格式：class Son(Father)

单继承的特点：

- 子类只继承自一个父类，在定义子类时，子类类名后添加一个小括号，小括号中填写父类的类名。
- 子类只会继承父类的非私有属性和非私有方法。

例 6-9　狗类继承动物类（源代码位置：chapter06/6.5 继承.py）。

案例代码如下：

```
#定义 Animal 动物类
class Animal:
    #定义动物类具备的一些行为
    def eat(self):
        print("-----吃-----")
    def drink(self):
        print("-----喝-----")
    def run(self):
        print("-----跑-----")

#定义子类 Dog 继承父类 Animal
class Dog(Animal):
    #狗类除了继承父类 Animal 具备的行为，它还会握手
    def hand(self):
        print("******握手*******")

wangcai = Dog()
#子类 Dog 中没有定义 eat()、drink()、run()方法
wangcai.eat()
wangcai.drink()
wangcai.run()
wangcai.hand()
```

运行结果如下：

```
-----吃-----
-----喝-----
-----跑-----
******握手*******
```

解析：从运行结果可以看出，在 Dog 类中没有定义 eat()、drink()、run()三个方法，但是通过 Dog 类的对象 wangcai 可以成功调用这三个方法，因为 Dog 类的父类 Animal 类定义了这三个方法，并且这三个方法是非私有方法，所以 Dog 类可以直接从父类 Animal 继承这三个方法。当在子类中查找要调用的方法时，查找方法的顺序是先在子类中查找要调用的方法，如果找不到，再到父类中查找，直到找到要调用的方法，否则报错。

子类不但可以继承父类的非私有属性和方法，如果它的父类还继承了其他父类，那么这个子类还可以继续向上继承，依次类推可以逐级向上继承。

例 6-10 金毛类继承狗类（源代码位置：chapter06/6.5 继承.py）。

案例代码如下：

```
#定义子类 GoldenDog 金毛继承父类 Dog
class GoldenDog(Dog):
    #金毛能够作为导盲犬，具备导航功能
    def guide(self):
        print("+++++我能导航+++++")

duoduo = GoldenDog()
duoduo.guide()
duoduo.hand() #调用父类 Dog 的 hand()方法
duoduo.eat() #父类 Dog 的父类 Animal 的 eat()方法
```

运行结果如下：

```
+++++我能导航+++++
*****握手*****
-----吃-----
```

如果在子类中没有定义__init__构造方法，那么在子类创建对象时会自动调用父类的__init__构造方法。如果在子类中定义了__init__构造方法，则不会再调用父类的__init__构造方法。

例 6-11 继承中构造方法的使用（源代码位置：chapter06/6.5 继承.py）。

案例代码如下：

```
class Animal:
    #定义构造方法
    def __init__(self):
        print("*****Animal 初始化*****")
    def eat(self):
        print("-----吃-----")
    def drink(self):
```

```
        print("------喝------")
    def run(self):
        print("------跑------")

class Dog(Animal):
    #定义构造方法
    def __init__(self):
        print("*****Dog 初始化*****")
    def hand(self):
        print("******握手*******")

class GoldenDog(Dog):
    def guide(self):
        print("+++++我能导航+++++")

#GoldenDog 中没有定义构造方法，创建 GoldenDog 对象，会自动调用父类 Dog 的 init 构造方法
duoduo = GoldenDog()
duoduo.guide()
#Dog 中定义了构造方法，创建 Dog 对象时，只会调用自己的构造方法初始化
wangcai = Dog()
wangcai.hand()
```

运行结果如下：

```
*****Dog 初始化*****
+++++我能导航+++++
*****Dog 初始化*****
******握手*******
```

6.5.2 super 函数

如果在子类中需要调用父类的方法，有两种方法可以实现：

- 方法 1，通过“父类名.方法名(self[,参数列表])”的方式调用父类方法，注意：在调用父类方法时需要传入 self 参数，这个 self 不是父类的实例对象，而是使用子类的实例对象代替。
- 方法 2，通过“super().方法名”的方式，不需要显示指定要调用哪个父类的方法，super 函数会自动找到要调用的父类方法。

接下来我们用两个示例来演示这两种方法是如何使用的。

例 6-12 子类 GoldenDog 通过“父类名.方法名(self[,参数列表])”的方式调用父类 Dog 的 hand()方法（源代码位置：chapter06/6.5 继承.py）。

案例代码如下：

```
class Dog(Animal):
    def __init__(self):
        print("*****Dog 初始化*****")
    def hand(self):
```

```
        print("******握手*******")

class GoldenDog(Dog):
    def guide(self):
        print(">>>>>我能导航<<<<<")
        print("提示：想让我导航，请先跟我握手！")
        #通过"父类名.方法名"调用父类 Dog 的 hand 方法
        Dog.hand(self)

duoduo = GoldenDog( )
duoduo.guide( )
```

运行结果如下：

```
*****Dog 初始化*****
>>>>>我能导航<<<<<
提示：想让我导航，请先跟我握手！
*****握手*****
```

例 6-13　子类 GoldenDog 通过“super( ).方法名”的方式调用父类 Dog 的 hand( )方法（源代码位置：chapter06/6.5 继承.py）。

案例代码如下：

```
class GoldenDog(Dog):
    def guide(self):
        print(">>>>>我能导航<<<<<")
        print("提示：想让我导航，请先跟我握手！")
        #通过"super( ).方法名"调用父类 Dog 的 hand( )方法
        super( ).hand( )
```

运行结果如下：

```
*****Dog 初始化*****
>>>>>我能导航<<<<<
提示：想让我导航，请先跟我握手！
*****握手*****
```

通过以上两个示例，在子类 GoldenDog 中使用方法 1 和方法 2 两种方式都成功地调用了父类 Dog 的 hand( )方法，但是两种方法在使用时有什么区别呢？下面我们来总结下：

- 方法 1 的优点是代码可读性比较强，通过代码可以非常直观地知道调用了哪个父类的哪个方法。缺点是调用父类方法时需要多传入一个参数 self，当父类发生变化需要改变类继承关系时，需要在子类的代码中修改所有之前调用该父类方法的地方，如果代码量很大会耗费大量的时间，而且还有可能漏改错改，很容易产生问题。
- 方法 2 的优点是语法简洁，不需要显示指定调用的父类名，通过 super 函数会自动找到要调用的父类方法。当类的继承关系发生变化，不需要在子类的代码中修改之前调用该父类方法的地方，只需要在类名后的小括号中修改继承的父类即可，super 函数会自动识别新的父类中要调用的方法。

6.5.3 重写

重写就是在子类中定义与父类同名的方法。当调用子类对象重写之后的方法时，只会调用在子类中重写的方法，不会调用父类同名的方法。比如，动物类可以奔跑，不同种类的动物奔跑方式不同，像小狗奔跑起来会边跑边摇尾巴。那么按照面向对象的编程思想，将动物类具有的奔跑行为抽象为动物类的方法，狗类继承自动物类，狗类继承了父类的奔跑行为，但是狗类奔跑起来具有自己的特色，所以狗类通过重写父类动物类的奔跑方法，实现具有自己特色的奔跑方法。

例 6-14　子类 Dog 重写父类 Animal 的 run()方法（源代码位置：chapter06/6.5 继承.py）。

案例代码如下：

```
#动物类
class Animal:
    def __init__(self):
        print("*****Animal 初始化*****")
    def eat(self):
        print("-----吃-----")
    def drink(self):
        print("-----喝-----")
    def run(self):
        print("-----跑-----")
#狗类
class Dog(Animal):
    def __init__(self,name):
        self.name = name
        print("我的名字是：{}".format(self.name))
    #重写父类 run 方法
    def run(self):
        print("摇摆着尾巴跑！")
#猫类
class Cat(Animal):
    def __init__(self,name):
        self.name = name
        print("我的名字是：{}".format(self.name))

animal = Animal()
animal.run()

wangcai = Dog("旺财")
wangcai.run() #调用了 Dog 类重写父类的 run()方法

tom = Cat("Tom")
tom.run() #调用了继承自父类 Animal 类的 run()方法
```

运行结果如下：

```
*****Animal 初始化*****
-----跑-----
我的名字是：旺财
摇摆着尾巴跑！
我的名字是：Tom
-----跑-----
```

解析：从运行结果看，wangcai 调用了 Dog 类重写父类 Animal 的 run()方法，Cat 类没有重写父类 Animal 的 run()方法，所以 tom 调用 run()方法时，调用的是继承自父类的 run()方法。

6.5.4 多继承

在讲多继承之前，先介绍下 object 类。Python 3 中的 object 类是所有类的基类，其他所有的类都是由 object 类派生而来的，我们在程序中定义的类都默认继承自 object 类，只是在定义类时不需要显式写出继承自 object 类。

多继承是一个子类可以继承多个父类。

多继承的定义方式：在类名后的括号中添加需要继承的多个类名，不同的父类之间用逗号隔开。

例 6-15 大数据和人工智能是两个不同的领域，现在学习的 Python，既可以做大数据领域相关的工作，也可以做人工智能领域相关的工作。这里抽象出三个类，即人工智能类 AI、大数据类 BigData、Python 语言类 PythonLanguage，其中 PythonLanguage 类继承 AI 类和 BigData 类（源代码位置：chapter06/6.5 继承.py）。

案例代码如下：

```
#人工智能类
class AI:
    #人脸识别
    def face_recognition(self):
        print("---人脸识别---")
#大数据类
class BigData( ):
    #数据分析
    def data_analysis(self):
        print("***数据分析***")
#Python 语言类继承 AI 和 BigData
class PythonLanguage(AI,BigData): #多继承
    def operation(self):
        print("+++运维+++")

py = PythonLanguage( )
#分别调用两个父类的方法
py.data_analysis( )
py.face_recognition( )
```

```
py.operation()
```

运行结果如下：

```
***数据分析***
---人脸识别---
+++运维+++
```

解析：从运行结果看，在 PythonLanguage 类中并没有定义 data_analysis()和 face_recognition()两个方法，实例对象 py 成功调用了继承自两个父类的方法，这就是多继承的应用，一个类可以继承多个父类，这样这个类就能够同时具备多个父类的非私有方法。

在多继承中，如果不同的父类具有同名的方法，当子类对象未指定调用哪个父类的同名方法时，那么查找调用方法的顺序是：在小括号内继承的多个父类中，按照从左到右的顺序查找父类中的方法，第一个成功匹配方法名的父类方法将会被调用。

例 **6-16**　数据处理是在 AI 和 BigData 两个领域都要做的工作，在 AI 和 BigData 两个类中定义数据处理方法（源代码位置：chapter06/6.5 继承.py）。

案例代码如下：

```
#人工智能类
class AI:
    #人脸识别
    def face_recognition(self):
        print("---人脸识别---")

    #数据处理
    def data_handle(self):
        print("AI 数据处理")
#大数据类
class BigData():
    #数据分析
    def data_analysis(self):
        print("***数据分析***")

    #数据处理
    def data_handle(self):
        print("BigData 数据处理")

#Python 语言类继承 AI 和 BigData
class PythonLanguage(AI,BigData):#多继承
    def operation(self):
        print("+++运维+++")

py = PythonLanguage()
#通过类内置的__mro__属性可以查看方法解析（搜索）顺序
print(PythonLanguage.__mro__)
#调用不同父类中同名的方法
py.data_handle()
```

运行结果如下：

```
(<class '__main__.PythonLanguage'>, <class '__main__.AI'>, <class '__main__.BigData'>, <class 'object'>)
AI 数据处理
```

解析：从运行结果看，py 对象调用了 AI 类中的 data_handle()方法。下面以搜索 data_handle()方法为例，通过类内置的__mro__属性查看类的实例对象调用方法来解析（搜索）顺序。首先在 PythonLanguage 类中搜索 data_handle()方法，没有搜到该方法。接下来从父类中搜索，按照从左向右的顺序，先搜索 AI 类，然后搜索 BigData 类，最后搜索 object 类，只要在父类中搜索到了调用的方法，就不会继续向后搜索。在 AI 类中搜索时，找到了 data_handle()方法，这是第一个匹配的方法，所以直接调用了 AI 类的 data_handle()方法。

为了避免子类调用父类方法导致的混乱，提高代码的可读性，建议在多继承中，多个父类内尽量不要定义同名的方法。

第 7 章 异常处理

程序的执行过程中经常会遇到由于代码问题、网络问题、数据问题等各种原因引起的程序运行错误，导致程序崩溃的情况发生。在程序开发的过程中，如果能够提前针对有可能发生的异常进行预处理，做到防患于未然，降低程序崩溃的风险，那么我们的程序将更加的健壮和稳定。对程序中可能发生的异常进行预处理的过程就是异常处理，当程序运行出现异常，捕获异常，并进行特定的处理，这样就不会导致程序崩溃，能够稳定运行。

7.1 捕获异常

捕获异常语法格式如下：

```
try:
    可能产生异常的代码块
except ExceptionType as err:
    异常处理
```

捕获异常要在有可能产生异常的代码块外使用 try…except 语句包围起来，有可能产生异常的代码块前要有缩进，表示属于哪个异常处理范围。except 关键字后面跟的是异常类型名称，在 Python 内部提供了非常丰富的异常类型，几乎包含了在程序运行过程中有可能产生的所有异常。如果异常类型名称比较长或者拼写比较复杂，不方便在异常处理时使用，可以使用 as 关键字对异常类型名称重命名。

例 7-1　打开一个不存在的文件，产生异常（源代码位置：chapter07/7.1 捕获异常.py）。

案例代码如下：

```
file = open("test.txt")
print(file.read())
file.close()
print("文件读取结束！")
```

运行结果如下：

```
FileNotFoundError: [Errno 2] No such file or directory: 'test.txt'
```

解析：使用 Python 提供的 open 函数打开一个不存在的文件，会报文件不存在的错误，在产生错误的地方终止程序执行。

当 Python 解释器在程序运行过程中检测到一个错误时，程序将终止继续向下执行，抛出错误信息，这就代表程序运行产生了“异常”。为了保障程序能够稳定地运行，需要捕获这些可能发生的异常，并且处理异常。

例 7-2　捕获异常（源代码位置：chapter07/7.1 捕获异常.py）。

案例代码如下：

```
print("准备打开一个文件……")
try:
    open("test.txt")
    print("打开文件成功！")
except FileNotFoundError as err:
    print("捕获到了异常，文件不存在！",err)
print("程序即将结束！")
```

运行结果如下：

```
准备打开一个文件……
捕获到了异常，文件不存在！ [Errno 2] No such file or directory: 'test.txt'
程序即将结束！
```

解析：从运行结果可以看出，当使用 open 函数打开一个不存在的文件时，捕获到了“FileNotFoundError”文件不存在的异常，“FileNotFoundError”这个异常类是 Python 内置的异常类型。当程序运行过程中出现异常，捕获到异常之后，程序还会继续执行，一直执行到最后一行 print("程序即将结束！")程序正常结束。但是需要注意，在 try…except 内产生异常的“open("test.txt")”这行代码之后的“print("打开文件成功！")”代码没有被执行，说明在 try…except 内的代码产生异常将不再向下执行，但是不影响继续执行 try…except 外的代码执行。

7.2　捕获多个异常

在 7.1 节中我们介绍了如何捕获单个异常，但是在程序运行过程中可能发生的异常不止一个，所以有时需要捕获多个异常。

捕获多个异常的语法格式如下：

```
try:
    可能产生异常的代码块
except (ExceptionType1, ExceptionType2,…) as err:
    异常处理
```

要使用 try…except 捕获多个异常，只需要把要捕获的异常的类名存储到 except 的元组中。在程序运行过程中只要发生元组中列举的任何一个异常，都会被捕获并进行处理。我们还可以使用 as 关键字对可能发生的异常重命名。

例 7-3　捕获多个异常（源代码位置：chapter07/7.2 捕获多个异常.py）。

案例代码如下：

```
try:
    # 打印一个不存在的变量，将产生 NameError 异常
    print(num)
    # 读取一个不存在的文件，将产生 FileNotFoundError 异常
    open("test.txt")
except (NameError,FileNotFoundError) as err:
    print("捕获到了异常！",err)
print("程序即将结束！")
```

运行结果如下：

```
捕获到了异常！　name 'num' is not defined
程序即将结束！
```

解析：try…except 包围的代码中可能发生两个异常，在 except 后的元组中列举了可以捕获的异常名称，当 NameError 异常发生时，捕获到了异常，没有向下执行 open("test.txt") 语句，而是进入 except 的代码块中处理异常。处理完异常后继续执行 try…except 之后的代码。

7.3　捕获全部异常

在代码中我们可以提前对代码可能产生的异常采取措施，及时捕获和处理，相当于设置了预案，但是有时不可能所有的异常都能够提前被预测到，Python 提供了通过捕获 Exception 异常类可将没有预测到的异常全部捕获。

例 7-4　捕获全部异常（源代码位置：chapter07/7.3 捕获全部异常.py）。

案例代码如下：

```
try:
    # 读取一个不存在的文件，将产生 FileNotFoundError 异常
    open("test.txt")
    # 打印一个不存在的变量，将产生 NameError 异常
    print(num)
except NameError as err: #只捕获 NameError，没有捕获 FileNotFoundError
    print("捕获到了异常：", err)
except Exception as err_all: #捕获所有可能发生的异常
    print("捕获到全部异常：", err_all)
```

运行结果如下：

```
捕获到全部异常：　[Errno 2] No such file or directory: 'test.txt'
```

解析：例 7-4 的代码中通过 except 只明确地设置了捕获一个具体的异常类“NameError”，但是 open 函数打开一个不存在的文件时会产生“FileNotFoundError”异常，在程序执行时程序并没有因为“FileNotFoundError”异常而崩溃，是因为在 except Exception 中捕获了“FileNotFoundError”异常，Exception 类是所有异常的超集，代表所有的异常。

7.4 异常中的 finally 语句

在程序中，如果一段代码必须要执行，即无论异常是否产生都要执行，那么此时就需要使用 finally 语句。比如在数据库操作过程中发生异常，但最终仍需要把数据库连接返还给连接池，这种情况就需要使用 finally 语句。

例 7-5 产生并且捕获了异常，执行 finally 语句（源代码位置：chapter07/7.4 异常中的 finally 语句.py）。

案例代码如下：

```
try:
    f = open("test.txt")
    print("打印文件内容")
except FileNotFoundError as err:
    print("捕获到了异常！",err)
finally:
    print("关闭连接！")
```

运行结果如下：

```
捕获到了异常！ [Errno 2] No such file or directory: 'test.txt'
关闭连接！
```

解析：从运行结果可看出，程序发生并且捕获到了异常，执行了 finally 中的代码语句。

例 7-6 产生但没有捕获异常，执行 finally 语句（源代码位置：chapter07/7.4 异常中的 finally 语句.py）。

案例代码如下：

```
try:
    f = open("test.txt")
    print("打印文件内容")
finally:
    print("关闭连接！")
```

运行结果如下：

```
关闭连接！
  File "/python3_action/chapter07/7.4 异常中的 finally 语句.py", line 16, in <module>
    f = open("test.txt","r")
FileNotFoundError: [Errno 2] No such file or directory: 'test.txt'
```

解析：从运行结果看，程序运行过程中产生了“FileNotFoundError”异常，在代码中没有捕获异常，在程序崩溃之前执行了 finally 语句中的代码语句。

例 7-7　没有异常，执行 finally 语句（源代码位置：chapter07/7.4 异常中的 finally 语句.py）。

案例代码如下：

```
try:
    num = "hello python!"
    print(num)
finally:
    print("关闭连接！")
```

运行结果如下：

```
hello python!
关闭连接！
```

解析：程序运行过程中没有产生任何异常，执行了 finally 语句中的代码语句。

7.5 异常传递

在开发过程中，经常会遇到函数嵌套调用，如果在函数内部调用的函数产生了异常，需要在外部函数中被捕获并且处理，这就需要从内部调用的函数把产生的异常传递给外部函数，这个过程叫做异常传递。

在例 7-8 中定义两个函数 func1 和 func2，在函数 func1 中打印了一个不存在的变量 num，在程序执行的过程中此处会产生异常，但是在代码中没有捕获。在函数 func2 中调用了函数 func1，为了防止 func1 在执行的过程中产生异常，函数 func2 在调用函数 func1 的地方添加了 try…except 异常捕获处理代码块。当调用函数 func2 时，函数 func1 内产生的异常传递到了函数 func2 中，并在 func2 中被捕获处理。

例 7-8　异常传递（源代码位置：chapter07/7.5 异常传递.py）。

案例代码如下：

```
def func1():
    print("------test1-1------")
    # 打印一个不存在的变量，产生异常，但是没有捕获
    print(num)
    print("------test1-2------")
def func2():
    try:
        print("------test2-1------")
        # 调用 func1 函数，捕获异常
        func1()
        print("------test2-2------")
    except Exception as err:
```

```
            print("捕获到了异常：",err)
            print("------test2-3------")
#调用 func2 函数
func2()
```

运行结果如下：

```
------test2-1------
------test1-1------
捕获到了异常： name 'num' is not defined
------test2-3------
```

解析：func1 产生的 NameError 异常传递到了函数 func2 中调用的地方，并在 func2 中捕获了异常。

7.6 raise 抛出异常

如果我们想在自己写的代码中遇到问题时也抛出异常，可以使用 Python 提供的 raise 语句。

例 7-9 除法运算函数，当除数为 0 抛出 ZeroDivisionError 异常（源代码位置：chapter07/7.6 raise 抛出异常.py）。

案例代码如下：

```
def div(a,b):
    if b == 0:
        raise ZeroDivisionError
    else:
        return a / b
div(2,0)
```

运行结果如下：

```
Traceback (most recent call last):
  File "/Users/derek/projects/python_projects/python3_action/chapter07/7.6raise 抛出异常.py", line 18, in <module>
    div(2,0)
  File "/Users/derek/projects/python_projects/python3_action/chapter07/7.6raise 抛出异常.py", line 7, in div
    raise ZeroDivisionError
ZeroDivisionError
```

在例 7-9 中当传入的除数为 0 时抛出了 ZeroDivisionError 异常，可以把对这个异常的解释作为参数传入到 ZeroDivisionError 异常中，当程序抛出 ZeroDivisionError 异常的时候，会连同异常的解释一起打印出来，便于理解抛出异常的原因。

例 7-10 给 ZeroDivisionError 异常传入参数（源代码位置：chapter07/7.6 raise 抛出异常.py）。

案例代码如下：

```
def div(a,b):
    if b == 0:
        raise ZeroDivisionError("异常原因：除法运算，除数不能为 0！")
    else:
        return a / b

div(2,0)
```

运行结果如下：

```
Traceback (most recent call last):
  File "/Users/derek/projects/python_projects/python3_action/chapter07/7.6raise 抛出异常.py", line 20, in <module>
    div(2,0)
  File "/Users/derek/projects/python_projects/python3_action/chapter07/7.6raise 抛出异常.py", line 16, in div
    raise ZeroDivisionError("异常原因：除法运算，除数不能为 0！")
ZeroDivisionError: 异常原因：除法运算，除数不能为 0！
```

第 8 章 日期和时间

在 Python 程序中，经常要使用日期和时间，Python 提供了丰富的日期和时间相关的模块与函数，如 time、datetime 等模块。本章将详细地介绍常用的日期和时间相关模块与函数的使用方法。

8.1 time 模块

在 Python 内置的 time 模块中定义了一些与时间处理、转换相关的函数，本节将结合示例讲解 time 中一些常用函数的使用方法。

1．time 函数

调用 time 函数时，将会返回当前的时间戳，返回的时间戳是以秒为单位的浮点数。

例 8-1 time 函数获取当前时间戳（源代码位置：chapter08/8.1 time 模块.py）。

案例代码如下：

```
import time
#获取当前时间戳
print(time.time())
```

运行结果如下：

```
1536678147.663321
```

2．localtime([seconds])函数

localtime([seconds])函数可以传入一个可选参数，可选参数是以秒为单位的时间戳。如果不传入任何参数，则将当前时间戳转换成本地时间，返回一个 time 模块内置的 struct_time 元组。如果传入时间戳作为参数，则将时间戳格式化为本地时间，返回一个 struct_time 元组。组成 struct_time 元组的属性描述参考表 8-1 struct_time 属性描述查看详细信息。

表 8-1　struct_time 属性描述

属性	含义	值
tm_year	年份	4 位数字表示
tm_mon	月份	1 到 12 数字表示
tm_mday	日期	1 到 31 数字表示
tm_hour	小时	0 到 23 数字表示
tm_min	分钟	0 到 59 数字表示
tm_sec	秒	0 到 60 数字表示，60 是闰秒
tm_wday	一周的第几天	0 到 6 数字表示，0 表示周一
tm_yday	一年的第几天	1 到 366 数字表示
tm_isdst	是否是夏令时	默认值为-1，0 表示不是，1 表示是

例 8-2　localtime 函数获取本地时间信息（源代码位置：chapter08/8.1 time 模块.py）。

案例代码如下：

```
date_time = time.localtime( )
print(date_time)
```

运行结果如下：

```
time.struct_time(tm_year=2018, tm_mon=9, tm_mday=11, tm_hour=23, tm_min=13, tm_sec=10, tm_wday=1,
tm_yday=254, tm_isdst=0)
```

例 8-3　向 localtime 函数传入时间戳，将其格式化为本地时间信息（源代码位置：chapter08/8.1 time 模块.py）。

案例代码如下：

```
#获取当前时间戳
ts = time.time( )
date_time = time.localtime(ts)
print(date_time)
#将指定时间戳转换成本地时间
print(time.localtime(1514829722))#2018 年 1 月 2 日 2 时 2 分 2 秒的时间戳
```

运行结果如下：

```
time.struct_time(tm_year=2018, tm_mon=9, tm_mday=11, tm_hour=23, tm_min=45, tm_sec=57, tm_wday=1,
tm_yday=254, tm_isdst=0)
time.struct_time(tm_year=2018, tm_mon=1, tm_mday=2, tm_hour=2, tm_min=2, tm_sec=2, tm_wday=1,
tm_yday=2, tm_isdst=0)
```

3．strftime(fmt[,struct_time])函数

strftime(fmt[,struct_time])函数可以按照自定义的格式化参数将时间格式化，fmt 是函数调用时传入的字符串类型的自定义格式化参数，它是由时间格式化符号表示的，关于时间格式化符号的详细描述参考表 8-2。第 2 个参数 struct_time 元组是可选参数，不传入该参数表示将当前时间格式化。

表 8-2　时间格式化符号

格式化符号	说明
%y	两位数的年份表示（00～99）
%Y	四位数的年份表示（000～9999）
%m	月份（01～12）
%d	日期（01～31）
%H	24 小时制小时数（00～23）
%I	12 小时制小时数（01～12）
%M	分钟数（00～59）
%S	秒（00～59）
%a	本地简化星期名称，如 Wed
%A	本地完整星期名称，如 Wednesday
%b	本地简化的月份名称，如 Sep
%B	本地完整的月份名称，如 September
%c	本地相应的日期表示和时间表示，如 Wed Sep 12 09:27:58 2018
%j	一年内的第几天（001～366），每年的一月一日是一年的第 1 天
%p	显示本地时间的 AM 或 PM
%U	一年中的第几周（00～53），星期日是一个星期的开始，第一个星期日之前的所有天数都放在第 0 周
%w	星期（0～6），星期日为星期的开始，使用 0 表示
%W	一年中的星期数（00～53）星期一是一个星期的开始
%x	本地日期表示，如 09/12/18
%X	本地时间表示，如 09:27:07
%Z	当前时区的名称

例 8-4　自定义时间格式化（源代码位置：chapter08/8.1 time 模块.py）。

案例代码如下：

```
#默认格式化当前时间
print(time.strftime("当前时间：%Y-%m-%d %H:%M:%S"))
#传入指定 struct_time 参数，对其格式化
print(time.strftime("指定时间：%Y-%m-%d %H:%M:%S",time.localtime(1514829722)))
```

运行结果如下：

```
当前时间：2018-09-12 08:11:21
指定时间：2018-01-02 02:02:02
```

4．strptime(date_time, format)函数

strptime 函数可以将一个格式化的时间字符串转换为 struct_time 元组，第 1 个参数 date_time

表示格式化时间字符串，第 2 个参数 format 表示时间格式化方式。

例 8-5　将格式化时间转换为 struct_time 元组（源代码位置：chapter08/8.1 time 模块.py）。

案例代码如下：

```
time_tuple = time.strptime("2018-09-11 09:01:38","%Y-%m-%d %H:%M:%S")
print(time_tuple)
```

运行结果如下：

```
time.struct_time(tm_year=2018, tm_mon=9, tm_mday=11, tm_hour=9, tm_min=1, tm_sec=38, tm_wday=1,
tm_yday=254, tm_isdst=-1)
```

5．mktime(p_tuple)函数

mktime 函数可以将一个时间元组转换成一个浮点型时间戳。

例 8-6　获取当前时间的时间戳（源代码位置：chapter08/8.1 time 模块.py）。

案例代码如下：

```
#获取当前时间的时间戳
ts = time.mktime(time.localtime())
print(ts)
```

运行结果如下：

```
1536717950.0
```

6．sleep(seconds)函数

sleep 函数可以在程序运行过程中，让程序暂停运行，睡眠等待几秒钟。

例 8-7　计时器（源代码位置：chapter08/8.1 time 模块.py）。

案例代码如下：

```
for t in range(3,-1,-1):
    print("倒计时：",t)
    if t != 0:
        time.sleep(1)
    else:
        print("go!")
```

运行结果如下：

```
倒计时： 3
倒计时： 2
倒计时： 1
倒计时： 0
go!
```

8.2 datetime 模块

datetime 模块提供了更加丰富的日期和时间处理相关的函数，相比 time 模块提供的功能更加高级。本节将详细地介绍 datetime 模块中一些常用函数的使用方法。

1．now()方法

datetime.datetime.now()方法用于获取程序运行的当前日期和时间，在这条调用 now()方法的语句中第 1 个 datetime 指的是模块名称，第 2 个 datetime 指的是在 datetime 模块内定义的 datetime 类，在这个 datetime 类中定义了日期和时间相关的处理方法。now()方法默认返回值的格式是“YYYY-MM-DD HH:MM:SS.mmmmmm”。如果想对时间进行自定义格式化，可以调用 strftime 方法实现。

例 8-8　获取当前日期时间（源代码位置：chapter08/8.2 datetime 模块.py）。

案例代码如下：

```
#获取当前日期时间
current_time = datetime.datetime.now()
print("默认格式：{}".format(current_time))
```

运行结果如下：

```
默认格式：2018-09-15 09:36:51.359646
```

在 datetime 类中内置了可以非常方便地获取 now()方法返回值中指定日期时间的方法，如 year()方法获取年份等。

例 8-9　获取当前日期时间（源代码位置：chapter08/8.2 datetime 模块.py）。

案例代码如下：

```
print("当前时间：",current_time)
print("year：",current_time.year)
print("month：",current_time.month)
print("day：",current_time.day)
print("hour：",current_time.hour)
print("minute：",current_time.minute)
print("second：",current_time.second)
```

运行结果如下：

```
当前时间：  2018-10-05 23:07:58.131266
year：  2018
month：  10
day：  5
hour：  23
minute：  7
second：  58
```

通过 datetime 类内置的获取指定日期时间的方法可以轻松实现两个不同日期时间的算术运算。

例 **8-10**　计算时间差值（源代码位置：chapter08/8.2 datetime 模块.py）。

案例代码如下：

```
start_time = datetime.datetime.now()
print("开始时间：",start_time)
#让程序睡眠 2 秒钟
time.sleep(2)
end_time = datetime.datetime.now()
print("结束时间：",end_time)
print("时间差：{}秒".format(end_time.second - start_time.second))
```

运行结果如下：

```
开始时间： 2018-10-05 23:18:56.439777
结束时间： 2018-10-05 23:18:58.440519
时间差：2 秒
```

2．strftime(fmt)方法

strftime(fmt)方法的功能：按照自定义的格式化方式对日期和时间进行格式化。函数需要传入一个字符串类型的 fmt 参数，该参数是由时间格式化符号组成的，关于时间格式化符号的详细描述参考本章 8.1 小节的“表 8-2 时间格式化符号”中的内容。

例 **8-11**　自定义格式化当前日期时间（源代码位置：chapter08/8.2 datetime 模块.py）。

案例代码如下：

```
#自定义日期时间格式化
format_time = datetime.datetime.now().strftime("%Y/%m/%d %H:%M:%S")
print("自定义格式：{}".format(format_time))
```

运行结果如下：

```
自定义格式：2018/10/05 23:22:43
```

3．fromtimestamp(timestamp) 方法

fromtimestamp(timestamp)方法的功能：对传入的时间戳 timestamp 参数以日期时间的形式进行格式化。该方法返回值的默认格式是“YYYY-MM-DD HH:MM:SS.mmmmmm”，还可以调用 strftime(timestamp)方法将返回值以自定义的日期时间形式进行格式化。

例 **8-12**　获取当前日期时间（源代码位置：chapter08/8.2 datetime 模块.py）。

案例代码如下：

```
#将时间戳格式化为日期时间
ts = time.time() #获取当前时间戳
print(datetime.datetime.fromtimestamp(ts)) #默认格式化
#自定义格式化
print(datetime.datetime.fromtimestamp(ts).strftime("%Y/%m/%d %H:%M:%S"))
```

运行结果如下：

```
2018-10-05 23:27:19.842404
2018/10/05 23:27:19
```

4．timedelta 类

timedelta 类是 datetime 模块内置的时间间隔类，在根据 timedelta 类创建时间间隔对象时，可以传入 days、hours、minutes、seconds、milliseconds、microseconds、weeks 等参数的值来创建指定的时间间隔对象。如 datetime.timedelta(days=1)表示创建一个 1 天时间间隔的对象。

例 **8-13** 计算昨天的日期（源代码位置：chapter08/8.2 datetime 模块.py）。

案例代码如下：

```
#计算昨天的日期时间，方法：昨天的日期 = 今天的日期 - 1 天的时间间隔
today = datetime.datetime.today( )
print("今天的日期：{}".format(today.strftime("%Y-%m-%d")))
days = datetime.timedelta(days=1) #1 天的时间间隔
yesterday = today - days #今天减去时间间隔得到昨天的日期时间
print("昨天的日期：{}".format(yesterday.strftime("%Y-%m-%d")))
```

运行结果如下：

```
今天的日期：2018-10-06
昨天的日期：2018-10-05
```

第 9 章 文件操作

在日常的程序开发过程中，经常需要将数据写入到文件中保存或者从文件中读取数据。Python 内置了操作文件相关的函数，使得操作文件变得非常简单。本章将详细介绍常用的一些文件及文件夹相关操作。

9.1 读写文件

9.1.1 打开文件

在 Python 中操作一个文件，首先要使用内置的 open 函数打开该文件，返回一个文件对象，才能够对该文件进行操作。使用 open 函数打开文件可以设置三种常用模式，分别是只读模式（默认，使用字母 r 表示）、只写模式（使用字母 w 表示）、追加模式（使用字母 a 表示）。只读模式只用于读取文件内容，不能向文件中写入数据；只写模式用于将数据覆盖写入到文件中；追加模式用于将数据追加写入到文件的末尾。

例 9-1 使用只读模式打开一个不存在的文件（源代码位置：chapter09/9.1 读写文件.py）。

案例代码如下：

```
f = open("test.txt","r")#程序文件所在路径下没有 test.txt 文件
```

运行结果如下：

```
FileNotFoundError: [Errno 2] No such file or directory: 'test.txt'
```

解析：使用“r”只读模式打开一个不存在的 test.txt 文件，则报文件不存在的错误。

例 9-2 使用只写模式打开一个不存在的文件（源代码位置：chapter09/9.1 读写文件.py）。

案例代码如下：

```
f = open("test.txt","w")
```

解析：运行结果如图 9-1 所示，通过只写模式打开一个不存在的文件，如果没有指定文件路径，那么会在程序执行的当前路径下创建该文件。

总结：当打开一个不存在的文件时，只读模式会报 FileNotFoundError，只写和追加两种模式都会创建一个新的空文件。当然，如果文件存在，这三种模式都会正常打开一个文件，open 函数会返回一个文件对象，通过操作这个文件对象，读取文件内容或者向文件写入数据。

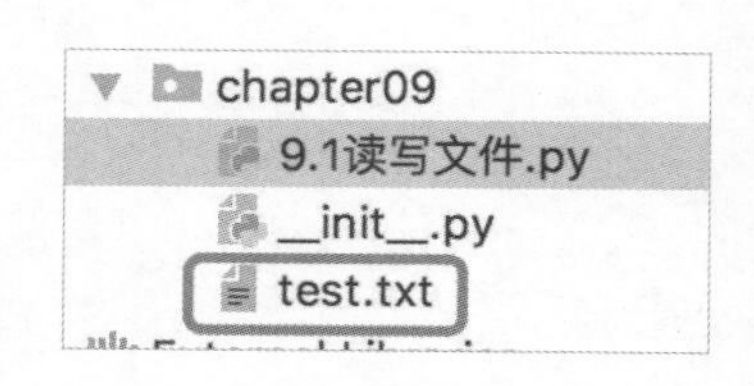

图 9-1　创建 test.txt 文件

注意：在操作文件时，如果读取的文件内容包含中文或者写入到文件的数据包含中文，为了避免出现中文乱码，可以在 open 函数中设置打开文件的编码格式为 encoding="utf-8"。

9.1.2　写文件

1．write()方法

Python 内置的 write()方法可以将字符串数据写入到文件中。注意，使用 write()方法写入到文件中的内容不会自动换行。

如果使用只写模式“w”打开文件，那么 write()方法会采用覆盖写的方式将字符串数据写入文件。也就是说如果写入的文件不是一个空文件，那么会将原文件内容清空，然后写入新的内容。

例 9-3　使用 write()方法向文件写入数据（“w”模式）（源代码位置：chapter09/9.1 读写文件.py）。

案例代码如下：

```
f = open("stunames.txt","w")
#写入三个学生的名字
f.write("Tom")
f.write("David")
f.write("Carl")
```

解析：运行结果如图 9-2 所示，在 stunames 文件中写入了三个同学的名字，在写入时虽然调用了三次 write()方法，但是三个同学的名字还是挨着写的，没有换行。

再次采用同样的方式向 stunames.txt 文件写入学生姓名，将会覆盖原文件的内容。

```
f.write("Frank")
f.write("Harry")
```

再次打开 stunames.txt 文件，我们发现文件的内容已经被新写入的学生名字覆盖，如图 9-3 所示。

图 9-2　stunames.txt 文件内容

图 9-3　新的 stunames.txt 文件内容

如果需要在原文件末尾追加数据而不是覆盖原有的内容，那么我们可以使用追加模式“a”打开文件。

例 9-4　使用 write()方法向文件写入数据（“a”模式）（源代码位置：chapter09/9.1 读写文件.py）。

案例代码如下：

```
f = open("stunames.txt","a")
f.write("Tom")
f.write("David")
f.write("Carl")
```

解析：运行结果如图 9-4 所示，在原文件内容“FrankHarry”后追加了另外三个同学的名字。

使用 write()方法写入文件的数据，如果想实现换行写，可以在写入的数据中需要换行的地方加入换行符“\n”。

例 9-5　使用 write()方法实现换行写（源代码位置：chapter09/9.1 读写文件.py）。

案例代码如下：

```
f = open("stunames.txt","w")
f.write("Tom\n")
f.write("David\n")
f.write("Carl\n")
```

解析：运行结果如图 9-5 所示，写入的每个学生名字后都会执行换行操作，从下一行开始写入新的学生名字。

图 9-4　stunames.txt 文件追加了内容

图 9-5　stunames.txt 文件内容（换行）

2．writelines()方法

调用一次 write()方法只能将一个字符串写入到文件中，如果想一次写入多个字符串就需要多次调用 write()方法。那么有没有一种简洁的方法，可以一次向文件中写入多个字符串呢？答案是肯定的，Python 还提供了另外一个向文件中写入数据的 writelines()方法，writelines()方法可以将一个序列中的多个字符串一次性写入到文件中。

例 9-6　使用 writelines()方法一次写入多个字符串到文件中（源代码位置：chapter09/9.1

读写文件.py）。

案例代码如下：

```
f = open("stunames.txt","w",encoding="utf-8")
f.writelines(["张三\n","李四\n","王五\n"])
```

解析：运行结果如图 9-6 所示，writelines( )方法将一个列表中的多个字符串元素一次性地写入“stunames.txt”文件中。如果想实现换行写入，也要在待写入的每个字符串元素中加入换行符“\n”。

9.1读写文件.py ×	stunames.txt ×
1	张三
2	李四
3	王五

图 9-6　多个元素一次性写入 stunames.txt 文件

3. close( )方法

在日常的开发过程中，如果有操作数据库的需求，在通常情况下，操作完数据库要将数据的连接关闭或者将连接返回给连接池，这样做的好处是避免资源浪费，减少程序出错的风险。那么使用文件对象操作完文件，同样需要使用 close( )方法关闭文件。如果不显示调用 close( )方法关闭文件，在程序执行完也会自动关闭文件，操作系统会把待写入文件的数据缓存起来，如果此时由于某些原因操作系统崩溃，就会造成缓存的数据丢失，无法将缓存的数据写入到文件。所以在写代码时，当使用完一些资源，要对其释放或关闭，避免资源浪费，减少程序出错的风险。

对于例 9-6 来说，写完文件之后，文件对象通过调用 close( )方法关闭文件。

```
f = open("stunames.txt","w",encoding="utf-8")
f.writelines(["张三\n","李四\n","王五\n"])
f.close( )#关闭文件
```

使用 close( )方法显示关闭文件的方式是一种好的编码习惯，但总有些时候忘了调用 close( )方法关闭文件，Python 还给我们提供了一种安全打开文件的方式，就是使用“with”关键字配合 open 函数打开文件，通过这种方式，当操作完文件后程序会自动调用 close( )方法，不需要显示地调用 close( )方法，这种用法既简洁又安全。有关文件的操作，推荐使用 with 打开。

例 9-7　使用 with 关键字安全打开关闭文件（源代码位置：chapter09/9.1 读写文件.py）。

案例代码如下：

```
with open("stunames.txt","w",encoding="utf-8") as f:
    f.writelines(["张三\n","李四\n","王五\n"])
```

解析：在 with 的代码块内，open 函数打开文件返回的文件对象通过 as 重命名为 f，通过文件对象 f 操作文件，操作完文件程序自动关闭文件。

9.1.3　读文件

1．read()方法

从文件中读取数据，可以调用 Python 内置的 read()方法。read()方法可以一次性从文件中读取出所有文件内容。

例 9-8　使用 read()方法读取 stuname 文件中所有学生名字（源代码位置：chapter09/ 9.1 读写文件.py）。

案例代码如下：

```
with open("stunames.txt","r",encoding="utf-8") as f:
    data = f.read()
    print(data)
```

运行结果如下所示：

```
张三
李四
王五
```

2．readlines()方法

Python 内置的 readlines()方法可以按照行的方式把整个文件中的内容一次全部读取出来，返回结果的是一个列表，文件中的一行数据就是列表中的一个元素，由于文件中每行末尾包含一个不可见的换行符“\n”，所以列表中每一个元素的最后也包含一个换行符“\n”。

例 9-9　使用 readlines()方法按行读取 stuname 文件中所有学生名字（源代码位置：chapter09/9.1 读写文件.py）。

案例代码如下：

```
with open("stunames.txt","r",encoding="utf-8") as f:
    lines = f.readlines()
    print(lines)
    #循环遍历 lines，打印每行内容
    for i in range(0,len(lines)):
        print("第{}行：{}".format(i,lines[i]))
```

运行结果如下：

```
['张三\n', '李四\n', '王五\n']
第 0 行：张三

第 1 行：李四

第 2 行：王五

```

解析：我们发现打印出来的文件内容两行之间有一个空行，这是为什么呢？原因是 print 函数默认是换行打印，同时在文件内容的每行数据中包含一个换行符，这样造成两行之间多了一个空行，解决办法是：给 print 函数传入参数 end=""，取消 print 函数换行打印即可。

9.2 文件管理

在操作文件的时候，不只是读取文件内容或者向文件写入数据，还会涉及一些文件和文件夹相关的管理操作，例如：删除文件、文件重命名、创建文件夹等。本节将介绍一些常用的文件管理相关操作。

文件管理相关的操作需要引入 Python 内置的 os 模块，使用“import os”方式引入。

1．rename(oldfile,newfile)函数

Python 内置的 rename 函数用于对文件或者文件夹重命名。注意：如果待操作的文件或文件夹不存在，执行 rename 函数则程序会报错。

例 9-10　将文件“test.txt”重命名为“测试.txt”（源代码位置：chapter09/9.2 文件管理.py）。

案例代码如下：

```
import os
os.rename("test.txt","测试.txt")
```

解析：如图 9-7 所示，成功地将程序当前路径下的“test.txt”文件重命名为“测试.txt”。

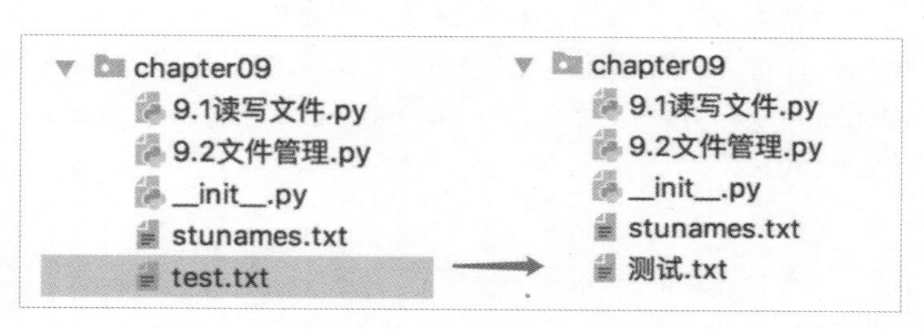

图 9-7　文件修改前后对比

注意：在执行重名文件的操作时，如果没有指定文件的绝对路径，那么会在程序执行的当前路径（相对路径）下查找文件。

2．remove(path)函数

Python 内置的 remove 函数用于删除指定文件。

注意：在执行删除文件的操作时，如果没有指定文件的绝对路径，那么会在程序执行的当前路径（相对路径）下查找文件。

例 9-11　删除当前路径下的“测试.txt”文件（源代码位置：chapter09/9.2 文件管理.py）。

案例代码如下：

```
import os
```

```
os.remove("测试.txt")
```

运行结果如图 9-8 所示。

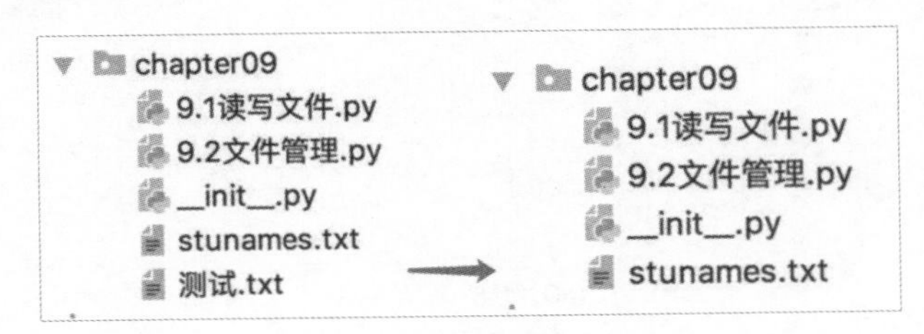

图 9-8　文件删除前后对比

3．mkdir(path)函数

Python 内置的 mkdir 函数用于在指定的路径下创建新文件夹。

```
import os
os.mkdir("d://testdir")
```

4．getcwd 函数

Python 内置的 getcwd 函数用于获取程序运行的绝对路径。

```
import os
print(os.getcwd( ))
```

5．listdir(path)函数

Python 内置的 listdir 函数用于获取指定路径下的文件列表（包括文件和文件夹），函数返回值是一个列表。

例 9-12　获取程序执行的当前路径下的文件列表（源代码位置：chapter09/9.2 文件管理.py）。

案例代码如下：

```
import os
lsdir = os.listdir("./")
print(lsdir)
```

运行结果如下：

```
['9.2 文件管理.py', '9.1 读写文件.py', '__init__.py', 'stunames.txt']
```

6．rmdir(path)函数

Python 内置的 rmdir 函数用于删除指定路径下的空文件夹。

注意：如果使用 rmdir 函数删除一个非空文件夹，程序将报错。

例 9-13　删除程序执行的当前路径下的非空文件夹“datas”，待删除目录结构如图 9-9 所示（源代码位置：chapter09/9.2 文件管理.py）。

案例代码如下：

```
import os
os.rmdir("./datas")
```

运行结果如下：

```
OSError: [Errno 66] Directory not empty: './datas'
```

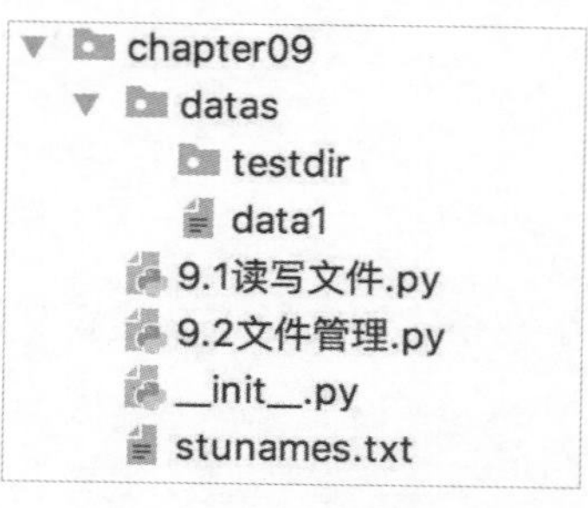

图 9-9　待删除目录结构

如果想删除一个非空文件夹，可以引入 shutil 模块的 rmtree(path)函数。不建议在程序中直接删除一个非空文件夹，有可能会误删，最好确认无误后再删除。

9.3　JSON 文件操作

JSON 是一种轻量级的数据交换格式，使用得非常广泛。JSON 数据格式与 Python 中的字典非常相似，也是以键值对的形式保存数据。但是，在 JSON 中每个键值对的键必须是字符串类型，值可以是多种类型，比如字符串、数字、列表、元组、字典等。JSON 中的数据类型与 Python 中的数据类型会有一些差别，Python 中的元组和列表在 JSON 中都是以列表形式存在，Python 中的布尔类型 True 和 Flase 在 JSON 中会被转成小写的 true 和 false，Python 中的空类型 None 在 JSON 中会被转换成 null。常见的 JSON 数据格式如图 9-10 所示。

```
{
  "name": "zhangsan",
  "age": 20,
  "language": ["python", "java"],
  "study": {
    "AI": "python",
    "bigdata": "hadoop"
  }
}
```

图 9-10　JSON 格式

在 Python 中操作 JSON 格式数据要引入 Python 的 json 模块，json 模块提供了丰富的操作 JSON 格式数据的函数，常用的几个函数如下：

- dumps(python_dict)：将 Python 数据转换为 JSON 编码的字符串；
- loads(json_str)：将 JSON 编码的字符串转换为 Python 的数据结构；
- dump(python_dict,file)：将 Python 数据转换为 JSON 编码的字符串，并写入 JSON 文件；
- load(json_file)：从 JSON 文件中读取数据，并将 JSON 编码的字符串转换为 Python 的数据结构。

1．dumps 函数

例 9-14　定义一个存储用户信息的字典，其中存储的数据格式是：姓名、年龄、编程语言(值是列表)、正在学习的课程（值是字典），是否是会员（值是布尔类型），性别未知使用空类型 None 表示。使用 json 模块的 dumps 函数将用户信息字典转换成 JSON 编码的字符串。（源代码位置：chapter09/9.3 JSON 文件操作.py）。

案例代码如下：

```
import json
user_info_dict = {"name": "zhangsan",
                  "age": 20,
                  "language": ["python", "java"],
                  "study": {"AI": "python", "bigdata": "hadoop"},
                  "if_vip": True,
                  "gender": None}
json_str = json.dumps(user_info_dict)
print(json_str)
```

运行结果如下：

```
{"name": "zhangsan", "age": 20, "language": ["python", "java"], "study": {"AI": "python", "bigdata":
"hadoop"}, "if_vip": true, "gender": null}
```

为了便于对比查看，下面使用 JSON 格式化工具将运行结果打印的字符串格式化成 JSON 格式，格式化结果如下：

```
{
    "name": "zhangsan",
    "age": 20,
    "language": ["python", "java"],
    "study": {
        "AI": "python",
        "bigdata": "hadoop"
    },
    "if_vip": true,
    "gender": null
}
```

从对比结果看，Python 中的字典转换成 JSON 格式之后，其中的布尔类型 True 被转换成了 true，空类型 None 被转换成了 null。

2．loads 函数

例 9-15　使用 loads 函数将 JSON 编码的字符串转换为 Python 数据结构（源代码位置：chapter09/9.3 JSON 文件操作.py）。

案例代码如下：

```
import json
python_dict = json.loads(json_str)
#转换之后的类型
print("类型为：{}".format(type(python_dict)))
#打印转换结果
print(python_dict)
```

运行结果如下：

```
类型为：<class 'dict'>
{'name': 'zhangsan', 'age': 20, 'language': ['python', 'java'], 'study': {'AI': 'python', 'bigdata': 'hadoop'}, 'if_vip': True, 'gender': None}
```

3．dump 函数

例 9-16　使用 dump 函数将 Python 数据写入到 JOSN 文件（源代码位置：chapter09/9.3 JSON 文件操作.py）。

案例代码如下：

```
with open("./user_info.json", "w") as f:
    json.dump(user_info_dict,f)
```

程序执行完成后，会在程序所在路径下创建一个“user_info.json”文件，文件中包含的内容如图 9-11 所示。

```
9.3JSON文件操作.py    user_info.json
1    {"name": "zhangsan", "age": 20, "language": ["pytho
```

图 9-11　user_info.json 部分内容

4．load 函数

例 9-17　使用 load 函数加载 JSON 文件，并将 JSON 文件中的数据转换成 Python 数据结构（源代码位置：chapter09/9.3 JSON 文件操作.py）。

案例代码如下：

```
with open("./user_info.json","r") as f:
    user_info_dict = json.load(f)
    print(user_info_dict)
```

运行结果如下：

```
类型为：<class 'dict'>
```

```
{'name': 'zhangsan', 'age': 20, 'language': ['python', 'java'], 'study': {'AI': 'python', 'bigdata': 'hadoop'}, 'if_vip':
True, 'gender': None}
```

9.4　CSV 文件操作

相信大家对 CSV 格式文件已经非常熟悉，不管是在工作中还是生活中，经常会遇到 CSV 文件。在这里再简单介绍一下 CSV 文件，CSV 文件内容默认使用逗号分隔，可以使用 Excel 打开，由于 CSV 文件是一种文本文件，所以还可以使用其他文本编辑器打开。CSV 文件内的数据没有类型，所有数据都是字符串。

下面将通过示例来介绍在 Python 中是如何操作 CSV 文件的。

9.4.1　写入 CSV 文件

操作 CSV 文件需要先引入 csv 模块，在 csv 模块中提供了两个方法可以向 CSV 文件写入数据，分别是：

writerow([row_data])：一次写入一行数据；

writerows([[row_data],[row_data],…])：一次写入多行数据。

例 9-18　将用户信息写入到 CSV 文件中（源代码位置：chapter09/9.4 CSV 文件操作.py）。

案例代码如下：

```
import csv
# 用户信息列表，嵌套列表内的每一个小列表是一行数据
datas = [["name", "age"],["zhangsan", 20],["lisi", 30]] #嵌套列表内的第一个列表是标题
with open("./user_info.csv", "w") as f:
    # writer 函数会返回一个 writer 对象，通过 writer 对象向 csv 文件写数据
    writer = csv.writer(f)
    #循环遍历列表一次写入一行数据
    for row in datas:
        writer.writerow(row)
```

程序运行完会在程序执行的当前路径下创建一个“user_info.csv”文件，user_info.csv 文件中内容如图 9-12 所示。

```
9.4CSV文件操作.py ×   user_info.csv ×
1  name,age
2  zhangsan,20
3  lisi,30
```

图 9-12　user_info.csv 内容

在例 9-17 中我们使用 for 循环遍历列表数据，然后调用 writer 对象的 writerow 方法将每一行数据写入 CSV 文件中。如果要写入 CSV 文件的数据量很大，通过循环遍历的方式就会

显得非常麻烦，而且效率低下，这时我们可以使用 writerows 方法一次性地将待写入的列表数据全部写入到 CSV 文件中。

改造上一个程序代码，去掉循环，使用 writerows 方法一次性地将数据写入 CSV 文件。

```
with open("./user_info.csv", "w") as f:
    writer = csv.writer(f)
    writer.writerows(datas)
```

注意：如果向文件中写入中文，需要在 open 函数中设置文件编码格式为 utf-8。

9.4.2 读取 CSV 文件

在 csv 模块中提供了读取 CSV 文件的 reader 方法，reader 方法会根据打开的文件对象返回一个可迭代对象，然后遍历这个对象读取 CSV 文件中每一行数据。

例 9-19 读取当前运行的程序文件所在路径下的 user_info.csv 文件，查看用户信息（源代码位置：chapter09/9.4 CSV 文件操作.py）。

案例代码如下：

```
import csv
with open("./user_info.csv","r",encoding="utf-8") as f:
    reader = csv.reader(f) #返回一个 reader 可迭代对象
    for row in reader:
        print(row) #row 是一个列表
        print(row[0])#通过索引获取列表中元素
        print(row[1])
        print("--------------------")
```

运行结果如下：

```
['name', 'age']
name
age
--------------------
['zhangsan', '20']
zhangsan
20
--------------------
['lisi', '30']
lisi
30
--------------------
```

解析：第一行打印的是标题，接下来的每一次循环打印一条用户信息。

第 10 章 正则表达式

在日常生活中，经常会遇到访问一个新的网站时，只有注册成网站用户才能够登录使用。一个用户在填写注册信息时，通常会要求填写手机号、邮箱等信息，在填写信息的过程中网站会对填写的手机号、邮箱进行验证。那么这个验证的过程是如何实现的呢？其实原理很简单，就是使用正则表达式进行规则匹配，不符合规则的就是不合法格式。

本章将详细地介绍正则表达式的原理及使用方法。希望通过本章的学习，读者能够熟练掌握正则表达式的使用方法，并且能够将正则表达式应用到代码的编写中，用简单的方法解决复杂的问题。

10.1 re 模块

在 Python 中内置了处理正则表达式的模块 re 模块，有了 re 模块使我们在程序中能够非常方便地使用正则表达式对字符串进行各种规则匹配检查。在 re 模块中封装了很多正则表达式相关的函数，其中比较常用的一个函数是 match 函数，它用于对字符串进行正则匹配。

match(pattern, string)函数描述如下：

- 参数说明：pattern 表示正则表达式；string 表示待匹配字符串。
- 功能：对待匹配字符串按照从左向右的顺序，使用正则表达式进行匹配。如果待匹配字符串从左侧开始有一个子串能够与正则表达式匹配成功，那么将不再向后继续匹配，此时 match 函数返回一个匹配成功的 Match 对象，否则返回 None。

注意：*match 函数是从待匹配字符串的左侧开始匹配的，如果左侧没有匹配成功，那么将不会再向后进行匹配，整个匹配失败。*

例 10-1 匹配一个字符串中是否包含“python”子串（源代码位置：chapter10/10.1 re 模块.py）。

案例代码如下：

```
import re
str = "python java python c++"
rs = re.match("python",str)
print(rs)
```

运行结果如下：

```
<_sre.SRE_Match object; span=(0, 6), match='python'>
```

解析：从运行结果可以看出，通过正则表达式成功匹配到了字符串“str”中的子串“python”。Match 对象中包含的 match='python'指的是匹配成功的子串，span=(0, 6)指的是匹配成功的子串在原字符串中的索引范围，虽然在待匹配字符串“str”中包含两个“python”子串，但是只匹配成功了开头的“python”子串，没有再向后匹配。

如果想直接获取匹配成功的子串，可以调用 Match 对象的 group 方法实现。

例 10-2 获取正则表达式匹配成功的子串（源代码位置：chapter10/10.1 re 模块.py）。

案例代码如下：

```
import re
str = "python java python c++"
rs = re.match("python",str)
print(rs.group( ))
```

运行结果如下：

```
python
```

10.2 单字符匹配

本小节主要讲解在正则表达式中如何对单字符进行匹配。在表 10-1 中列出了一些常用的单字符匹配符号。

表 10-1 常用单字符匹配符号

符号	描述
.	匹配除“\n”之外的任意单个字符
\d	匹配 0 到 9 之间的一个数字，等价于[0～9]
\D	匹配一个非数字字符，等价于[^0～9]
\s	匹配任意空白字符，如空格、制表符“\t”、换行“\n”等
\S	匹配任意非空白字符
\w	匹配单词字符，包括字母、数字、下划线
\W	匹配非单词字符

（续）

符　号	描　述
[ ]	匹配[ ]中列举的字符

例 10-3　使用点号“.”匹配除换行符“\n”之外的任意单个字符（源代码位置：chapter10/10.2 单字符匹配.py）。

案例代码如下：

```
rs = re.match(".","1") #匹配一个包含数字的字符串
print(rs.group( ))
rs = re.match(".","a") #匹配一个包含单字符的字符串
print(rs.group( ))
rs = re.match(".","abc") #匹配一个包含多字符的字符串
print(rs.group( ))
```

运行结果如下：

```
1
a
a
```

从运行结果看，使用一个点号“.”成功匹配单个字符。注意示例代码中加粗的一行，使用点号匹配了一个包含多字符的字符串，虽然在这个字符串中有多个字符，但是通过点号只匹配到了其中的第一个字符“a”。如果想匹配多个单字符，在正则表达式中就要写多个点号。

例 10-4　使用多个点号匹配多个单字符（源代码位置：chapter10/10.2 单字符匹配.py）。

案例代码如下：

```
rs = re.match("...","abc") #使用三个点号匹配三个单字符
print(rs.group( ))
rs = re.match(".","\n") #不会匹配\n，返回 None
print(rs)
```

运行结果如下：

```
abc
None
```

解析：示例代码中匹配一个字符串中的多个单字符要用相同数量的点号进行匹配，如果字符很多，这种表达方式就很麻烦。在下一小节中，我们将介绍正则表达式中的数量表示方法，通过单字符匹配字符与数量表示结合使用将会很好地解决这个示例中的问题。

例 10-5　使用“\s”匹配任意空白字符（源代码位置：chapter10/10.2 单字符匹配.py）。

案例代码如下：

```
rs = re.match("\s","\t")#匹配〈Tab〉键
```

```
print(rs)
rs = re.match("\s","\n") #匹配换行符
print(rs)
rs = re.match("\s"," ") #匹配空格
print(rs)
```

运行结果如下：

```
<_sre.SRE_Match object; span=(0, 1), match='\t'>
<_sre.SRE_Match object; span=(0, 1), match='\n'>
<_sre.SRE_Match object; span=(0, 1), match=' '>
```

解析：使用“\s”（小写的字母 s）成功匹配了几个常见的空白字符，相反“\S”（大写的字母 s）可以匹配非空白字符。

例 10-6　匹配“[ ]”中列举的字符，“[ ]”中列举的字符之间是或的关系（源代码位置：chapter10/10.2 单字符匹配.py）。

案例代码如下：

```
# 匹配以小 h 或者大 H 开头的字符串
rs = re.match("[Hh]", "hello")
print(rs)
rs = re.match("[Hh]", "Hello")
print(rs)
# 匹配 0 到 9 任意一个数字，方法一
rs = re.match("[0123456789]", "3")
print(rs)
# 匹配 0 到 9 任意一个数字，方法二
rs = re.match("[0-9]", "3")
print(rs)
```

运行结果如下：

```
<_sre.SRE_Match object; span=(0, 1), match='h'>
<_sre.SRE_Match object; span=(0, 1), match='H'>
<_sre.SRE_Match object; span=(0, 1), match='3'>
<_sre.SRE_Match object; span=(0, 1), match='3'>
```

解析：由于在正则表达式“[ ]”中列举的字符之间是或的关系，所以使用同一个正则表达式可以匹配以大 H 或者小 h 开头的字符。在使用正则表达式匹配 0 到 9 任意一个数字时，方法一的书写方式显得很麻烦，如果漏写了一个数字，将无法成功匹配相应数字。方法二通过在正则表达式中设置数字的开始和结束区间，可以非常容易地对 0 到 9 内的数字进行匹配，书写简洁高效。在对连续区间内的数字进行匹配时，推荐使用第二种方法。

10.3　数量表示

在 10.2 节中，我们已经学习了正则表达式的单字符匹配，但是在使用正则表达式的过

程中，不可能只针对单个字符匹配，很多时候要对字符出现的次数进行匹配。本节将介绍正则表达式的数量表示方法，表 10-2 列出了一些常用的数量表示符号。

表 10-2　数量表示符号

符　号	描　述
*	匹配一个字符出现 0 次或者多次
+	匹配一个字符至少出现一次，等价表示{1,}
?	匹配一个字符至多出现一次，也就是出现 0 次或 1 次，等价表示{0,1}
{m}	匹配一个字符出现 m 次
{m,}	匹配一个字符至少出现 m 次
{m,n}	匹配一个字符出现 m 到 n 次

例 10-7　检查用户信息是否完整（源代码位置：chapter10/10.3 数量表示.py）。

案例代码如下：

```
#存储用户信息列表，每条用户信息包含三个字段：姓名，手机号，年龄
user_infos = ["Tom,13812345678,20","David,,30","Lilei,18851888888,25"]
for user in user_infos:
    # 使用正则表达式检查用户信息是否完整
    rs = re.match("\w+,[0-9]{11},\d+",user)
    if rs != None:
        # 匹配成功打印用户信息
        print("用户信息：{}".format(rs.group()))
    else:
        print("用户信息不完整！")
```

运行结果如下：

```
用户信息：Tom,13812345678,20
用户信息不完整！
用户信息：Lilei,18851888888,25
```

解析：使用正则表达式来验证每一个用户信息是否完整，正则表达式匹配失败的用户信息表示该用户信息缺失。

在例 10-7 中对手机号的验证有些“粗糙”，只是简单地验证了用户的手机号是不是 11 位数字，并无法判断是不是一个合法的手机号码。下面我们通过一个更加严格的正则表达式匹配用户手机号，如果用户随便填写了 11 位数字作为手机号，那么这个手机号就是非法的。具体代码如例 10-8 所示。

例 10-8　验证手机号是否合法（源代码位置：chapter10/10.3 数量表示.py）。

案例代码如下：

```
def reg_phone(phone):
    #合法的手机号规则：由 11 位数字组成
```

```
        #第 1 位是 1，第 2 位是 3、5、7、8 其中一个数字，第 3 到第 11 位是 0～9 的数字
        rs = re.match("1[3578]\d{9}", phone)
        if rs == None:
            return False
        else:
            print(rs.group( )) #打印匹配成功的手机号
            return True
#测试 1：正确的手机号
print("----------测试 1 结果----------")
print(reg_phone("13612345678"))
#测试 2：错误的手机号
print("----------测试 2 结果----------")
print(reg_phone("14612345678")) #第 2 位没有出现 3、5、7、8 其中一个
#测试 3：正确的手机号+字符
print("----------测试 3 结果----------")
print(reg_phone("13612345678abc"))
```

运行结果如下：

```
----------测试 1 结果----------
13612345678
True
----------测试 2 结果----------
False
----------测试 3 结果----------
13612345678
True
```

解析：测试 1 和测试 2 都返回了正确的结果，但是测试 3 返回的结果有些问题。接下来我们分析一下正则表达式没有识别出错误手机号的原因，正则表达式在对测试 3 的手机号进行验证时，目标字符串前半部分包含的手机号符合正则表达式的规则，当正则表达式检验完正确的手机号之后，没有对后半部分的“abc”再进行匹配，直接返回了匹配的手机号。在正则表达式中我们应该设置手机号的结束边界，如果在结束边界之外还有其他字符，则表示是非法的手机号。在下一小节 10.4 边界表示中，我们将结合正则表达式的边界表示规则，继续完善匹配手机号的正则表达式。

10.4 边界表示

在编写写正则表达式规则时，可以通过边界规则限制待匹配字符串的开始或者结束边界。常用的两个边界表示符号描述如表 10-3 所示。

表 10-3　边界表示符号

符　号	描　述
^	匹配字符串开头
$	匹配字符串结尾

我们继续完善例 10-8 验证手机号是否合法的示例，在匹配长度超过 11 位的手机号时，需要限制手机号的结束边界，这样的正则表达式才能准确地验证一个手机号是否合法。

例 10-9　结束边界在手机号验证中的应用（源代码位置：chapter10/10.4 边界表示.py）。

案例代码如下：

```
def reg_phone(phone):
    rs = re.match("1[3578]\d{9}$", phone) #正则表达式添加结束边界$
    if rs == None:
        return False
    else:
        print(rs.group()) #打印匹配成功的手机号
        return True
#测试 1：正确的手机号
print("----------测试 1 结果----------")
print(reg_phone("13612345678"))
#测试 2：错误的手机号
print("----------测试 2 结果----------")
print(reg_phone("14612345678")) #第 2 位没有出现 3、5、7、8 其中一个
#测试 3：正确的手机号+字符
print("----------测试 3 结果----------")
print(reg_phone("13612345678abc"))
```

运行结果如下：

```
----------测试 1 结果----------
13612345678
True
----------测试 2 结果----------
False
----------测试 3 结果----------
False
```

在 Python 中，标识符的命名是不能够以数字开头的，下面我们通过一个示例来演示如何使用正则表达式来验证一个标识符是否合法。

例 10-10　验证标识符命名是否合法（源代码位置：chapter10/10.4 边界表示.py）。

案例代码如下：

```
def reg_identifier(str):
    #正则表达式匹配以数字开头的字符串
    rs = re.match("^[0-9]\w*",str)
    if rs != None:
        #如果 str 以数字开头，则表示是非法标识符
        return False
    else:
        return True
print("标识符 1_name 是否合法：{}".format(reg_identifier("1_name")))
print("标识符 name_1 是否合法：{}".format(reg_identifier("name_1")))
```

运行结果如下：

```
标识符 1_name 是否合法：False
标识符 name_1 是否合法：True
```

解析：在正则表达式中使用“^[0-9]”匹配字符串开头的数字，使用“\w*”匹配标识符中除开头外剩余的 0 个或多个字符，凡是被这个正则表达式匹配成功的都是非法标识符。

10.5 转义字符

转义字符不是 Python 语言特有的，在很多编程语言中都把“\”作为转义字符，转义字符与一些普通字符组合，能够将这些普通的字符转换成具有特殊功能的字符，例如换行符“\n”、制表符“\t”等。在正则表达式中使用转义字符的地方也非常多，如之前学习的单字符匹配符号，大部分都是使用转义字符与普通大小写字母组合而成的。有时也需要使用转义字符将一些具有特殊功能的字符转换成普通字符。

例 10-11 使用正则表达式匹配 163 邮箱（源代码位置：chapter10/10.5 转义字符.py）。

```
#合法的 163 邮箱地址以 4 到 10 个单词字符开始，以@163.com 结束
#合法邮箱
rs = re.match("\w{4,10}@163.com$","python2018@163.com")
print(rs)
#非法邮箱
rs = re.match("\w{4,10}@163.com$","abc@163.com")
print(rs)
#非法邮箱
rs = re.match("\w{4,10}@163.com$","vip_python2018@163.com")
print(rs)
```

运行结果如下：

```
<_sre.SRE_Match object; span=(0, 18), match='python2018@163.com'>
None
None
```

解析：从运行结果看，代码中的正则表达式能够准确地匹配出合法邮箱与非法邮箱，看似没有什么问题。接下来将一个合法的测试邮箱地址中的“.”用字母“h”代替，把它改成一个非法邮箱，使用这个正则表达式再次对这个邮箱进行匹配测试。

```
rs = re.match("\w{4,10}@163.com$","python2018@163hcom")
print(rs)
```

运行结果如下：

```
<_sre.SRE_Match object; span=(0, 18), match='python2018@163hcom'>
```

解析：从运行结果看，这个正则表达式成功地匹配了修改之后的非法邮箱，原因是在正

则表达式中“.”号具有特殊含义，它是一个单字符匹配符号，表示匹配除换行符“\n”之外的任意字符。解决办法是，在正则表达式中使用转义字符将“.”转换为普通字符。

```
rs = re.match("\w{4,10}@163\.com$","python2018@163hcom") #非法邮箱
print(rs)
rs = re.match("\w{4,10}@163\.com$","python2018@163.com") #合法邮箱
print(rs)
```

运行结果如下：

```
None
<_sre.SRE_Match object; span=(0, 18), match='python2018@163.com'>
```

Python 中的正则表达式执行流程如图 10-1 所示，在代码执行时，首先将正则表达式字符串传递给 Python 内置的正则表达式解析器，经过编译生成一个正则表达式对象，然后通过正则表达式对象去匹配待匹配字符串，最终返回匹配结果。

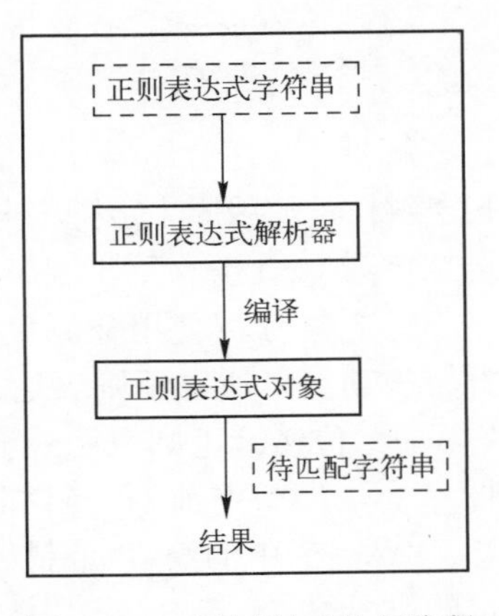

图 10-1　正则表达式执行流程

先看一个小例子，打印一个包含两个“\”的字符串。

```
str = "abc\\def"
print(str)
```

运行结果如下：

```
abc\def
```

从运行结果看，只打印出了字符串中的一个“\”，原因是什么呢？是因为“\”具有转义功能，两个斜杠中的第一个斜杠是将第二个斜杠转换成了普通的斜杠，听着有些绕，说白了就是用两个斜杠表示一个斜杠。同理，打印两个斜杠，在字符串定义时要写 4 个斜杠，如果打印多个斜杠，在字符串定义时要写的斜杠数量将会非常多，而且很有可能出现漏写或多写斜杠的情况。Python 中的原生字符串可以很好地解决这个问题，原生字符串的表示方法就是在字符串前添加一个字母“r”。下面使用原生字符串改造刚才的代码。

```
str = r"abc\\def"
print(str)
```

运行结果如下：

```
abc\\def
```

从运行结果看，正常地打印出了字符串中的两个斜杠。原生字符串可以取消字符串中斜杠的特殊功能，使它只表示普通的字符。掌握了原生字符串的用法之后，下面把原生字符串应用到正则表达式中。

例 10-12　匹配字符串中的斜杠“\”（源代码位置：chapter10/10.5 转义字符.py）。
案例代码如下：

```
str = "\python"
#使用非原生字符串定义正则表达式匹配规则
rs = re.match("\\\\\w+",str)
print(rs)
#使用原生字符串定义正则表达式匹配规则
rs = re.match(r"\\\w+",str)
print(rs)
```

运行结果如下：

```
<sre.SRE_Match object; span=(0,7), match='\\python'>
<sre.SRE_Match object; span=(0,7), match='\\python'>
```

解析：从运行结果看，使用非原生字符串定义的正则表达式规则中用了 4 个斜杠去匹配 1 个斜杠，使用原生字符串定义的正则表达式规则用了两个斜杠去匹配 1 个斜杠。下面我们再结合图 10-1 分析下正则表达式的执行流程。

首先，分析使用非原生字符串定义的正则表达式的执行流程。因为字符串中斜杠具有转换功能，所以正则表达式字符串"\\\\\w+"中的前 4 个斜杠会被转换成两个斜杠，变成“\\\w+”传递给正则表达式解析器。在正则表达式中斜杠也具有转换功能，所以解析器会将“\\\w+”中的前两个斜杠转换成 1 个斜杠，变成“\\w+”去匹配字符串"\python"（注意：“\\w+”中的第 1 个斜杠是普通斜杠，第 2 个斜杠是与字母“w”组成的匹配单词字符的符号）。

然后，分析使用原生字符串定义的正则表达式的执行流程。因为使用原生字符串定义的正则表达式字符串已经取消了斜杠的转义功能，所以会以“\\\w+”的形式传递给正则表达式解析器，解析器将“\\\w+”中的前两个斜杠转换成 1 个斜杠，变成“\\w+”去匹配字符串"\python"。

通过前面的分析，使用原生字符串定义的正则表达式更加简洁，代码可读性更强，推荐使用原生字符串编写正则表达式。

10.6　匹配分组

在 10.5 一节的例 10-11 中定义的正则表达式只能匹配一种 163 的邮箱，如果想匹配多种类型的邮箱，可以使用分组来实现。常用的分组符号如表 10-4 所示。

表 10-4　分组符号

符　号	描　述
|	连接多个表达式，表达式之间是“或”的关系，匹配“|”连接的任何一个表达式
()	将括号中字符作为一个分组

（续）

符　号	描　述
\NUM	结合“()”分组使用，引用分组 NUM（NUM 表示分组的编号）对应的匹配规则
(?P<name>)	给分组起别名
(?P=name)	根据组名使用分组中的正则表达式

例 10-13　使用分组匹配多种类型邮箱（源代码位置：chapter10/10.6 匹配分组.py）。

```
#匹配 163、QQ、Outlook 的邮箱
rs1 = re.match(r"\w{4,10}@(163|qq|outlook)\.com$","python2018@163.com")
print(rs1)
rs2 = re.match(r"\w{4,10}@(163|qq|outlook)\.com$","12345@qq.com")
print(rs2)
```

运行结果如下：

```
<_sre.SRE_Match object; span=(0, 18), match='python2018@163.com'>
<_sre.SRE_Match object; span=(0, 12), match='12345@qq.com'>
```

解析：在代码的正则表达式中，把需要匹配的邮箱类型用一对括号括起来表示一个分组，在分组内使用竖线“|”分隔不同的邮箱类型，邮箱类型之间是或的关系，表示匹配成功列举出来的任何一个邮箱类型都是匹配成功的。

在 HTML 中所有的信息都是用标签定义的，并且标签是成对出现的，例如，定义网页标题的标签“<title></title>”，结束标签会比开始标签多一个反斜杠。当需要使用程序处理 HTML 数据时，就需要使用正则表达式来匹配需要的标签，获取指定标签内的数据，例如，使用爬虫爬取网页数据。

例 10-14　匹配网页标签（源代码位置：chapter10/10.6 匹配分组.py）。

案例代码如下：

```
html_data = "<head><titile>python</titile></head>"
rs = re.match(r"<.+><.+>.+</.+></.+>",html_data)
print(rs)
```

运行结果如下：

```
<_sre.SRE_Match object; span=(0, 36), match='<head><titile>python</titile></head>'>
```

解析：正则表达式中的每一个“<.+>”都用于匹配一个开始标签，每一个“</.+>”都用于匹配一个结束标签。从运行结果看，这个正则表达式成功匹配了网页中的标签。

接下来我们交换两个结束标签的位置，交换位置之后成对的开始标签和结束标签就会错位，再次验证例 10-14 中的正则表达式是否匹配这个错误的网页标签。

```
html_data_err = "<head><titile>python</head></titile>"
rs = re.match(r"<.+><.+>.+</.+></.+>",html_data_err)
```

```
print(rs)
```

运行结果如下：

```
<_sre.SRE_Match object; span=(0, 36), match='<head><titile>python</head></titile>'>
```

解析：从运行结果看，正则表达式成功匹配了这个错误的网页标签，说明这个正则表达式编写得不够健壮，不能够识别出错误的网页标签。那我们尝试使用分组来解决这个问题，看看能不能将错误的网别标签识别出来。

例 10-15 使用正则表达式分组匹配网页标签（源代码位置：chapter10/10.6 匹配分组.py）。

案例代码如下：

```
#正确的网页标签
html_data = "<head><titile>python</titile></head>"
rs = re.match(r"<(.+)><(.+)>.+</\2></\1>",html_data)
print(rs)
#错误的网页标签
html_data_err = "<head><titile>python</head></titile>"
rs = re.match(r"<(.+)><(.+)>.+</\2></\1>",html_data_err)
print(rs)
```

运行结果如下：

```
<_sre.SRE_Match object; span=(0, 36), match='<head><titile>python</titile></head>'>
None
```

解析：从运行结果看，使用正则表达式分组识别出了错误网页标签，没有匹配成功。正确的网页标签被正则表达式成功匹配出来。正则表达式中的每一个分组“(.+)”匹配一个标签名称，默认每个分组有一个编号，编号从 1 开始。正则表达式中的“\1”和“\2”表示引用前面对应编号的分组规则匹配的标签名称，这样就能够正确地匹配成对的开始标签和结束标签。

当正则表达式中的分组比较多，再使用“\NUM”引用分组就会比较麻烦，需要记住每一个分组的编号，一不小心引用了错误的分组编号，那么这个正则表达式就是错误的。这个问题我们可以通过给分组起别名来解决，通过别名引用已经定义过的分组。

例 10-16 通过正则表达式给分组起别名（源代码位置：chapter10/10.6 匹配分组.py）。

案例代码如下：

```
#正确的网页标签
html_data = "<head><titile>python</titile></head>"
#?P<gname>不属于正则表达式的匹配规则，只是给分组起别名
rs = re.match(r"<(?P<g1>.+)><(?P<g2>.+)>.+</(?P=g2)></(?P=g1)>",html_data)
print(rs)
#错误的网页标签
html_data_err = "<head><titile>python</head></titile>"
```

```
rs = re.match(r"<(?P<g1>.+)><(?P<g2>.+)>.+</(?P=g2)></(?P=g1)>",html_data_err)
print(rs)
```

运行结果如下：

```
<_sre.SRE_Match object; span=(0, 36), match='<head><titile>python</titile></head>'>
None
```

解析：在正则表达式中分组小括号内的“?P<g1>”是固定语法，表示给分组起别名，“g1”就是一个组名称（名称可以自定义），当正则表达式的后面需要引用前面已经定义过的分组时，只需要通过“?P=组名称”的方式引用即可。在正则表达式中使用分组别名优点是引用分组明确，不容易产生错误；缺点是定义别名和引用别名都要额外添加其他语法，使表达式结构更加复杂。建议当正则表达式中分组比较少时，可以通过编号引用分组，当分组比较多时，可以考虑使用别名引用分组。

10.7　内置函数

为了方便开发者编写正则表达式，Python 为开发者提供了很多操作正则表达式的内置函数。开发过程中，合理地使用 Python 内置函数，可以简化开发过程，提高开发效率。本节将详细讲解几个比较常用的正则表达式内置函数。

1. compile 函数

在 10.5 一节的例 10-11 中，如果使用一个正则表达式对多个邮箱地址进行匹配，就需要把一个正则表达式重复写多次。Python 为我们提供了另外一种简洁的方法，使用 re 模块内置的 compile 函数编译正则表达式，返回一个正则表达式对象，在匹配时可以多次复用一个正则表达式对象进行匹配。

例 10-17　复用正则表达式对象匹配邮箱地址（源代码位置：chapter10/10.7 内置函数.py）。

案例代码如下：

```
pattern = re.compile("\w{4,10}@163\.com$") #返回正则表达式对象
rs = re.match(pattern,"python2018@163.com")
print(rs)
rs = re.match(pattern,"vip_python@163.com")
print(rs)
rs = re.match(pattern,"abc@163.com")
print(rs)
```

运行结果如下：

```
<_sre.SRE_Match object; span=(0, 18), match='python2018@163.com'>
<_sre.SRE_Match object; span=(0, 18), match='vip_python@163.com'>
None
```

2. search 函数

re 模块内置的 search 函数的功能是从左到右在字符串的任意位置搜索第一个被正则表达式匹配的子字符串。

例 10-18 从字符串中查找是否包含“python”（源代码位置：chapter10/10.7 内置函数.py）。

案例代码如下：

```
rs = re.search("python","hi python,i am going to study python")
print(rs)
```

运行结果如下：

```
<_sre.SRE_Match object; span=(3, 9), match='python'>
```

解析：从运行结果中的“span=(3,9)”可以看出，第 1 个匹配的“python”出现在字符串中的索引范围是 3 到 9，字符串中的第 2 个“python”没有匹配，说明 search 函数匹配到第 1 个“python”后就返回了结果，没有继续向后匹配。

3. findall 函数

re 模块内置的 findall 函数的功能是在字符串中查找正则表达式匹配成功的所有子字符串，返回匹配成功的结果列表。

例 10-19 从用户信息中查找出所有手机号（源代码位置：chapter10/10.7 内置函数.py）。

案例代码如下：

```
infos = "Tom:13800000001,David:13800000002"
list = re.findall(r"1[3578]\d{9}",infos)
print(list)
```

运行结果如下：

```
['13800000001', '13800000002']
```

解析：findall 函数将所有匹配成功的手机号放入列表中，如果想查看这些手机号，只需要遍历列表即可。

例 10-20 从用户信息中查找出所有邮箱地址（源代码位置：chapter10/10.7 内置函数.py）。

案例代码如下：

```
infos = "Tom:python_vip@163.com,David:12345@qq.com"
list = re.findall(r"(\w{3,20}@(163|qq)\.com)",infos)
print(list)
```

运行结果如下：

```
[('python_vip@163.com', '163'), ('12345@qq.com', 'qq')]
```

解析：当正则表达式中含有两个及以上分组，会把一个表达式内不同分组匹配的结果组成一个元组放入列表。从运行结果看，用于匹配邮箱的正则表达式含有两个分组，外层括号括起来的分组用于匹配整个邮箱，内层括号括起来的分组用于匹配邮箱类型，所以结果列表中，每一个元素（元组类型）是正则表达式匹配的一个结果，元组内的每个元素都是每个分组匹配的结果。

4. finditer 函数

re 模块内置的 finditer 函数的功能是在字符串中查找正则表达式匹配成功的所有子字符串，返回结果是一个可迭代对象 Iterator，Iterator 中的每个元素都是正则表达式匹配的一个子字符串。

例 10-21　从用户信息中查找出所有手机号（源代码位置：chapter10/10.7 内置函数.py）。

案例代码如下：

```
infos = "Tom:13800000001,David:13800000002"
iter_obj = re.finditer(r"1[3578]\d{9}",infos)
for iter in iter_obj:
    print(iter.group())
```

运行结果如下：

```
13800000001
13800000002
```

解析：从运行结果看，finditer 函数将正则表达式匹配的手机号封装到可迭代对象“iter_obj”中，通过循环遍历“iter_obj”对象中的所有手机号。

5. sub 函数

re 模块内置的 sub 函数的功能是将正则表达式匹配到的子字符串使用新的字符串替换掉。返回结果是替换之后的新字符串，原字符串值不变。

例 10-22　将字符串中的所有空格替换成逗号（源代码位置：chapter10/10.7 内置函数.py）。

案例代码如下：

```
stu = "Tom 13800000001 Male"
stu_new = re.sub("\s",",",stu)
print("stu={}".format(stu))
print("stu_new={}".format(stu_new))
```

运行结果如下：

```
stu=Tom 13800000001 Male
stu_new=Tom,13800000001,Male
```

解析：从运行结果看，sub 函数将原字符串“stu”中的空格替换成了逗号，返回一个新的字符串，原字符串值不变。

10.8 贪婪与非贪婪模式

- 贪婪模式：Python 中的正则表达式解析器默认采用贪婪模式去匹配字符，也就是尽可能多地匹配字符。
- 非贪婪模式：与贪婪模式相反，是尽可能少地匹配字符。

启用非贪婪模式的方法：在表示数量的符号，如“*”“?”“+”“{m,n}”等的后边添加一个问号“?”，这样正则表达式解析器就会采用非贪婪模式去匹配字符。

例 10-23 贪婪与非贪婪模式对比（源代码位置：chapter10/10.8 贪婪与非贪婪模式.py）。

案例代码如下：

```
#贪婪模式
print("---------贪婪模式---------")
rs = re.findall("python\d*", "python2018") #任意多个数字
print(rs)
rs = re.findall("python\d+", "python2018") #至少出现一次数字
print(rs)
rs = re.findall("python\d{2,}", "python2018") #至少出现两次数字
print(rs)
rs=re.findall("python\d{1,4}","python2018") #出现 1 到 4 次数字
print(rs)
#非贪婪模式
print("---------非贪婪模式---------")
rs = re.findall("python\d*?", "python2018")
print(rs)
rs = re.findall("python\d+?", "python2018")
print(rs)
rs = re.findall("python\d{2,}?", "python2018")
print(rs)
rs=re.findall("python\d{1,4}?","python2018")
print(rs)
```

运行结果如下：

```
---------贪婪模式---------
['python2018']
['python2018']
['python2018']
['python2018']
---------非贪婪模式---------
['python']
['python2']
['python20']
['python2']
```

解析：从运行结果看，在贪婪模式下，每个正则表达式都会尽可能多地匹配字符，也就是能多匹配一个字符就匹配上。在非贪婪模式下，每个正则表达式都会尽可能少地匹配字符，也就是能不匹配字符的就不匹配。

第 11 章 Python 网络编程

网络编程是 Python 比较擅长的领域，Python 不但内置了网络编程相关的库，而且与网络编程相关的第三方库也非常丰富，所以使用 Python 进行网络编程非常方便，Web 应用程序、网络爬虫、网络游戏等常见的网络应用都可以使用 Python 进行开发。本章将介绍 Python 网络编程基础、内置的 urllib 库和第三方 request 库的详细使用方法。

11.1 网络编程基础

在日常生活中，我们使用的浏览器、PC 上安装的应用程序、手机 APP 等都可以称为一个客户端。有了客户端，客户端就要获取资源，获取资源的方式就是通过网络向服务端发送 Request 请求，服务端接收到客户端的请求后，处理客户端请求，返回 Response 响应内容。例如，某个网站部署 Web Server 程序的服务器，就是一个服务端，用于接收和处理网络中不同客户端的请求。服务端相对于普通用户来说比较陌生，也不需要关心，但是对于程序员来说就非常熟悉了。

程序员在进行网络编程时，要按照客户端/服务端模型来开发，为了实现客户端和服务端在网络中能够正常通信，还要遵守 HTTP 网络传输协议。客户端与服务端通信的示意图如图 11-1 所示。

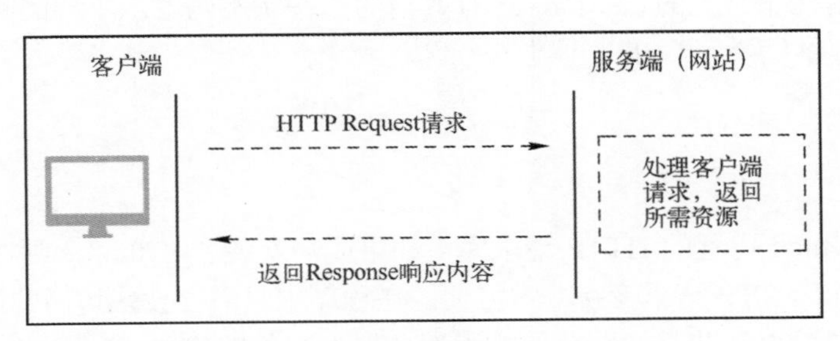

图 11-1　客户端与服务端通信示意图

1. HTTP

HTTP（HyperText Transport Protocol）是超文本传输协议的缩写，在网络中两台计算机之间通信必须遵守 HTTP 协议。使用浏览器通过“http://www”的方式访问一个网站使用的就是 HTTP 协议。

2. URL

URL（Uniform Resource Locator）是统一资源定位符的缩写，也就是我们熟悉的网址。在浏览器中通过输入 URL 地址可以访问到一个网站的资源。

3. HTTP 请求方式

HTTP 常用的两种请求方式是 GET 请求和 POST 请求。这两种请求的区别，如表 11-1 所示。

表 11-1　GET 与 POST 区别

对比项	GET	POST
提交数据方式	提交的参数数据放在 URL 之后，使用“？”与 URL 进行分割，多个参数之间使用“&”分隔	提交的参数数据不放在 URL 中提交，模拟提交表单数据
提交数据长度	受限	无限制
安全性	安全性低，提交的数据与 URL 混合在一起提交，很容易被发现	安全性高

通过对比我们可以发现，GET 请求方式简单方便，但是随着请求发送的数据会暴露在 URL 中，安全性低，可传输数据量较少；POST 请求方式相比 GET 请求稍微复杂一些，但是传输的数据更加隐蔽，安全性高，可传输数据量大。

4. 状态码

当客户端向服务器发送 HTTP 请求后，服务器会返回给客户端一个 Response 响应内容，响应内容中会包含状态码，标志这个请求的返回状态。

常见的状态码如下：

- 200：表示请求成功，成功返回请求资源；
- 404：表示请求的资源不存在，例如：URL 错误、访问的网页发生变更等；
- 500：服务器错误，有可能是服务器宕机，无法接受客户端请求。

除了列举的这几个常见的状态码，还有其他的一些状态码表示不同的响应状态，可以从网上查看相关资料继续学习，在此不过多介绍。

11.2　urllib 库

urllib 库是 Python 内置的 HTTP 请求库，如果成功安装了 Python，则在使用时直接引入即可。urllib 库使得 HTTP 请求变得非常方便，在程序中只需要设置访问的站点 URL 地址，就可以向站点发送请求，并且能够获取站点服务器返回的响应内容。urllib 库内置的模块描述信息如表 11-2 所示。

表 11-2　urllib 库内置模块

模　　块	描　　述
urllib.request	HTTP 请求模块，在程序中模拟浏览器发送的 HTTP 请求
urllib.error	异常处理模块，捕获由于 HTTP 请求问题产生的异常，并进行处理
urllib.parse	URL 解析模块，提供了处理 URL 的工具函数
urllib.robotparser	robots.txt 解析模块，网站通过 robots.txt 文件设置爬虫可爬取的网页

下面通过具体示例分别讲解 urllib 库内各个模块内置函数的详细使用方法。

11.2.1　urllib.request.urlopen 函数

urllib 库中 request 模块内置的 urlopen 函数用于向目标 URL 地址发送请求，返回一个 HTTPResponse 类型对象，通过该对象获取响应内容。

函数常用参数如下：

- url：目标 URL 访问地址，例如："http://www.baidu.com"；
- data：默认值是 None，表示以 GET 方式发送请求，如果改为以 POST 方式发送请求，需要传入 data 参数值；
- timeout：访问超时时间，有时由于网络问题或者目标站点服务器处理请求时间较长可能会产生超时异常，可以通过设置 timeout 参数延长超时时间。

1. 发送 GET 请求

例 11-1　以 GET 方式访问百度首页（源代码位置：chapter11/11.2 urllib 库.py）。

案例代码如下：

```
response = urllib.request.urlopen("http://www.baidu.com")
#response.read()获取网页内容，需要使用 utf8 编码对内容转码才能正常显示
print(response.read().decode("utf8"))
```

运行结果如图 11-2 所示。

```
<html>
<head>

    <meta http-equiv="content-type" content="text/html;charset=utf-8">
    <meta http-equiv="X-UA-Compatible" content="IE=Edge">
    <meta content="always" name="referrer">
    <meta name="theme-color" content="#2932e1">
    <link rel="shortcut icon" href="/favicon.ico" type="image/x-icon" />
    <link rel="search" type="application/opensearchdescription+xml" href="/content-search.xml" title="百度搜索" />
    <link rel="icon" sizes="any" mask href="//www.baidu.com/img/baidu_85beaf5496f291521eb75ba38eacbd87.svg">


    <link rel="dns-prefetch" href="//s1.bdstatic.com"/>
    <link rel="dns-prefetch" href="//t1.baidu.com"/>
    <link rel="dns-prefetch" href="//t2.baidu.com"/>
    <link rel="dns-prefetch" href="//t3.baidu.com"/>
    <link rel="dns-prefetch" href="//t10.baidu.com"/>
    <link rel="dns-prefetch" href="//t11.baidu.com"/>
    <link rel="dns-prefetch" href="//t12.baidu.com"/>
    <link rel="dns-prefetch" href="//b1.bdstatic.com"/>
```

图 11-2　网页源代码部分截图

解析：通过 urlopen 函数访问百度“http://www.baidu.com”，返回是百度首页的网页源代码。如果把这段源代码放在浏览器中运行，所显示的网页内容与我们在浏览器中输入网址访问百度显示的网页内容是相同的。

2. 发送 POST 请求

例 11-2 “http://httpbin.org”是一个用于测试各种 HTTP 请求的网站，以 POST 方式访问“http://httpbin.org/post”网站。（源代码位置：chapter11/11.2 urllib 库.py）。

案例代码如下：

```
#与 HTTP 请求一起发送的数据
param_dict = {"key":"hello"}
#调用 urlencode 函数将字典类型数据转成成字符串
param_str = urllib.parse.urlencode(param_dict)
#将传输的数据封装成一个 bytes 对象
param_datas = bytes(param_str,encoding="utf8")
#在 urlopen 函数中传入 data 参数值，表示将发送一个 POST 请求
response = urllib.request.urlopen("http://httpbin.org/post",data=param_datas)
#打印网站返回的响应内容
print(response.read( ))
```

运行结果如下：

```
{
        "args": {},
        "data": "",
        "files": {},
        "form": {
                "key": "hello"
        },
        "headers": {
                "Accept-Encoding": "identity",
                "Connection": "close",
                "Content-Length": "9",
                "Content-Type": "application/x-www-form-urlencoded",
                "Host": "httpbin.org",
                "User-Agent": "Python-urllib/3.6"
        },
        "json": null,
        "origin": "210.152.15.167",
        "url": "http://httpbin.org/post"
}
```

解析：从运行结果看，urlopen 函数成功地向测试网站发送了 POST 请求，“http://httpbin.org”网站用于各种 HTTP 请求测试。与 POST 请求一起发送的数据要在网络间传输，所以在发送 POST 请求之前，调用 bytes()方法将这些参数封装到一个字节流对象中。bytes 方法接收的第一个参数是字符串类型，调用 urllib.parse 模块中的 urlencode 函数将字典类型参数转换成字符串；第二个参数 encoding 用于指定编码格式，在这里表示以 utf-8 的方

式将字符串转换成 bytes 对象。

网站服务器返回的响应内容中“form”对应的值就是刚才以 POST 方式向测试网站发送的数据，了解 Web 前端编程的读者对 form 表单应该比较熟悉，表明当以 POST 方式向测试网站发送请求时，会将数据以 form 表单提交的方式传输给测试网站服务器。

使用 urlopen 函数发送 HTTP 请求时，不传入 data 参数，表示以 GET 方式发送请求，传入 data 参数，表示以 POST 方式发送请求。

3. 超时时间

在平常的开发过程中，有时由于网络延迟较高或者服务器处理能力有限等问题，导致客户端向服务器发送请求时间长就会产生超时，我们可以在程序中通过设置 timeout 参数值避免由于请求超时造成程序崩溃。

例 11-3　设置请求超时时间（源代码位置：chapter11/11.2 urllib 库.py）。

案例代码如下：

```
#设置 timeout 参数值是 0.001 秒
response = urllib.request.urlopen("http://www.baidu.com",timeout=0.001)
print(response.read())
```

运行结果如下：

```
socket.timeout: timed out
```

解析：设置 urlopen 函数的 timeout 参数值为 0.001 秒，网站服务器返回响应内容是 time out 请求超时，原因是我们设置的超时时间太短，服务器还没来得及响应。

4. 响应状态码与头信息

例 11-4　获取响应状态码（源代码位置：chapter11/11.2 urllib 库.py）。

案例代码如下：

```
response = urllib.request.urlopen("http://www.baidu.com")
#获取状态码
print(response.status)
```

运行结果如下：

```
200
```

通过浏览器访问百度，在开发者工具中，查看状态码 StatusCode，如图 11-3 所示。StatusCode 值等于 200 表示发送请求成功。

例 11-5　获取响应头信息（源代码位置：chapter11/11.2 urllib 库.py）。

案例代码如下：

```
#获取整个响应头信息
print("headers:",response.getheaders())
#获取头信息中的日期
print("header date:",response.getheader("Date"))
```

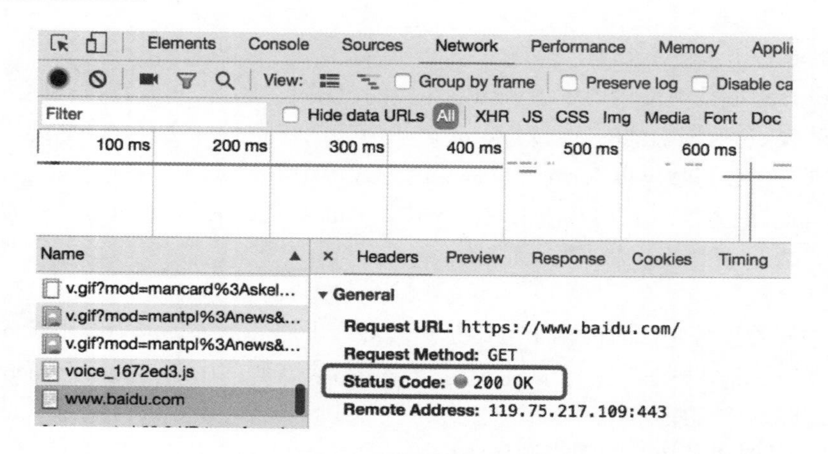

图 11-3　浏览器中查看状态码

运行结果如下：

```
headers: [
        ('Connection', 'close'),
        ('Server', 'gunicorn/19.9.0'),
        ('Date', 'Sun, 02 Dec 2018 01:23:45 GMT'),
        ('Content-Type', 'application/json'),
        ('Content-Length', '407'),
        ('Access-Control-Allow-Origin', '*'),
        ('Access-Control-Allow-Credentials', 'true'),
        ('Via', '1.1 vegur')
]
header date: Sun, 04 Nov 2018 15:33:24 GMT
```

解析：通过 getheaders 函数可以获取全部的请求头信息，通过 getheader 函数可以获取头信息中指定的一条信息。

11.2.2　urllib.request.Request 类

使用 urlopen 函数可以向目标 URL 地址发送基本的请求，但是参数比较简单，无法完成一些复杂的请求操作，比如在请求中添加 headers 头信息等。对于复杂的请求操作可以使用 urllib 库内置的 Request 类构建一个 Request 对象，给这个对象添加更丰富的属性值，完成复杂的请求操作。

Request 类构造方法的定义如图 11-4 所示。

```
class Request:

    def __init__(self, url, data=None, headers={},
                 origin_req_host=None, unverifiable=False
                 method=None):
```

图 11-4　Request 类构造方法

在构造方法中设置了 6 个参数，各参数的详细说明如表 11-3 所示。

表 11-3　Request 类构造方法参数说明

参数名称	是否必选	描　述
url	是	HTTP 请求的目标 URL 地址
data	否	HTTP 请求要传输的数据，数据是 bytes 字节流类型
headers	否	请求头信息，头信息使用字典存储
origin_req_host	否	发起 HTTP 请求的主机名称或者 IP 地址
unverifiable	否	表示这个请求是否为无法验证的，默认值是 False，用户没有足够权限来选择接收这个请求的结果。例如，我们请求一个 HTML 文档中的图片，但是我们没有自动抓取图像的权限，这时 unverifiable 值就是 True
method	否	发起 HTTP 请求的方式，如 GET、POST 等

例 11-6　在 Request 对象中添加浏览器相关的头信息，将程序伪装成浏览器发送 POST 请求（源代码位置：chapter11/11.2 urllib 库.py）。

案例代码如下：

```
#引入 parse 模块
import urllib.parse
url = "http://httpbin.org/post"
#设置浏览器信息
headers = {"User-Agent":"Mozilla/5.0 (Macintosh; Intel Mac OS X 10_13_6) AppleWebKit/537.36 (KHTML, like Gecko) Chrome/69.0.3497.100 Safari/537.36"}
data_dict = {"word":"hello world"}
#将字典类型数据转换成 bytes 字节流
data = bytes(urllib.parse.urlencode(data_dict),encoding="utf8")
#创建 Request 对象
request_obj = urllib.request.Request(url=url,data=data,headers=headers,method="POST")
response = urllib.request.urlopen(request_obj)
print(response.read( ).decode("utf8"))
```

运行结果如下：

```
{
  "args": {},
  "data": "",
  "files": {},
  "form": {
    "word": "hello world"
  },
  "headers": {
    "Accept-Encoding": "identity",
    "Connection": "close",
    "Content-Length": "16",
```

```
            "Content-Type": "application/x-www-form-urlencoded",
            "Host": "httpbin.org",
            "User-Agent": "Mozilla/5.0 (Macintosh; Intel Mac OS X 10_13_6) AppleWebKit/537.36 (KHTML, like
Gecko) Chrome/69.0.3497.100 Safari/537.36"
        },
        "json": null,
        "origin": "183.240.196.82",
        "url": "http://httpbin.org/post"
    }
```

解析：在字典类型变量 headers 中，通过“User-Agent”设置伪装的浏览器是 Mac 系统的谷歌浏览器，如果不设置 User-Agent，那么默认的 User-Agent 值是“Python-urllib/3.6”。伪装成浏览器的原因是，防止通过程序发起的请求被网站拦截。通过 parse 模块的 urlencode 函数和 bytes 函数将字典类型数据转换成 bytes 字节流。创建 Request 对象时，将已定义好的变量传入 Request 构造方法中，通过 method=“POST”设置请求方式是 POST 请求。依然是通过 urlopen 函数接收 Request 对象发送 HTTP 请求。通过简单的几行代码，就将程序伪装成浏览器成功地发起了 POST 请求。

除了在创建 Request 对象时通过向构造方法中传入 headers 参数值设置 header 头信息，还可以调用 Request 对象的 add_header 方法，动态地添加 header 头信息，代码如下所示。

```
request_obj = urllib.request.Request(url=url,data=data,method="POST")
request_obj.add_header("User-Agent","Mozilla/5.0 (Macintosh; Intel Mac OS X 10_13_6)
AppleWebKit/537.36 (KHTML, like Gecko) Chrome/69.0.3497.100 Safari/537.36")
```

11.2.3 urllib.error 异常处理模块

当发起一个 HTTP 请求时，可能会因为各种原因导致请求出现异常，比如请求的网页不存在或者请求的服务器无法响应等。为了提高程序的稳定性，需要捕获这些异常，还可以根据需要针对捕获到的异常做进一步的处理。

Python 内置了异常处理模块 urllib.error，在该模块中定义了两个常用的异常，分别是 URLError 和 HTTPError，其中 HTTPError 是 URLError 的子类。下面我们分别讲解这两个异常。

1. URLError

通过 reason 属性可以获取产生 URLError 的原因。产生 URLError 的原因有两种：

- 网络异常，失去网络连接；
- 访问的服务器不存在，服务器连接失败。

例 11-7 访问一个不存在的 URL，捕获 URLError 异常（源代码位置：chapter11/11.2 urllib 库.py）。

案例代码如下：

```
import urllib.request
import urllib.parse
```

```
import urllib.error
#一个不存在的链接
url = "http://www.hhhdddmmm123.com"
try:
    request_obj = urllib.request.Request(url=url)
    response = urllib.request.urlopen(request_obj)
except urllib.error.URLError as e:
    print(e.reason)
```

运行结果如下：

```
[Errno 8] nodename nor servname provided, or not known
```

2. HTTPError

使用 urlopen 函数发送一个 HTTP 请求，会返回一个 Response 响应对象，该对象中包含一个响应状态码，如果 urlopen 函数不能处理，就会产生一个 HTTPError 异常，捕获到这个异常后，可以通过 HTTPError 内置的 code 属性获取响应状态码。

code 属性的说明：

- code：通过该属性可以获取响应的状态码。
- reason：通过该属性可以获取产生 HTTPError 的原因。
- headers：通过该属性可以获取 HTTP 请求头信息。

例 11-8 访问一个不存在的 URL，捕获 HTTPError 和 URLError，并获取异常原因、响应状态码、请求头信息（源代码位置：chapter11/11.2 urllib 库.py）。

案例代码如下：

```
try:
    responese = urllib.request.urlopen("http://www.douban.com/abc")
except urllib.error.HTTPError as e:
    print("捕获 HTTPError 异常，异常原因：",e.reason)
    print("响应状态码：",e.code)
    print("请求头信息：",e.headers)
except urllib.error.URLError as err:
    print(err.reason)
```

运行结果如下：

```
捕获 HTTPError 异常，异常原因：  Not Found
响应状态码：404
请求头信息：Date: Mon, 12 Nov 2018 10:41:47 GMT
Content-Type: text/html
Transfer-Encoding: chunked
Connection: close
Server: dae
```

解析：从运行结果看，返回的响应状态码是 404，表示访问的页面不存在。HTTPError 是 URLError 的子类，如果两个异常全部捕获，需要先捕获 HTTPError，再捕获 URLError，否则将无法捕获到 HTTPError。

11.3 requests 库

requests 库是基于 urllib 开发的 HTTP 相关操作库，相比直接使用 urllib 库更加简洁、更加易用。requests 库是 Python 的第三方库，需要单独安装才能使用。

11.3.1 安装 requests 库

安装 requests 库步骤如下：

（1）使用 pip 或 pip3 命令安装 requests 库

```
pip install requests
pip3 install requests
```

安装过程如图 11-5 所示。

```
xiaoguanyudeMacBook-Pro:~ derek$ pip install requests
Collecting requests
  Downloading https://files.pythonhosted.org/packages/f1/ca/10332a30cb25b
2.py3-none-any.whl (60kB)
    100% |████████████████████████████████| 61kB 90kB/s
Collecting urllib3<1.25,>=1.21.1 (from requests)
  Downloading https://files.pythonhosted.org/packages/62/00/ee1d7de624db8
.py3-none-any.whl (118kB)
    100% |████████████████████████████████| 122kB 320kB/s
Requirement already satisfied: idna<2.8,>=2.5 in /Library/Frameworks/Pyth
ts) (2.7)
Collecting certifi>=2017.4.17 (from requests)
  Retrying (Retry(total=4, connect=None, read=None, redirect=None, status
ionPool(host='pypi.org', port=443): Read timed out. (read timeout=15)",)'
  Downloading https://files.pythonhosted.org/packages/56/9d/1d02dd80bc4cd
-py2.py3-none-any.whl (146kB)
    100% |████████████████████████████████| 153kB 341kB/s
Requirement already satisfied: chardet<3.1.0,>=3.0.2 in /Library/Framewor
 requests) (3.0.4)
Installing collected packages: urllib3, certifi, requests
Successfully installed certifi-2018.10.15 requests-2.20.0 urllib3-1.24.1
```

图 11-5　requests 库安装过程

（2）验证安装是否成功

进入 Python 交互模式，使用 import 引入 requests 库，然后通过 requests 内置的 get 方法访问百度，如果返回的状态码是 200，则表示成功向百度发送了一次 GET 请求，同时也验证了 requests 库安装成功，验证过程如图 11-6 所示。

```
>>> import requests
>>> requests.get("http://www.baidu.com")
<Response [200]>
```

图 11-6　使用 requests 访问百度

11.3.2　requests 库基本使用方法

在 11.2 节中我们已经学习了 urllib 库的基本使用方法，有了 urllib 库的使用经验，再学习 requests 库的使用方法将会非常容易。本节将详细介绍如何使用 requests 库发起 HTTP 请求及相关操作。

我们知道使用 urllib 库的 urlopen 函数发起 HTTP 请求时，若不传入 data 参数，默认会采用 GET 请求方式，若传入 data 参数，将会采用 POST 请求方式。在 requests 库中为了更加清晰、更加方便地发送不同类型的请求，分别提供了发送 GET 请求的 get 函数，发送 POST 请求的 post 函数。使用这两个函数发送请求成功后，会返回一个 requests.models.Response 对象，通过 Response 对象内置的方法可以获取更多我们想要的信息。

1. GET 请求

使用 requests 库内置的 get 函数可以发起一次 GET 请求，通常在 get 函数中传入两个参数，第一个必选参数是要访问的 URL；第二个可选参数是一个命名参数 params，该参数的值会被传输到目标站点服务器。

例 11-9　向测试地址“http://httpbin.org/get”发送 GET 请求（源代码位置：chapter11/11.3 requests 库.py）。

案例代码如下：

```
response = requests.get("http://httpbin.org/get")
print("response 类型：{}".format(type(response)))
print("状态码 status_code={}".format(response.status_code))
#获取响应内容
print(response.text)
```

运行结果如下：

```
response 类型：<class 'requests.models.Response'>
状态码 status_code=200
{
  "args": {},
  "headers": {
    "Accept": "*/*",
    "Accept-Encoding": "gzip, deflate",
    "Connection": "close",
    "Host": "httpbin.org",
    "User-Agent": "python-requests/2.18.4"
  },
  "origin": "210.152.15.167",
  "url": "http://httpbin.org/get"
}
```

解析：访问的“http://httpbin.org/get”这个地址用于测试客户端发起的 GET 请求，当服务器端接收到客户端的 GET 请求后，会将状态码、响应内容、Cookies 等信息返回给客户端，get 函数将会根据服务端信息创建一个 requests.models.Response 对象，通过

Response 对象的 status_code 属性获取状态码，通过 Response 对象的 text 属性获取服务端返回的响应内容。

Response 对象还有更多的属性可以获取到不同的数据，常用的几个属性介绍如下：

- content：获取二进制数据，例如：服务端返回的图片、视频等都是由二进制码组成的。
- url：获取请求的 url。
- encoding：获取响应内容的编码格式。
- cookies：获取 cookie 信息。
- headers：获取响应头信息。

发送 GET 请求时，如果想传输一些数据，需要在 URL 后面添加一个问号“?”，在问号后面添加需要传输的数据，数据是以“key-value”键值对的形式组织的，多个数据之间用“&”分隔。

例 11-10 向测试地址“http://httpbin.org/get”发送 GET 请求，同时传输两个参数“key= python”和“page=10”（源代码位置：chapter11/11.3 requests 库.py）。

案例代码如下：

```
response = requests.get("http://httpbin.org/get?key=python&page=10")
print("请求的 url:{}".format(response.url))
print("响应内容：\n",response.text)
```

运行结果如下：

```
请求的 url:http://httpbin.org/get?key=python&page=10
响应内容：
 {
  "args": {
    "key": "python",
    "page": "10"
  },
  "headers": {
    "Accept": "*/*",
    "Accept-Encoding": "gzip, deflate",
    "Connection": "close",
    "Host": "httpbin.org",
    "User-Agent": "python-requests/2.18.4"
  },
  "origin": "210.152.15.167",
  "url": "http://httpbin.org/get?key=python&page=10"
}
```

解析：从运行结果看，客户端成功地发送了一次 GET 请求，返回的响应内容中 args 对应的值就是通过 GET 请求传输到服务端的参数。

上边这个例子在 URL 中只添加了两个简单的参数，如果要添加更多的参数，就要把所有的参数拼接在 URL 字符串后面，每添加一个参数就要添加一个“&”分隔符，拼接起来非常麻烦，这样做会让 URL 的可读性变得很差。有一种更加简洁的方式，就是将待添加的参数以字典的形式存储，然后将参数字典赋值给 get 函数中的 params 参数。下面改造例 11-10 的代码。

```
data = {
    "key":"python",
    "page":10
}
response = requests.get("http://httpbin.org/get",params=data)
print("请求的 url:{}".format(response.url))
```

运行结果如下：

```
请求的 url:http://httpbin.org/get?key=python&page=10
```

解析：从运行结果看，data 字典中的键值对参数被自动添加到了请求的 URL 后面，整体代码逻辑非常清晰。

2. POST 请求

POST 请求是除 GET 请求外另一种常见的请求方式，可以使用 requests 库内置的 post 函数发起一次 POST 请求，通常在 post 函数中传入两个参数，第一个必选参数是要访问的 URL；第二个可选参数是一个命名参数 data，该参数的值会被传输到目标站点服务器，但是不会像 GET 请求那样将参数拼接到 URL 之后，而是以 form 表单的形式提交到服务端。POST 请求这种以提交 form 表单的方式传输数据的优势是不会将参数暴露在 URL 中，传输的数据量更大。

例 11-11 向测试地址“http://httpbin.org/post”发送 POST 请求，同时传输“key=python”“version=3.6”和“page=10”3 个参数（源代码位置：chapter11/11.3 requests 库.py）。

案例代码如下：

```
data = {
    "key":"python",
    "version":"3.6",
    "page":10
}
response = requests.post("http://httpbin.org/post",data=data)
print(response.text)
```

运行结果如下：

```
{
  "args": {},
  "data": "",
  "files": {},
  "form": {
    "key": "python",
    "page": "10",
    "version": "3.6"
  },
```

```
    "headers": {
      "Accept": "*/*",
      "Accept-Encoding": "gzip, deflate",
      "Connection": "close",
      "Content-Length": "30",
      "Content-Type": "application/x-www-form-urlencoded",
      "Host": "httpbin.org",
      "User-Agent": "python-requests/2.18.4"
    },
    "json": null,
    "origin": "210.152.15.167",
    "url": "http://httpbin.org/post"
  }
```

解析：从运行结果看，客户端成功地发送了一次 POST 请求，在请求的 URL 后面没有拼接提交的参数。返回的响应内容中“form”有对应的字典数据，这就表示服务端成功地接收到了 POST 请求中表单提交的数据。

3. 添加 headers 头信息

当使用程序模拟浏览器向服务器发送请求时，需要在请求中添加 headers 头信息。这样的设置常出现在爬虫程序中，爬虫程序用于从目标网站爬取想要的数据，目标网站为了防止爬虫程序频繁地爬取网站数据，通常会将非浏览器发送的请求拦截下来，这时候爬虫程序就需要伪装成浏览器向网站发送请求，爬取有用的数据。

例 11-12　编写爬虫程序，在京东商城搜索关键字“手机”，将搜索结果网页爬取下来（源代码位置：chapter11/11.3 requests 库.py）。

案例代码如下：

```
def spider_jd(keyword):
    #请求参数
    params = {
        "keyword":keyword,
        "enc":"utf-8",
        "pvid":"c150090b2d79478fb921a5e6f4b067d8"
    }
    #请求头信息
    headers = {
        "User-Agent":"Mozilla/5.0 (Macintosh; Intel Mac OS X 10_13_6) AppleWebKit/537.36 (KHTML, like Gecko) Chrome/70.0.3538.110 Safari/537.36",
        "Referer":"https://www.jd.com/?cu=true&utm_source=baidu-pinzhuan&utm_medium=cpc&utm_campaign=t_288551095_baidupinzhuan&utm_term=0f3d30c8dba7459bb52f2eb5eba8ac7d_0_4873e590265c4772a6c241f6b1ab87bf",
        "host":"search.jd.com",
        "Accept":"text/html,application/xhtml+xml,application/xml;q=0.9,image/webp,image/apng,*/*;q=0.8",
        "Accept-Language":"zh-CN,zh;q=0.9"
    }
    url = "https://search.jd.com/Search"
    # 获取网页内容
```

```
        response = requests.get(url, headers=headers, params=params)
        # 通过状态码判断是否获取成功
        if response.status_code == 200:
            #回去响应内容编码格式
            print("encoding:{}".format(response.encoding))
            #为解决中文乱码问题，重新设置编码格式 utf-8
            response.encoding = "utf-8"
            print(response.text)
if __name__ == '__main__':
    spider_jd("手机")
```

运行结果如下：

```
encoding:ISO-8859-1
<!DOCTYPE html>
<html>
<head>
<meta http-equiv="Content-Type" content="text/html; charset=utf-8" />
…
<div class="p-name p-name-type-2">
<a target="_blank" title="潮流镜面渐变色，2400 万自拍旗舰，6.26&quot;小刘海全面屏，AI 裸妆美颜，骁龙 660AIE 处理器！小米爆品特惠，选品质，购小米！" href="//item.jd.com/100000503277.html" onclick="searchlog(1,100000503277,29,1,'','flagsClk=1633685640')">
    <em>小米 8 青春版 镜面渐变 AI 双摄 6GB+128GB 深空灰 全网通 4G 双卡双待 全面屏拍照游戏智能
        <font class="skcolor_ljg">手机</font>
    </em>
    <i class="promo-words" id="J_AD_100000503277">潮流镜面渐变色，2400 万自拍旗舰，6.26&quot;小刘海全面屏，AI 裸妆美颜，骁龙 660AIE 处理器！小米爆品特惠，选品质，购小米！
    </i>
</a>
</div>
…
```

解析：本例使用 requests 库实现了一个简单的爬虫程序，实现过程是通过向京东商城搜索地址“https://search.jd.com/Search”发送 GET 请求，获取“手机”搜索结果网页源代码。由于返回的源代码比较多，在运行结果中省略了很多内容，这里只截取了一小部分源代码来说明问题。为了将爬虫程序伪装成浏览器，在 get 函数中添加了 headers 参数，这样京东的服务器接收到这个请求时，就会认为这个请求是浏览器发出的，于是将搜索结果返回给爬虫程序。在 spider_jd 函数获取搜索结果网页源代码的部分，先通过 Response 对象的 status_code 属性获取状态码，判断 status_code 是否等于 200（status_code=200 表示请求成功）。请求成功后通过 Response 对象的 encoding 属性获取响应内容的编码格式，获取到的编码格式是“ISO-8859-1”，这种编码格式的数据中如果包含中文，打印输出的时候就会出现乱码，为了解决中文乱码问题，可以重新设置 enconding 编码格式为“utf-8”，最后通过 Response 对象的 text 属性获取网页源代码。

第 12 章 Python 常用扩展库

在计算机程序的开发过程中，随着程序代码的增多，代码维护的压力也越来越大。为了提高代码的可维护性，可将函数分组封装在不同的文件中，并以.py 为后缀储存，这样的文件就叫作模块，也称为库。Python 中提供了大量的内置库和第三方库，功能涵盖科学计算、Web 开发、数据库接口、图形可视化等多个领域。从本章起，将会介绍 Python 中常用的扩展库，使用这些库可以极大地提高代码的运行效率。

12.1 Numpy 科学计算库

Numpy（即 Numerical Python 的简称）是 Python 中的一个基础工具包，用以进行科学计算及数据分析。因其提供了比 list 向量、list-of-list 矩阵性能更好的数组和矩阵，以及常用的数值函数，Numpy 被认为是一个高性能的科学计算基础构件。对于其他高级工具及库来说，Numpy 是其构建过程中夯实基础的必备要素。

Numpy 中单一数据类型的多维数组以 ndarray 的形式存储，可进行快速矢量算术运算。使用底层代码进行数组运算时，标准 Python 以列表的形式来储存一组数据，但是由于列表中的元素类型不限，可以为任何对象，所以列表保存的是对象的指针。对于一个简单的含有 5 个数字的数组列表，例如：[1,2,3,4,5]则需要储存 5 个指针和 5 个整数对象；如果对整组数据运算时，需要借助循环结构来完成，这样显然比较浪费内存和 CPU 计算时间。而 Numpy 提供了对整组数据进行快速运算的标准化数学函数，直接调用即可实现所需功能。

Numpy 还可用于磁盘数据的读写以及内存映射文件的操作，实现数据的快速读取与输出。对于多种语言编写的代码，比如 C、C++等，使用 Numpy 也可做到高效集成。

同时，Numpy 也是数据分析必不可少的工具，可以进行数据清洗、数据转换等矢量化数组运算，例如：数据排序、合并、分组、标准化、聚合运算等。

Numpy 的安装即在命令窗口输入以下命令：

```
python –m pip install numpy
```

Ananconda 中包含了 Numpy 库，若已安装 Ananconda，则可直接导入 Numpy 库。

模块导入时使用 import 方法，可使用 as 为 numpy 自定义别名，方便之后的代码书写，通常用 np 作为别名。

```
import numpy as np
```

当然也可以不写 np，直接通过以下语句导入 Numpy 库：

```
from numpy import *
```

12.1.1 创建 ndarray 数组

ndarray 是一个同构数据 N 维数组对象，即数组中的所有对象必须是相同类型的，创建 ndarray 数组可以使用 array 函数传入 Python 的序列对象实现。

1. 创建一维数组

例 12-1 创建一维数组（源代码位置：chapter12/12.1 Numpy 科学计算库.py）。

案例代码如下：

```
a = [1.1,2.2,3.3,4.4]
arr = np.array(a)
print('a:{}'.format(a))
print('arr:{}'.format(arr))
```

运行结果如下：

```
a:[1.1, 2.2, 3.3, 4.4]
arr:[ 1.1    2.2    3.3    4.4]
```

2. 创建多维数组

如果 array 函数中传入的是嵌套列表，也就是由多层等长序列嵌套而成的序列，函数将返回一个多维数组。

例 12-2 创建多维数组（源代码位置：chapter12/12.1 Numpy 科学计算库.py）。

案例代码如下：

```
b = [[1,2,3,4],[5,6,7,8]]
arr1 = np.array(b)
print('arr1:{}'.format(arr1))
```

运行结果如下：

```
arr1:[[1 2 3 4]
      [5 6 7 8]]
```

3. shape 函数的使用

Numpy 中可以使用 shape 函数查看每个数组各维度的大小，shape 函数的返回结果是一个元组对象。arr.shape[0] 输出第一维度的长度，arr.shape[1] 输出第二维度的长度，以此类推。如果数组是一维数组，shape 函数返回值为(n,)，n 记录数组的长度，也是元素的个数，逗号后为空，表明返回值为元组类型；如果是二维数组，则返回两个值（n1, n2），第一个值 n1 表示行数，逗号后的第二个值 n2 表示列数，返回值同样是元组对象。

例 12-3 shape 函数的使用（源代码位置：chapter12/12.1 Numpy 科学计算库.py）。

案例代码如下：

```
print('arr shape:{}'.format(arr.shape))
print('arr1 shape:{}'.format(arr1.shape))
```

运行结果如下：

```
arr shape:(4,)
arr1 shape:(2, 4)
```

解析：本实例中的两个返回值都是元组对象，(4,)虽然只含有一个元素，但是同样为元组类型。如果元组中只包含一个元素，那么该元素之后需加逗号，声明这是一个 tuple（元组），否则括号会被当作数学运算中的小括号来使用（参考本书第 3 章内容）。

4. reshape 函数的使用

使用 Numpy 数组中的 reshape 函数可以更改数组的结构，原数组的 shape 仍然保持不变。

例 12-4 更改数组结构（源代码位置：chapter12/12.1 Numpy 科学计算库.py）。

案例代码如下：

```
arr1_reshape = arr1.reshape(4,2)
print('arr1_reshape: {}'.format(arr1_reshape))
print('arr1: {}'.format(arr1))
```

运行结果如下：

```
arr1_reshape: [[1 2]
               [3 4]
               [5 6]
               [7 8]]
arr1: [[1 2 3 4]
       [5 6 7 8]]
```

解析：arr1 数组依然保持了原来的结构，在新数组 arr1_reshape 中各元素在内存中的位置并没有改变，只是改变了每个维度的长度。原数组 arr1 和新数组 arr1_reshape 共享同一数据储存内存区域，所以对其中一个数组元素的修改，都会同时引起另一个数组内容的改变。

例 12-5 更改数组共享内存区域（源代码位置：chapter12/12.1 Numpy 科学计算库.py）。

案例代码如下：

```
arr1[0,0] = 10 # arr1 中的第一个元素
```

```
print('arr1: {}'.format(arr1))
print('arr1_reshape: {}'.format(arr1_reshape))
```

运行结果如下：

```
arr1: [[10   2   3   4]
       [ 5   6   7   8]]
arr1_reshape: [[10   2]
               [ 3   4]
               [ 5   6]
               [ 7   8]]
```

解析：对于 arr1 的修改直接带来了 arr1_reshape 中相应元素的改变。

5. 创建特殊数组

Numpy 中定义了一些可以创建特殊数组的函数，比如 numpy.zeros 可以创建特定长度、元素都为 0 的一维或多维数组，可被用来初始化数组；numpy.ones 创建的是元素都为 1 的特定长度数组；numpy.empty 可以用来创建没有具体数值的数组，只需传入表示数组形状的参数即可，也可以用来初始化数组；numpy.arange 函数类似于 Python 中的 range 函数，但是返回值为数组类型；numpy.eye 可用于创建指定边长和 dtype 的单位矩阵。

例 12-6　创建特殊数组（源代码位置：chapter12/12.1 Numpy 科学计算库.py）。

案例代码如下：

```
print('zero_array1: {}'.format(np.zeros(5)))              #创建都为 0 的一维数组
print('zero_array2: {}'.format(np.zeros((3,6))))          #创建都为 0 的多维数组
print('one_array: {}'.format(np.ones((2,3))))             #创建都为 1 的多维数组
print('empty_array: {}'.format(np.empty((2,2,4))))        #创建没有具体数值的多维数组
print('arange_array: {}'.format(np.arange(10)))           #创建指定序列数组
print('eye_array: {}'.format(np.eye(3,3)))                #创建单位数组
```

运行结果如下：

```
zero_array1: [ 0.   0.   0.   0.   0.]
zero_array2: [[ 0.   0.   0.   0.   0.   0.]
              [ 0.   0.   0.   0.   0.   0.]
              [ 0.   0.   0.   0.   0.   0.]]
one_array: [[ 1.   1.   1.]
            [ 1.   1.   1.]]
empty_array: [[[ 2.31584178e+077   2.31584178e+077   6.94488970e-310   2.17384991e-314]
               [ 6.33886224e-321   0.00000000e+000   2.31584178e+077   2.31584178e+077]]
              [[ 2.31584178e+077   2.31584178e+077   2.31584178e+077   2.31584178e+077]
               [ 6.94488970e-310   4.94065646e-324   6.94488971e-310   6.94488971e-310]]]
arange_array: [0 1 2 3 4 5 6 7 8 9]
eye_array: [[ 1.   0.   0.]
            [ 0.   1.   0.]
            [ 0.   0.   1.]]
```

12.1.2 数组的数据类型

数组的数据类型保存在 dtype 这个特殊的对象中，可使用 dtype 函数查看。

例 12-7 查看数组对象的数据类型（源代码位置：chapter12/12.1 Numpy 科学计算库.py）。

案例代码如下：

```
print('arr dtype: {}'.format(arr.dtype))
print('arr1 dtype:{}'.format(arr1.dtype))
```

运行结果如下：

```
arr dtype: float64
arr1 dtype:int64
```

解析：arr 数组中的各元素以浮点数类型储存，arr1 中的元素都为整型数值。

在创建 ndarray 时，dtype 作为一个参数可以将一块内存解释为特定的数据类型。

例 12-8 创建数组指定数据类型（源代码位置：chapter12/12.1 Numpy 科学计算库.py）。

案例代码如下：

```
arr2 = np.array([1,2,3,4,5], dtype=np.int32)
arr3 = np.array([1,2,3,4,5], dtype=np.float64)
print('arr2: {},    arr2 dtype: {} '.format(arr2,arr2.dtype))
print('arr3: {},    arr3 dtype: {} '.format(arr3,arr3.dtype))
```

运行结果如下：

```
arr2: [1 2 3 4 5],    arr2 dtype: int32
arr3: [ 1.    2.    3.    4.    5.],    arr3 dtype: float64
```

dtype 的命名方式为：类型名+元素位长。

有符号的整型数值需要占用 4 个字节，即 32 位；标准的双精度浮点数值需要占用 8 个字节，即 64 位。所以，Numpy 中，两种数值分别记作 int32 和 float64。如表 12-1 所示，为 Numpy 所支持的数据类型。

表 12-1 Numpy 支持的数据类型

类　型	名　称
int8、unit8	有符号和无符号的 8 位整型（1 个字节）
int16、unit16	有符号和无符号的 16 位整型（2 个字节）
int32、unit32	有符号和无符号的 32 位整型（4 个字节）
int64、unit64	有符号和无符号的 64 位整型（8 个字节）
float16	半精度浮点数
float32	标准的单精度浮点数

（续）

类　型	名　称
float64	标准的双精度浮点数
complex64、complex128 complex256	用两个 32 位、64 位或 128 位浮点数表示的复数
bool	布尔类型，True 和 False
object	Python 对象类型
string_	固定长度的字符串类型（每个字符 1 个字节）
unicode_	固定长度的 unicode 类型

对于已经创建好的 ndarray，可以使用 astype 函数转换其数据类型。

例 12-9　整型数值转换为浮点数值（源代码位置：chapter12/12.1 Numpy 科学计算库.py）。

案例代码如下：

```
arr2_float = arr2.astype(np.float32)
print('arr2_float: {},    arr2_float dtype: {} '.format(arr2_float,arr2_float.dtype))
```

运行结果如下：

```
arr2_float: [ 1.   2.   3.   4.   5.],    arr2_float dtype: float32
```

解析：整型数值被转换成了浮点数值，反之如果将浮点数值转换成整型数值，如例 12-10 所示。

例 12-10　浮点数值转换为整数值（源代码位置：chapter12/12.1 Numpy 科学计算库.py）。

案例代码如下：

```
arr3_int = arr3.astype(np.int32)
print('arr3_int: {},    arr3_int dtype: {} '.format(arr3_int,arr3_int.dtype))
```

运行结果如下：

```
arr3_int: [1 2 3 4 5],    arr3_int dtype: int32
```

解析：转换成整数的浮点数会将原小数部分全部去掉，而非四舍五入。

如果一个数组中的每个元素都是字符串，且字符串表示的都是数字，可以使用 astype 函数将其转换为数值类型。

例 12-11　字符串转换为数值型（源代码位置：chapter12/12.1 Numpy 科学计算库.py）。

案例代码如下：

```
arr4_string = np.array(['1.1','2.2','3.3','4.4'],dtype=np.string_)
arr4_float = arr4_string.astype(np.float64)
```

```
print('arr4_float: {}, arr4_float dtype: {} '.format(arr4_float, arr4_float.dtype))
```

运行结果如下：

```
arr4_float: [ 1.1    2.2    3.3    4.4], arr4_float dtype: float64
```

解析：数据类型转换时，Numpy 会将 Python 类型映射到等价的 dtype 上，所以，书写时要注意，需在数据类型符号前加 np.，例如本例转换为整型需写作 np.int32。

12.1.3 数组的索引与切片

索引和切片都是根据条件对数组的元素进行存取的方法。索引是获取数据中特殊位置元素的过程，可以通过数据的标识，轻松地访问指定数据。切片是获取数组元素子集的过程，通过索引值截取索引片段，获得一个新的独立数组。Numpy 中提供了对数组进行索引和切片处理的方法。

1. 一维数组索引

一维 Numpy 数组的索引与切片方法基本和列表一致。索引通过对数组使用中括号，中括号中填入元素的位置整数，来获取目标元素。切片通过在中括号中填入元素位置的区间来确定元素的片段。

例 12-12 对一维数组进行切片（源代码位置：chapter12/12.1 Numpy 科学计算库.py）。

案例代码如下：

```
arr5 = np.arange(15)
print('arr5: {}'.format(arr5))
print('arr5[8]: {}'.format(arr5[8]))
print('arr5[8:12]: {}'.format(arr5[8:12]))
```

运行结果如下：

```
arr5: [ 0   1   2   3   4   5   6   7   8   9 10 11 12 13 14]
arr5[8]: 8
arr5[8:12]: [ 8   9 10 11]
```

解析：arr5 是一个记录了从 0 到 14 这 15 个整数的一维数组。以上代码第三行，对 arr5 做索引操作，在中括号中输入索引位置 8，输出对应元素，恰好也是数字 8。代码第四行是切片操作，通过索引位置区间[8：12]确定包含指定元素的片段，输出一个子序列。

除此之外，使用索引与切片还可以对原 Numpy 数组进行修改。

例 12-13 对 Numpy 数组进行修改（源代码位置：chapter12/12.1 Numpy 科学计算库.py）。

案例代码如下：

```
arr5[8:12] = 30
print('arr5: {}'.format(arr5))
```

运行结果如下：

```
arr5: [ 0  1  2  3  4  5  6  7 30 30 30 30 12 13 14]
```

解析：原数组中索引位置为 8 到 11 的数字的数值发生了改变，将一个标量赋予一个切片时，该值可以传递到整个选定区域。

Numpy 数组与列表切片的不同之处在于，数组切片的操作对象不是副本，而是原始数组视图，也就是对于视图上的所有修改，源数组都会随之改变，而数据不会被复制。所以，Numpy 可以用于处理数据量较大的数据集，减少因复制数据带来的内存和性能问题。如果不希望修改源数据，需要做显式复制操作，可以使用 copy 函数。

例 12-14　修改数组并保留源数据（源代码位置：chapter12/12.1 Numpy 科学计算库.py）。

案例代码如下：

```
arr5 = np.arange(15)
arr5_origin = arr5.copy( )
arr5[8:12] = 30
print('arr5: {}'.format(arr5))
print('arr5_origin: {}'.format(arr5_origin))
```

运行结果如下：

```
arr5: [ 0  1  2  3  4  5  6  7 30 30 30 30 12 13 14]
arr5_origin: [ 0  1  2  3  4  5  6  7  8  9 10 11 12 13 14]
```

解析：如果希望原数组与修改后的数组同时被保存，则需要将原数组保存为一份副本。

2. 二维数组索引

对于二维数组，每个索引位置上对应的元素不再是标量，而是一维数组。

例 12-15　二维数组索引（源代码位置：chapter12/12.1 Numpy 科学计算库.py）。

案例代码如下：

```
arr_2d = np.array([[1,1,1],[2,2,2],[3,3,3]])
print('arr_2d[1]: {}'.format(arr_2d[1]))
```

运行结果如下：

```
arr_2d[1]: [2 2 2]
```

解析：索引位置 1 对应的元素为第二个列表（索引序号从 0 开始，所以索引位置 1 对应第二个列表），是原数组中的其中一维数组。如果希望对二维数组中的数字元素进行访问，可以添加一个索引，或者直接传入一个以逗号隔开的索引列表。

例 12-16　访问二维数组的元素（源代码位置：chapter12/12.1 Numpy 科学计算库.py）。

案例代码如下：

```
print('arr_2d[2,1]: {}'.format(arr_2d[2,1]))
print('arr_2d[2][1]: {}'.format(arr_2d[2][1]))
```

运行结果如下：

```
arr_2d[2,1]: 3
arr_2d[2][1]: 3
```

解析：两者返回结果相同。索引列表中的第一个数字 2 相当于取出数组中的第 3 行，第二个数字 1 相当于取出数组的第 2 列，对应的元素即为第 3 行第 2 列的 3。

3. 多维数组索引

对于多维数组的索引，返回对象为降低维度之后的 ndarray。

例 12-17 多维数组索引（源代码位置：chapter12/12.1 Numpy 科学计算库.py）。

案例代码如下：

```
arr_3d = np.arange(16).reshape((2,2,4))   # 创建一个三维数组
print('arr_3d:{}'.format(arr_3d))
```

运行结果如下：

```
arr_3d:[[[ 0   1   2   3]
         [ 4   5   6   7]]

        [[ 8   9 10 11]
         [12 13 14 15]]]
```

解析：arr_3d 是一个三维数组，其排列方式如表 12-2 所示。

表 12-2 arr_3d 三维数组结构图

	0	1
0	[0，1，2，3]	[4，5，6，7]
1	[8，9，10，11]	[12，13，14，15]

数组以三维嵌套的形式存储，每个行列索引对应的元素非标量，而是一个一维数组。索引的方法和结果如下：

```
print('arr_3d[0]: {}'.format(arr_3d[0]))
print('arr_3d[1]: {}'.format(arr_3d[1]))
```

运行结果如下：

```
arr_3d[0]: [[0 1 2 3]
            [4 5 6 7]]
arr_3d[1]: [[ 8   9 10 11]
            [12 13 14 15]]
```

解析：arr_3d[0]的索引结果为第 1 行的数组，arr_3d[1]的索引结果为第 2 行的数组。

```
print('arr_3d[0,1]: {}'.format(arr_3d[0,1]))
```

运行结果如下：

```
arr_3d[0,1]: [4 5 6 7]
```

解析：arr_3d[0,1]对应的索引结果为第一维度 0 索引位置与第二维度 1 索引位置相交的元素。

还可以使用索引来修改数组中的元素数值。

例 **12-18**　多维数组元素修改（源代码位置：chapter12/12.1 Numpy 科学计算库.py）。

案例代码如下：

```
arr_3d_origin = arr_3d[0].copy()
arr_3d[0] = 50
print('arr_3d: {}'.format(arr_3d))
arr_3d[0] = arr_3d_origin
print('arr_3d: {}'.format(arr_3d))
```

运行结果如下：

```
arr_3d: [[[50 50 50 50]
          [50 50 50 50]]

          [[ 8  9 10 11]
          [12 13 14 15]]]
arr_3d: [[[ 0  1  2  3]
          [ 4  5  6  7]]

          [[ 8  9 10 11]
           [12 13 14 15]]]
```

4. 切片索引

ndarray 的切片索引只需将数组中的每一行每一列都分别看作一个列表，参照列表切片索引的方法，最终返回数组类型的数据。

例 **12-19**　多维数组切片索引（源代码位置：chapter12/12.1 Numpy 科学计算库.py）。

先创建一个二维数组。

案例代码如下：

```
arr6 = np.arange(25).reshape(5,5)
print('arr6: {}'.format(arr6))
```

运行结果如下：

```
arr6: [[ 0  1  2  3  4]
       [ 5  6  7  8  9]
```

```
        [10 11 12 13 14]
        [15 16 17 18 19]
        [20 21 22 23 24]]
```

切片索引可做如下操作：

```
print('arr6[1,2:4]: {}'.format(arr6[1,2:4]))         #取出索引为 2:3 对应的数字 7、8
print('arr6[1:3,2:4]: {}'.format(arr6[1:3,2:4]))     #取出行索引为 1:2，列索引为 2:3 的二维数组
print('arr6[:,2:]: {}'.format(arr6[:,2:]))           #取出第三列之后的二维数组
print('arr6[::2,2:]: {}'.format(arr6[::2,2:]))       #行方向隔行取数、列方向取第三列之后的二维数组
```

得到结果如下：

```
arr6[1,2:4]: [7 8]
arr6[1:3,2:4]: [[ 7  8]
               [12 13]]
arr6[:,2:]: [[ 2  3  4]
            [ 7  8  9]
            [12 13 14]
            [17 18 19]
            [22 23 24]]
arr6[::2,2:]: [[ 2  3  4]
              [12 13 14]
              [22 23 24]]
```

解析：实例代码中第一行表示首先取出行索引为 1，也就是第二行数据；然后设置列索引区间为 2：4，索引遵循区间左闭右开的原则，不包含右侧索引值，所以取出索引值等于 2 和 3 对应的数字：7、8。第二行代码按照同样的思路对行和列都进行了切片。第三行代码中，切片是沿着一个轴的方向选取元素，如果该轴向上的索引只有冒号，那么表示选取整个轴，所以第三行代码的含义就是选取原数组中的所有行，列索引‘2：’表示选取索引为 2 之后的所有列。第四行代码中，在行方向上对原数组隔行取数，“::2”两个冒号表示取出所有行数据 2 表示步长，每 2 行取出一行即隔行取数。列方向取出第三列之后的所有数据。

5. 布尔型索引

布尔型数据作为数组的索引时，会根据布尔数组的 True 或者 False 值筛选对应轴上的数据。

例 12-20 使用布尔型索引选取 5×5 数组 arr6 数据（源代码位置：chapter12/12.1 Numpy 科学计算库.py）。

案例代码如下：

```
arr6: [[ 0  1  2  3  4]
       [ 5  6  7  8  9]
       [10 11 12 13 14]
       [15 16 17 18 19]
       [20 21 22 23 24]]
```

定义一个 x 作为筛选的条件：

```
x = np.array([0,1,2,3,1])
print(x==1)
```

判断 x 是否等于 1 的输出结果为：

```
[False  True False False  True]
```

得到一个布尔型数组，在 x=1 的索引位置输出 True，x!=1 的索引位置输出 False。将原数组与该布尔型数组结合使用可以用于数组索引，索引 x=1 时对应 arr6 中的数据，如下所示，选取 arr6 中对应的行。

```
arr6[x==1]: [[ 5  6  7  8  9]
             [20 21 22 23 24]]
```

解析：布尔型索引取出了布尔值为 True 的行，这里需要注意，布尔型数组的长度必须与原索引数组的行数相同。

布尔型索引可以与切片结合使用。

```
print('arr6[x==1, 3:]: {}'.format(arr6[x==1, 3:]))
```

运行结果如下：

```
arr6[x==1, 3:]: [[ 8  9]
                 [23 24]]
```

布尔型索引不仅可以设置正向条件，还可以设置反向条件。

- ！=表示不等于。
- ~表示对于条件的否定。
- logical_not 函数用于设置反向条件。

如例 12-21 所示，为三种反向条件设置的例子。

例 12-21　布尔型反向索引（源代码位置：chapter12/12.1 Numpy 科学计算库.py）。

案例代码如下：

```
print('arr6[x!=1]: {}'.format(arr6[x!=1]))
print('arr6[~(x==1)]: {}'.format(arr6[~(x==1)]))
print('arr6[np.logical_not(x==1)]: {}'.format(arr6[np.logical_not(x==1)]))
```

运行结果如下：

```
arr6[x!=1]: [[ 0  1  2  3  4]
             [10 11 12 13 14]
             [15 16 17 18 19]]
arr6[~(x==1)]: [[ 0  1  2  3  4]
                [10 11 12 13 14]
                [15 16 17 18 19]]
arr6[np.logical_not(x==1)]: [[ 0  1  2  3  4]
                             [10 11 12 13 14]
                             [15 16 17 18 19]]
```

布尔运算符‘&’、‘|’可用于设置多个布尔条件，多条件选择所需要的数组。

例 12-22　布尔型与或索引（源代码位置：chapter12/12.1 Numpy 科学计算库.py）。

案例代码如下：

```
print('arr6[(x==1) | (x==0)]: {}'.format(arr6[(x==1) | (x==0)]))
```

运行结果如下：

```
arr6[(x==1) | (x==0)]: [[ 0   1   2   3   4]
                        [ 5   6   7   8   9]
                        [20 21 22 23 24]]
```

解析：这样就索引到了 x=1 及 x=0 所对应的数组。

使用布尔型索引，可以将数组中满足条件的所有元素都筛选出来并修改其数值。如果希望将数组中大于 10 的所有数据都修改为 10，可以使用例 12-23 所示的方法。

例 12-23　布尔型筛选索引（源代码位置：chapter12/12.1 Numpy 科学计算库.py）。

案例代码如下：

```
arr6[arr6>10] = 10
print('arr6: {}'.format(arr6))
```

运行结果如下：

```
arr6: [[ 0   1   2   3   4]
       [ 5   6   7   8   9]
       [10 10 10 10 10]
       [10 10 10 10 10]
       [10 10 10 10 10]]
```

12.1.4　数学与统计函数调用

Numpy 中定义了多个数学统计函数，可以对整个数组或某个轴向的数据进行统计计算。包括数组中数据的描述性统计计算、数组变形运算、数据处理等。

1. 统计运算

Numpy 提供一些数学函数，可以直接对整个数组或者某个轴向上的数据进行数学统计计算。比如求和公式（sum）、求平均值（mean）、方差（var）、标准差（std）、最大值（max）、最小值（min）、累计和（cumsum）与积（cumprod）、最大最小元素的索引（argmax、argmin）等。

例 12-24　Numpy 统计运算（源代码位置：chapter12/12.1 Numpy 科学计算库.py）。

案例代码如下：

```
arr6 = np.arange(25).reshape(5,5)  #生成一个 0~24 的 5*5 数组
print('arr6.sum( ): {}'.format(arr6.sum( )))  #对所有元素求和
print('arr6.mean( ): {}'.format(arr6.mean( )))  #求所有元素的均值
print('arr6.std( ): {}'.format(arr6.std( )))  #求所有元素的标准差
print('arr6.var( ): {}'.format(arr6.var( )))  #求所有元素的方差
```

```
print('arr6.max( ): {}'.format(arr6.max( )))   #求元素中的最大值
print('arr6.min( ): {}'.format(arr6.min( )))   #求元素中的最小值
print('arr6.cumsum( ): {}'.format(arr6.cumsum( )))   #求所有元素的累计和
print('arr6.cumprod( ): {}'.format(arr6.cumprod( )))   #求所有元素的累计积
print('arr6.argmin( ): {}'.format(arr6.argmin( )))   #求最小元素的索引
print('arr6.argmax( ): {}'.format(arr6.argmax( )))   #求最大元素的索引
```

运行结果如下：

```
arr6.sum( ): 300
arr6.mean( ): 12.0
arr6.std( ): 7.21110255093
arr6.var( ): 52.0
arr6.max( ): 24
arr6.min( ): 0
arr6.cumsum( ): [   0    1    3    6   10   15   21   28   36   45   55   66   78   91 105 120 136 153
                  171 190 210 231 253 276 300]
arr6.cumprod( ): [0 0 0 0 0 0 0 0 0 0 0 0 0 0 0 0 0 0 0 0 0 0 0 0 0]
arr6.argmin( ): 0
arr6.argmax( ): 24
```

2. 矩阵运算

Numpy 中的二维数组可以被看作是矩阵，矩阵运算对应的是元素量级，Numpy 中定义了一些矩阵运算的相关函数，比如矩阵的转置函数（.T）、矩阵的点乘（.dot）、矩阵的迹（trace）等。可以快速地对整个矩阵数据进行操作。

（1）矩阵的转置

转置是将矩阵中的元素行列对调，得到一个新的矩阵。Numpy 中使用 arr.T 函数返回矩阵的转置矩阵。

例 12-25　矩阵的转置（源代码位置：chapter12/12.1 Numpy 科学计算库.py）。

案例代码如下：

```
arr7 = np.array([[1,2,3],[4,5,6],[7,8,9]])
print('arr7: {}'.format(arr7))
print('arr7.T: {}'.format(arr7.T))
```

运行结果如下：

```
arr7: [[1 2 3]
       [4 5 6]
       [7 8 9]]
arr7.T: [[1 4 7]
         [2 5 8]
         [3 6 9]]
```

（2）矩阵的逆

逆矩阵使用 np.linalg.inv 函数来获得。

例 12-26　矩阵的逆（源代码位置：chapter12/12.1 Numpy 科学计算库.py）。

案例代码如下：

```
print('arr7: {}'.format(np.linalg.inv(arr7)))
```

运行结果如下：

```
arr7: [[ -4.50359963e+15    9.00719925e+15   -4.50359963e+15]
       [  9.00719925e+15   -1.80143985e+16    9.00719925e+15]
       [ -4.50359963e+15    9.00719925e+15   -4.50359963e+15]]
```

（3）矩阵的加减法

两矩阵相加减，直接使用加减号即可，但要保证两个矩阵的结构相同，对应元素才可以进行对应运算。

例 12-27　矩阵的加减法（源代码位置：chapter12/12.1 Numpy 科学计算库.py）。

案例代码如下：

```
arr8=np.array([[4, 5, 6], [7, 8, 9], [1, 2, 4]])
print('arr7+arr8: {}'.format(arr7+arr8))
print('arr7-arr8: {}'.format(arr7-arr8))
```

运行结果如下：

```
arr7+arr8: [[ 5   7   9]
            [11 13 15]
            [ 8 10 13]]
arr7-arr8: [[-3 -3 -3]
            [-3 -3 -3]
            [ 6   6   5]]
```

（4）矩阵的乘法和矩阵的点乘

矩阵的乘法和矩阵的点乘不同，矩阵的点乘是两个结构相同的矩阵对应元素相乘，从而得到一个新的矩阵；而矩阵的乘法是将第一个矩阵的第 m 行元素与第二个矩阵的第 n 列元素对应相乘并求和，得到结果矩阵中（m, n）点对应的元素。矩阵的点乘直接对两个矩阵使用乘号连接即可；而矩阵的乘法对于第一个矩阵使用 .dot 函数，传入第二个矩阵的转置矩阵作为函数的参数。

例 12-28　矩阵的乘法和矩阵的点乘（源代码位置：chapter12/12.1 Numpy 科学计算库.py）。

案例代码如下：

```
print('矩阵 arr7 点乘 arr8: {}'.format(arr7*arr8))
print('arr7 乘 arr8: {}'.format(arr7.dot(arr8.T)))
```

运行结果如下：

```
矩阵 arr7 点乘 arr8: [[ 4 10 18]
                      [28 40 54]
```

```
                   [ 7 16 36]]
arr7 乘 arr8: [[ 32   50   17]
              [ 77 122   38]
              [122 194   59]]
```

（5）矩阵的迹

在线性代数中，矩阵的迹为矩阵主对角线上各元素的总和。Numpy 中使用函数 np.trace 来获得矩阵的迹。

例 12-29　矩阵的迹（源代码位置：chapter12/12.1 Numpy 科学计算库.py）。

案例代码如下：

```
print('arr7 的迹: {}'.format(np.trace(arr7)))
```

运行结果如下：

```
arr7 的迹: 15
```

（6）特征值、特征向量

如果一个矩阵 A 是 n 阶方阵，存在常数 m 和非零 n 维向量 x，使得 Ax=mx，那么称 m 是矩阵 A 的一个特征值，向量 x 为特征值 m 对应的特征向量。

例 12-30　矩阵的特征值和特征向量（源代码位置：chapter12/12.1 Numpy 科学计算库.py）。

案例代码如下：

```
eigvalue,eigvector = np.linalg.eig(arr7)
print('特征值为：  {}，'.format(eigvalue))
print('特征向量为：  {}'.format(eigvector))
```

运行结果如下：

```
特征值为：  [  1.61168440e+01  -1.11684397e+00  -1.30367773e-15]，
特征向量为：  [[-0.23197069 -0.78583024   0.40824829]
              [-0.52532209 -0.08675134 -0.81649658]
              [-0.8186735    0.61232756   0.40824829]]
```

3. 数据处理

Numpy 数组中的数据呈现有时候可能有别于项目研究的目标，需进行数据处理。Numpy 提供了一些对 ndarray 进行直接处理的函数。

（1）排序

使用 Numpy 中的 sort 函数可对数组做排序处理，当函数中的参数 axis=0 时，每一列上的元素按照行的方向排序，axis=1 时，每一行上的元素按照列的方向排序。

例 12-31　矩阵的排序。

案例代码如下：

```
arr9 = np.array([[2,4,3],[5,4,2],[9,0,3]])
print('排序前 arr9: {}'.format(arr9))
arr9_sort = np.sort(arr9,axis=1)
print('排序后 arr9: {}'.format(arr9))
print('按行排序后 arr9_sort：{}'.format(arr9_sort))
arr10 = np.array([[2,4,3],[5,4,2],[9,0,3]])
print('排序前 arr10：{}'.format(arr10))
arr10_sort = np.sort(arr10,axis=0)
print('排序后 arr10：{}'.format(arr10))
print('按列排序后 arr10_sort：{}'.format(arr10_sort))
```

运行结果如下：

```
排序前 arr9: [[2 4 3]
 [5 4 2]
 [9 0 3]]
排序后 arr9: [[2 4 3]
 [5 4 2]
 [9 0 3]]
按行排序后 arr9_sort：[[2 3 4]
 [2 4 5]
 [0 3 9]]
排序前 arr10：[[2 4 3]
 [5 4 2]
 [9 0 3]]
排序后 arr10：[[2 4 3]
 [5 4 2]
 [9 0 3]]
按列排序后 arr10_sort：[[2 0 2]
 [5 4 3]
 [9 4 3]]
```

解析：np.sort 函数返回的是已排序的副本，对原数组已做修改。

（2）去重

Numpy 中提供了对一维数组去重的函数 unique，该函数的返回值为数组中按照从小到大的顺序排列的非重复元素的元组或列表。

例 12-32 矩阵的元素去重（源代码位置：chapter12/12.1 Numpy 科学计算库.py）。

案例代码如下：

```
arr11 = np.array([3,2,1,4,3,1,2,4,2,3])
print('去重后的元素：{}'.format(np.unique(arr11)))
```

运行结果如下：

```
去重后的元素：[1 2 3 4]
```

12.1.5 文件读入和读出

在数据挖掘中，通常需要调用以文件形式储存的数据，同时也可能需要把数据写入文件中。Numpy 提供了文件写入和读取的函数 savetxt 和 loadtxt 以实现这两个功能。

（1）写入文件操作

例 12-33 Numpy 写入文件。

创建一个 3*3 矩阵，并将其保存到文件中，使用 np.savetxt 函数储存文件。（源代码位置：chapter12/12.1 Numpy 科学计算库.py）。

案例代码如下：

```
arr12 = np.arange(9).reshape(3,3)
np.savetxt('arr12.txt',arr12)
```

解析：‘arr12.txt’为存储文件的路径，在这个例子中文件保存在当前目录下。arr12 是待保存的数组。这样在代码文件的同目录下，就生成了一个储存有 arr12 的 txt 文件。

（2）读取数据文件

例 12-34 Numpy 读取数据文件。（源代码位置：chapter12/12.1 Numpy 科学计算库.py）。

案例代码如下：

```
a = np.loadtxt('arr12.txt')
print('文件内容: {}'.format(a))
```

运行结果如下：

```
文件内容: [[ 0.    1.    2.]
           [ 3.    4.    5.]
           [ 6.    7.    8.]]
```

解析：如果数据文件是以逗号分隔的 csv 文件，则在 loadtxt 函数中，设置参数 delimiter =‘,’即可。

12.2 Pandas 数据分析库

Pandas 是另一个用于处理高级数据结构和数据分析的 Python 库。Pandas 是基于 Numpy 构建的一种工具，纳入了大量模块和库一些标准的数据模型，提高了 Python 处理大数据的性能。

Pandas 有以下一些特点：

- Dataframe 是一种高效快速的数据结构对象，Pandas 支持 Dataframe 格式，从而可以自定义索引；
- 可以将不同格式的数据文件加载到内存中；
- 未对齐及索引方式不同的数据可按轴自动对齐；
- 可处理时间序列或非时间序列数据；
- 可基于标签来切片索引，获得大数据集子集；
- 可进行高性能数据分组、聚合、添加、删除；
- 灵活处理数据缺失、重组、空格。

Pandas 广泛应用于金融、经济、数据分析、统计等商业领域，为各领域数据从业者提供了便捷。

Pandas 的安装和 Numpy 类似，如果已安装 Anancoda，可直接将其导入，若未安装 Anancoda，在命令窗口输入以下命令进行安装：

```
pip install pandas
```

Pandas 导入时，通常以 pd 作为其别名，如下所示：

```
import pandas as pd
```

12.2.1 Pandas 数据结构

Pandas 中被广泛使用的数据结构主要有 Series 和 DataFrame，两者为 Python 进行数据存储和分析提供了基础。

1. Series

Series 类似于一维数组，可由一组数据产生。Series 数组由数据与其索引标签组成，索引在左侧，值在右侧。创建 Series 可以使用 Series 函数。

（1）创建 Series 数组

例 12-35 创建 Series 数组（源代码位置：chapter12/12.2 Pandas 数据分析库.py）。

案例代码如下：

```
s1 = pd.Series([1,2,3,4,5])
print('s1: {}'.format(s1))
```

运行结果如下：

```
s1: 0    1
    1    2
    2    3
    3    4
    4    5
```

解析：左边的列表示索引，右边的列表示值，由于没有对数据指定索引，默认会创建一个从 0 到数据长度值减 1 的整数型索引。如果希望更改索引对象，可在数组创建时设置 index 参数。

例 12-36 创建 Seires 数组并设置 index 参数（源代码位置：chapter12/12.2 Pandas 数据分析库.py）。

案例代码如下：

```
s2 = pd.Series([1,2,3,4,5],index=['第一','第二','第三','第四','第五'])
print('s2: {}'.format(s2))
```

运行结果如下：

```
s2: 第一    1
    第二    2
    第三    3
    第四    4
    第五    5
```

（2）Series 的索引和切片

通过 Series 的 values 和 index 属性可获取 Series 中的索引和数值。

例 12-37　查看 Series 数组中的索引和数值（源代码位置：chapter12/12.2 Pandas 数据分析库.py）。

案例代码如下：

```
print('s2 索引: {}'.format(s2.index))
print('s2 值: {}'.format(s2.values))
```

运行结果如下：

```
s2 索引: index(['第一', '第二', '第三', '第四', '第五'], dtype='object')
s2 值: [1 2 3 4 5]
```

每一个数组都有与之相对应的索引，所以在 Series 中，可以通过索引的方式选取或修改 Series 的数值。

注意：index 对象是不可以修改的，尝试修改会报错，这样才可以保障 index 对象可以安全地在多个数据结构中共享。

例 12-38　Series 的索引（源代码位置：chapter12/12.2 Pandas 数据分析库.py）。

案例代码如下：

```
print('s2 中 第二 对应的数值:  {}'.format(s2['第二']))
s2['第二'] = 10
print('s2 中 第二 对应的数值:  {}'.format(s2['第二']))
```

运行结果如下：

```
s2 中 第二 对应的数值:  2
s2 中 第二 对应的数值:  10
```

除了单个数值索引之外，Series 还可索引多个数值。

```
print('s2 中 第二第四第五 对应的数值:  {}'.format(s2[['第二','第四','第五']]))
```

运行结果如下：

```
s2 中 第二第四第五 对应的数值：第二    10
                              第四     4
                              第五     5
```

对于连续索引可使用冒号设置。

```
print('s2 中 第二到第五 对应的数值:  {}'.format(s2['第二':'第五']))
```

运行结果如下：

```
s2 中 第二到第五 对应的数值:  第二    10
                           第三     3
                           第四     4
                           第五     5
```

解析：这里的切片与 Python 切片稍有不同，Series 切片末端元素是包含在内的，所以，索引‘第五’对应的数组会被输出。

（3）字典类型数据创建 Series

Python 中的字典格式数据可直接用来创建 Series，使用 pd.Series 函数即可将字典类型转化为 Series 对象。

例 12-39 将字典类型转化为 Series 对象（源代码位置：chapter12/12.2 Pandas 数据分析库.py）。

案例代码如下：

```
s_dic = {'First':1, 'Second':2, 'Third':3, 'Fourth':4, 'Fifth':5}
s3 = pd.Series(s_dic)
print('s3: {}'.format(s3))
```

运行结果如下：

```
s3: Fifth     5
    First     1
    Fourth    4
    Second    2
    Third     3
```

Series 中的索引与数值形成了一一对应的映射关系，直接使用字典类型数据即可创建 Series，字典中的 key 值作为 Series 的索引，value 值作为数据值。Series 数组的排列按照索引首字符顺次排序，如果希望按照指定顺序排序，可在 Series 创建时传入一个 index 序列，指定索引数据对的顺序。

例 12-40 按照指定顺序将字典类型转换为 Series（源代码位置：chapter12/12.2 Pandas 数据分析库.py）。

案例代码如下：

```
s_dic = {'First':1, 'Second':2, 'Third':3, 'Fourth':4, 'Fifth':5}
s4 = pd.Series(s_dic,index=['First','Second','Third','Fourth','Fifth'])
print('s4: {}'.format(s4))
```

运行结果如下：

```
s4: First     1
    Second    2
    Third     3
    Fourth    4
    Fifth     5
```

可用于字典中的某些函数，比如 in、not in，也可用于 Series 数组的索引中。

例 12-41 查看某些元素是否在 Series 数组中（源代码位置：chapter12/12.2 Pandas 数据分析库.py）。

案例代码如下：

```
print('s4 中含有 sixth: {}'.format('sixth' in s4))
print('s4 中不含有 sixth: {}'.format('sixth' not in s4))
```

运行结果如下：

```
s4 中含有 sixth: False
s4 中不含有 sixth: True
```

如果传入的 index 参数中含有原字典中不含有的索引标签，那么索引参数与数据字典 value 值无法匹配成功。未匹配成功的 index 对应的数值位置就记录为空，用 NaN 来表示，代表缺失值。可用 isnull 和 notnull 函数判断是否存在缺失值。

例 12-42 查看是否存在缺失值（源代码位置：chapter12/12.2 Pandas 数据分析库.py）。

案例代码如下：

```
s_dic = {'First':1, 'Second':2, 'Third':3, 'Fourth':4, 'Fifth':5}
s5 = pd.Series(s_dic,index=['First','Second','Third','Fourth','Tenth'])
print('s5: {}'.format(s5))
```

运行结果如下：

```
s5: First     1.0
    Second    2.0
    Third     3.0
    Fourth    4.0
    Tenth     NaN
```

解析：'Tenth'在原字典中不存在相对应的键值对，所以生成 Series 时，索引'Tenth'对应的值就为空。

```
print('数据缺失：{}'.format(s5.isnull()))
print('数据不缺失：{}'.format(s5.notnull()))
```

运行结果如下：

```
数据缺失：First     False
         Second    False
         Third     False
         Fourth    False
         Tenth     True
数据不缺失：First     True
           Second    True
           Third     True
           Fourth    True
           Tenth     False
```

（4）Series 的算术运算

不同 Series 数组间可做算术运算，在算数运算中，不同索引对应的数据会自动对齐。

例 12-43 Series 数组运算数据自动对齐（源代码位置：chapter12/12.2 Pandas 数据分析

库.py）。

案例代码如下：

```
print('s4+s5: {}'.format(s4+s5))
```

运行结果如下：

```
s4+s5: Fifth       NaN
       First       2.0
       Fourth      8.0
       Second      4.0
       Tenth       NaN
       Third       6.0
```

解析：相应索引对应的数值实现了加法运算，s3 中不含有的 Tenth 与 s5 中不含有的 Fifth 分别做 NaN 缺失处理。数据对齐功能在 Series 数组中是很常用的，在之后的数据处理相关内容中还会有所涉及。

2. DataFrame 数据结构

DataFrame 是 Pandas 中的另外一种数据结构。与 Series 数组结构不同的是，DataFrame 是二维表格型数据结构，既含有行索引又含有列索引。每一列的元素可能是不同类型的数据，例如字符串、整型数据、布尔型数据等。

（1）DataFrame 的构建

DataFrame 的创建与 Series 类似，可直接使用函数 pd.DataFrame 传入一个列表或字典，从而生成 DataFrame 类型的数组。

例 12-44 创建 DataFrame（源代码位置：chapter12/12.2 Pandas 数据分析库.py）。

案例代码如下：

```
df_dic = {'color':['red','yellow','blue','purple','pink'],
          'size':['medium','small','big','medium','small'],
          'taste':['sweet','sour','salty','sweet','spicy']}
df = pd.DataFrame(df_dic)
print('df: {}'.format(df))
```

运行结果如下：

```
df:  color    size    taste
0    red     medium   sweet
1    yellow  small    sour
2    blue    big      salty
3    purple  medium   sweet
4    pink    small    spicy
```

解析：每一组数据都自动添加了索引，序列按照列名称首字母顺序排列，如果希望设置列排序，可以在 pd.DataFrame 函数中传入 columns 参数。

例 12-45 指定 DataFrame 中的 columns（源代码位置：chapter12/12.2 Pandas 数据分析

库.py）。

案例代码如下：

```
df_dic = {'color':['red','yellow','blue','purple','pink'],
          'size':['medium','small','big','medium','small'],
          'taste':['sweet','sour','salty','sweet','spicy']}
df1= pd.DataFrame(df_dic, columns=['taste','color','size'])
print('df1: {}'.format(df1))
```

运行结果如下：

```
df1:   taste   color    size
  0   sweet     red   medium
  1    sour  yellow    small
  2   salty    blue      big
  3   sweet  purple   medium
  4   spicy    pink    small
```

如果传入的 colums 中含有与原字典数据 key 值不匹配的列名称时，该列将会被记作 NaN 列。

```
df_dic = {'color':['red','yellow','blue','purple','pink'],
          'size':['medium','small','big','medium','small'],
          'taste':['sweet','sour','salty','sweet','spicy']}
df2 = pd.DataFrame(df_dic, columns=['taste','color','size','category'])
print('df2: {}'.format(df2))
```

运行结果如下：

```
df2:    taste   color    size    category
   0   sweet     red   medium      NaN
   1    sour  yellow    small      NaN
   2   salty    blue      big      NaN
   3   sweet  purple   medium      NaN
   4   spicy    pink    small      NaN
```

DataFrame 的表头可设置列名称的标题和行索引名称的标题，需使用 name 函数设置。

例 12-46　设置 DataFrame 的表头（源代码位置：chapter12/12.2 Pandas 数据分析库.py）。

案例代码如下：

```
df2.index.name = 'sample'
df2.columns.name = 'feature'
print('df2: {}'.format(df2))
```

运行结果如下：

```
df2: feature   taste   color    size    category
  sample
     0        sweet     red   medium      NaN
```

```
        1       sour    yellow    small       NaN
        2       salty   blue      big         NaN
        3       sweet   purple    medium      NaN
        4       spicy   pink      small       NaN
```

使用 values 函数可以获得 DataFrame 中的所有数据，以二维数组的形式返回。

例 12-47 获取 DataFrame 的所有数据（源代码位置：chapter12/12.2 Pandas 数据分析库.py）。

案例代码如下：

```
print('df2 的 values 值为： {}'.format(df2.values))
```

运行结果如下：

```
df2 的 values 值为： [['sweet' 'red' 'medium' 2.0 'China']
                     ['sour' 'yellow' 'small' nan 'UK']
                     ['salty' 'blue' 'big' 3.0 'USA']
                     ['sweet' 'purple' 'medium' nan 'Australia']
                     ['spicy' 'pink' 'small' 4.0 'Japan']]
```

（2）DataFrame 的索引

获取 DataFrame 中的列，可采用例 12-48 中的两种方式。

例 12-48 DataFrame 的列索引（源代码位置：chapter12/12.2 Pandas 数据分析库.py）。

案例代码如下：

```
print('df2 中的 color 列： {}'.format(df2['color']))
print('df2 中的 color 列： {}'.format(df2.color))
```

两行代码的运行结果都为：

```
df2 中的 color 列：  0      red
                     1      yellow
                     2      blue
                     3      purple
                     4      pink
Name: color, dtype: object
```

对于行方向上的索引，如果希望获取某一行，可以使用行索引字段 ix。

例 12-49 DataFrame 的行索引（源代码位置：chapter12/12.2 Pandas 数据分析库.py）。

案例代码如下：

```
print('df2 中行序号为 3： {}'.format(df2.ix[3]))
```

运行结果如下：

```
df2 中行序号为 3：  taste        sweet
                    color        purple
```

```
                size          medium
                category      NaN
Name: 3, dtype: object
```

通过 DataFrame 数据的索引，可对特定数组进行修改。对于 category 列的修改可使用以下方法。

例 12-50　DataFrame 列元素填补（源代码位置：chapter12/12.2 Pandas 数据分析库.py）。

案例代码如下：

```
df2['category'] = np.arange(5)
print('df2: {}'.format(df2))
```

运行结果如下：

```
df2:    taste   color   size     category
     0  sweet   red     medium   0
     1  sour    yellow  small    1
     2  salty   blue    big      2
     3  sweet   purple  medium   3
     4  spicy   pink    small    4
```

如果只希望填充其中的部分数值，可精确匹配 DataFrame 中缺失值的索引，然后填补缺失值。

例 12-51　填补部分缺失值（源代码位置：chapter12/12.2 Pandas 数据分析库.py）。

案例代码如下：

```
df2['category'] = pd.Series([2,3,4],index=[0,2,4])
print('df2: {}'.format(df2))
```

运行结果如下：

```
df2:    taste   color   size     category
     0  sweet   red     medium   2.0
     1  sour    yellow  small    NaN
     2  salty   blue    big      3.0
     3  sweet   purple  medium   NaN
     4  spicy   pink    small    4.0
```

如果为不存在的列赋值将会创建一个新的列。

例 12-52　索引创建新列（源代码位置：chapter12/12.2 Pandas 数据分析库.py）。

案例代码如下：

```
df2['country'] = pd.Series(['China','UK','USA','Australia','Japan'])
print('df2: {}'.format(df2))
```

运行结果如下：

```
df2:    taste   color    size      category   country
     0   sweet   red      medium     2.0        China
     1   sour    yellow   small      NaN        UK
     2   salty   blue     big        3.0        USA
     3   sweet   purple   medium     NaN        Australia
     4   spicy   pink     small      4.0        Japan
```

DataFrame 中可使用布尔型数组选取行：

```
print('df2 中 category 小于等于 3 的样本数据： {}'.format( df2[ df2['category']<=3 ] ) )
```

运行结果如下：

```
df2 中 category 小于等于 3 的样本数据：  taste   color   size     category  country
                                    0   sweet   red     medium   2.0       China
                                    2   salty   blue    big      3.0       USA
```

解析：根据 category 列中小于等于 3 的数据，选取了满足要求的行数据。

12.2.2 数学与统计计算

Pandas 是一个高性能的数据计算库，其中包含一些高效处理数学及统计运算的函数，可以为数据分析提供运算支持。

Pandas 提供了对 Series 和 DataFrame 进行汇总统计的函数，比如求和、求平均数、求分位数等。

例 12-53 DataFrame 数学统计运算（源代码位置：chapter12/12.2 Pandas 数据分析库.py）。

首先生成一个 DataFrame：

```
df = pd.DataFrame([[3,2,3,1],[2,5,3,6],[3,4,5,2],[9,5,3,1]],
                  index=['a','b','c','d'],columns=['one','two','three','four'])
print('df: {}'.format(df))
```

运行结果如下：

```
df:   one  two  three  four
  a    3    2     3     1
  b    2    5     3     6
  c    3    4     5     2
  d    9    5     3     1
```

使用 DataFrame 中的 sum 函数将会返回一个按列或按行求和的 Series。

```
print('df.sum 按列求和: {}'.format(df.sum( )))
print('df.sum 按行求和: {}'.format(df.sum(axis = 1)))
```

运行结果如下：

```
df.sum 按列求和:  one      17
                  two      16
                  three    14
                  four     10
df.sum 按行求和:  a     9
                  b    16
                  c    14
                  d    18
```

解析：如果数据中存在缺失值，计算时会自动跳过缺失值。

consum 函数用于计算累计求和值，按照指定顺序依次求和。

```
print('df.sum 从上到下累计求和: {}'.format(df.cumsum( )))
print('df.sum 从左到右累计求和: {}'.format(df.cumsum(axis = 1)))
```

运行结果如下：

```
df.sum 从上到下累计求和:     one  two  three  four
                          a    3    2      3     1
                          b    5    7      6     7
                          c    8   11     11     9
                          d   17   16     14    10
df.sum 从左到右累计求和:     one  two  three  four
                          a    3    5      8     9
                          b    2    7     10    16
                          c    3    7     12    14
                          d    9   14     17    18
```

Pandas 中还定义了其他 DataFrame 的统计指标，如表 12-3 列出了常用的 DataFrame 数据统计函数。

表 12-3　DataFrame 数据统计函数

统 计 函 数	解　释
mean	均值
median	中位数
count	非缺失值数量
min、max	最大最小值
describe	汇总统计
var	方差
std	标准差
skew	偏度
kurt	峰度
diff	一阶差分
cumin、cummax	累计最大值、累计最小值

（续）

统 计 函 数	解　　释
cumsum、cumprod	累计和、累计积
cov、corr	协方差、相关系数

12.2.3 DataFrame 的文件操作

DataFrame 数据结构可极大地简化数据操作和分析。Pandas 提供了多种读取文件函数和写入文件函数，可将原始数据文件转换成 DataFrame 类型的数据结构。

1. 读取文件

Pandas 常用的读取数据文件函数如表 12-4 所示。

表 12-4　Pandas 中常用读取数据文件函数

读取数据文件函数	解　　释
pd.read_csv(filename)	从 csv 文件导入数据，默认分隔符为‘，’
pd.read_table(filename)	从文本文件中导入数据，默认分隔符为制表符
pd.read_excel(filename)	从 Excel 中导入数据
pd.read_sql(query, connection_object)	从 SQL 表/库中导入数据
pd.read_json(json_string)	从 json 文件中导入数据
pd.read_html(url)	解析 URL、字符串或者 HTML 文件，提取数据表格
pd.DataFrame(dict)	从字典对象中导入数据

例 12-54　Pandas 读取 csv 格式的文件（源代码位置：chapter12/12.2 Pandas 数据分析库.py）。

案例代码如下：

```
pd.read_csv('df.csv',encoding='utf-8')
```

解析：第一个参数为原数据文件的存储路径，这里数据文件存储在当前目录下，encoding 参数用于设置编码方式，这里设置为 utf-8。

2. 写入文件

处理好的 DataFrame 可写入文件方便查阅，Pandas 提供了数据写入文件和数据库的方法。

Python 常用的写入文件函数如表 12-5 所示。

表 12-5　Pandas 中常用写入文件函数

写入文件函数	解　　释
df.to_csv(filename)	导出数据至 csv 文件

（续）

写入文件函数	解　　释
df.to_excel(filename)	导出数据至 Excel 文件
df.to_sql(table_name, connection_object)	导出数据至 SQL 表
df.to_json(filename)	导出数据为 json 格式
df.to_html(filename)	导出数据为 html 文件
df.to_clipboard(filename)	导出数据到剪贴板中

例 12-55　Pandas 写入 csv 格式的文件（源代码位置：chapter12/12.2 Pandas 数据分析库.py）。

案例代码如下：

```
df.to_csv('df.csv',sep=',',header=True,index=True, encoding='utf-8')
```

第一个参数为写入文件路径，这里表示写入当前目录，sep 参数用于设置写入文件的分隔符，header 参数表示写入文件时是否写入标题行，默认值为 True，index 参数表示是否写入行索引，默认值为 True。

12.2.4　数据处理

在做数据分析时，读取的数据有时不符合数据分析的要求，可能会存在一些缺失值、重复值等，Pandas 提供了对 Series 数组和 DataFrame 进行数据预处理（数据清洗）的方法。

1. 缺失值处理

数据缺失在原始数据中是非常常见的，缺失值在数据中的表现主要有三种：

1）不存在型空值，也就是无法获取的值。比如未婚人士的配偶姓名。

2）存在型空值，样本的该特征是存在的，但是暂时无法获取数据，之后该信息一旦被确定，就可以补充数据，使信息趋于完全。

3）占位型空值，无法确定是不存在型空值还是存在型空值，得随着时间的推移来确定，是三种类型中最不确定的一种。

因此，缺失值产生的原因一方面可能因为数据暂时无法获取，另一方面可能是数据采集记录时遗漏造成的。面对数据缺失，首先需要识别缺失数据的位置，然后根据实际情况处理缺失值。

（1）查找缺失值

Pandas 中可使用 isnull 函数来判断是否存在缺失值。DataFrame 中的缺失值一般记作：numpy.nan，表示数据空缺。

例 12-56　查找 DataFrame 中的缺失值（源代码位置：chapter12/12.2 Pandas 数据分析库.py）。

案例代码如下：

```
#创建一个 DataFrame 数组
```

```
df4 = pd.DataFrame([[3,np.nan,3,1],[2,5,np.nan,6],[3,4,5,np.nan],[5,3,1,3]],
                   index=['a','b','c','d'],columns=['one','two','three','four'])
# 输出判断 df4 中每个位置是否为缺失值
print( df4.isnull() )
```

运行结果如下：

```
     one    two   three   four
a   False  True   False  False
b   False  False  True   False
c   False  False  False  True
d   False  False  False  False
```

解析：使用 DataFrame 中的 isnull 函数，会逐次遍历数组中的每一个元素，每个索引位置都返回一个布尔值表示其是否为缺失值，缺失值（np.nan）的位置返回 True，非缺失值的位置返回 False，构成一个由布尔值组成的 DataFrame 类型数据。

通过此布尔型返回值，结合 any 函数可以对原 DataFrame 进行切片，提取所有包含缺失值的数据。

```
# 输出含有缺失值的行
print(df4[df4.isnull( ).any(axis=1)])
```

解析：使用 any 函数，只要传入的数据中包含 True，那么就返回 True，这里设置 axis 参数为 1，所以按列的方向对每一行进行判断，返回包含缺失值的行数据，运行结果如下：

```
   one  two  three  four
a   3   NaN   3.0   1.0
b   2   5.0   NaN   6.0
c   3   4.0   5.0   NaN
d   5   3.0   1.0   NaN
```

对于缺失值的处理需要按照数据的特点进行选择，缺失值的常用处理方法有过滤和填充。

（2）过滤缺失值

dropna 函数用于过滤缺失值，可返回不含有缺失值的数据和索引。对于 Series 数组使用 dropna 函数进行过滤的实例如下所示。

例 12-57 过滤 Series 数组中的缺失值（源代码位置：chapter12/12.2 Pandas 数据分析库.py）。

案例代码如下：

```
# 创建一个 Series 数组
arr = pd.Series([1,2,3,np.nan,5,6])
print('arr: {}'.format(arr))
# 过滤缺失值
print('过滤缺失值：{}'.format(arr.dropna( )))
```

运行结果如下：

```
arr: 0      1.0
     1      2.0
     2      3.0
     3      NaN
     4      5.0
     5      6.0
过滤缺失值：0      1.0
            1      2.0
            2      3.0
            4      5.0
            5      6.0
```

使用 dropna 函数之后，arr 中的缺失数据被过滤，查看原数据：

```
print('过滤缺失值之后的 arr: {}'.format(arr))
```

运行结果如下：

```
过滤缺失值之后的 arr: 0      1.0
                      1      2.0
                      2      3.0
                      3      NaN
                      4      5.0
                      5      6.0
```

解析：原数据中的缺失值依然存在，所以 dropna 函数返回的是一个执行了删除操作之后的新 Series 数组，删除操作不改变原数据。如果希望同时修改原数据，可以做如下操作：

```
arr = arr.dropna( )
print('过滤缺失值之后的 arr: {}'.format(arr))
```

将删除缺失值之后的 Series 数组重新赋值于 arr 变量，或者：

```
arr.dropna(inplace=True)
print('过滤缺失值之后的 arr: {}'.format(arr))
```

解析：inplace 参数默认值为 False，若传入参数为 inplace=True，则会直接在原数据上进行删除操作。两种方法的运行结果是相同的，运行结果为：

```
过滤缺失值之后的 arr: 0      1.0
                      1      2.0
                      2      3.0
                      4      5.0
                      5      6.0
```

对于 DataFrame 的过滤，dropna 函数的使用方法与过滤 Series 数组类似，返回值默认为删除了含有缺失值 NaN 的所有行。

```
# 输出 df4 过滤缺失值之后的结果
```

```
print(df4.dropna( ))
```

运行结果如下：

```
     one   two   three   four
d     5     3.0     1.0     3.0
```

dropna 函数中传入 how = 'all'可以删除全为缺失值 NaN 的行或者列。

```
df4['fifth'] = np.NAN
print('df4: {}'.format(df4))
print('过滤缺失值之后：  {}'.format(df4.dropna(how = 'all',axis=1, inplace = True)))
```

运行结果如下：

```
df4:      one   two   three   four   fifth
    a      3   NaN     3.0    1.0     NaN
    b      2   5.0     NaN    6.0     NaN
    c      3   4.0     5.0    NaN     NaN
    d      5   3.0     1.0    3.0     NaN
过滤缺失值之后：        one   two   three   four
                  a      3   NaN    3.0    1.0
                  b      2   5.0    NaN    6.0
                  c      3   4.0    5.0    NaN
                  d      5   3.0    1.0    3.0
```

（3）填充缺失值

fillna 函数是处理缺失值最常用的方法，调用 fillna 函数，传入替换之后的数值，即可完成缺失值的替换。

例 12-58　用 0 填补缺失值（源代码位置：chapter12/12.2 Pandas 数据分析库.py）。

案例代码如下：

```
# 输出 df4
print(df4)
# 输出用 0 替换缺失值之后的 df4
print(df4.fillna(0))
```

运行结果如下：

```
   one   two   three   four
a    3   NaN    3.0    1.0
b    2   5.0    NaN    6.0
c    3   4.0    5.0    NaN
d    5   3.0    1.0    3.0
   one   two   three   four
a    3   0.0    3.0    1.0
b    2   5.0    0.0    6.0
c    3   4.0    5.0    0.0
d    5   3.0    1.0    3.0
```

解析：df4 中缺失值的位置都填充了数值 0。数据分析中常用的填充数值是数据当前列的中位数（median）或者均值（mean），分别使用 Pandas 中的 median 函数和 mean 函数。如例 12-59 所示。

例 12-59　中位数填补缺失值（源代码位置：chapter12/12.2 Pandas 数据分析库.py）。

案例代码如下：

```
# 输出用中位数替换缺失值之后的 df4
print(df4.fillna(df4.median()))
```

运行结果如下：

```
   one  two  three  four
a    3  4.0   3.0   1.0
b    2  5.0   3.0   6.0
c    3  4.0   5.0   3.0
d    5  3.0   1.0   3.0
```

Pandas 中还提供了向上向下填充缺失值的函数，分别为 ffill 函数和 bfill 函数。向上填充法使用缺失值位置的前一个数据替代缺失值，向下填充法使用缺失值的后一个数据替代缺失值。

例 12-60　向上填充缺失值（源代码位置：chapter12/12.2 Pandas 数据分析库.py）。

案例代码如下：

```
# 输出向上填充之后的 df4
print(df4.ffill())
```

运行结果如下：

```
   one  two  three  four
a    3  NaN   3.0   1.0
b    2  5.0   3.0   6.0
c    3  4.0   5.0   6.0
d    5  3.0   1.0   3.0
```

解析：df4 中的缺失值，例如 b 行 'three' 列对应数据被填充了数字 3，与其上方的数据相同，但是 'two' 列中的 a 索引对应的位置，该缺失值位于 'two' 列的第一个位置，其上方无值，所以使用向上填充缺失值的方法时无对应数值，该缺失值未被填充。

例 12-61　向下填充缺失值（源代码位置：chapter12/12.2 Pandas 数据分析库.py）。

案例代码如下：

```
# 输出向下填充之后的 df4
print(df4.bfill())
```

运行结果如下：

```
   one  two  three  four
```

```
a    3   5.0    3.0   1.0
b    2   5.0    5.0   6.0
c    3   4.0    5.0   3.0
d    5   3.0    1.0   3.0
```

解析：df4 中的每个缺失值都填入了与其下方数值相等的数据。例如 b 行 'three' 列处，在向下填充缺失值方法中填入的数字为 5，与向上填充法有所区别。

2. 重复值处理

DataFrame 中可能会存在重复的行或列，或者几行中存在重复的几列。数据的重复和冗余可能会影响数据分析的准确性。去除重复值是数据清洗过程中一个重要的环节。duplicated 函数可以用来查看是否存在重复值，而 drop_duplicates 函数可以用来删除重复值。

（1）查看 DataFrame 中的重复值

例 12-62 查看 DataFrame 中的重复值（源代码位置：chapter12/12.2 Pandas 数据分析库.py）。

案例代码如下：

```
#使用 Pandas 生成一个 6 行 4 列的 DataFrame，记作 df4
df4 = pd.DataFrame([[3,5,3,1],[2,5,5,6],[3,4,5,3],[5,3,1,3],[3,4,5,3],[3,4,6,8]],
                   index=['a','b','c','d','e','f'],columns=['one','two','three','four'])
# 查看是否存在重复行
print(df4[df4.duplicated( )])
# 查看是否存在前两列重复的行
print(df4[df4.duplicated(subset=['one','two'])])
```

解析：结合使用布尔型切片查看重复行。duplicated 函数中 subset 参数默认值为 None，表示考虑 DataFrame 中的所有列。如果 subset 如本例所示指定为某几列，则会针对这几列进行重复值查询。运行结果为：

```
    one  two  three  four
e    3    4     5     3
    one  two  three  four
e    3    4     5     3
f    3    4     6     8
```

解析：对 DataFrame 使用 duplicated 函数，返回数据表中的重复行，默认保留第一次出现重复值的行。subset 参数用于识别重复的列标签或列标签序列，默认为所有的列标签。可根据列筛选重复行。

（2）去除 DataFrame 中的重复值

使用 drop_duplicates 函数即可对数据进行去重。

例 12-63 删除重复值（源代码位置：chapter12/12.2 Pandas 数据分析库.py）。

案例代码如下：

```
# 删除重复列，保留第一次出现的重复行
print(df4.drop_duplicates(subset=['one','two'],keep='First'))
```

运行结果如下：

```
   one  two  three  four
a    3    5      3     1
b    2    5      5     6
c    3    4      5     3
d    5    3      1     3
```

解析：keep 参数值设置为 'First' 表示在去除重复值的过程中保留第一次出现的重复值，keep 参数还有另外的两个取值，分别为 'last' 和 'False'，表示保留最后一次出现的重复值和去除所有的重复值行。

3. 数据记录合并与分组

不同 DataFrame 中的数据有时需要放在一起分析，Pandas 中常用的数据合并方法有 append、concat、merge 等。

（1）使用 append 函数合并数据记录

对于两个列索引完全相同的 DataFrame，可以使用 append 函数对二者进行上下合并。

例 12-64　使用 append 函数连接两个 DataFrame。

案例代码如下：

```
df5 = pd.DataFrame([[3,3,2,4],[5,4,3,3]],
                   index=['g','h'],columns=['one','two','three','four'])
# 输出合并之后的 DataFrame
print(df4.append(df5))
```

运行结果如下：

```
   one  two  three  four
a    3    5      3     1
b    2    5      5     6
c    3    4      5     3
d    5    3      1     3
e    3    4      5     3
f    3    4      6     8
g    3    3      2     4
h    5    4      3     3
```

（2）使用 concat 函数合并数据记录

concat 函数也可用于对 DataFrame 的连接，可以指定两个 DataFrame 按某个轴进行连接，也可以指定二者连接的方式。axis 参数可以指定连接的轴向，axis 默认值为 0，表示列对齐，两表上下合并，与 append( )结果相同；axis=1 时，表示行对齐，两表左右合并。

例 12-65　使用 concat 函数连接两个 DataFrame。

案例代码如下：

```
# df4 和 df5 上下连接
print(pd.concat([df4,df5]))
```

```
# df4 和 df5 左右连接
print(pd.concat([df4,df5],axis=1))
```

运行结果如下：

```
   one  two  three  four
a    3    5      3     1
b    2    5      5     6

c    3    4      5     3
d    5    3      1     3
e    3    4      5     3
f    3    4      6     8
g    3    3      2     4
h    5    4      3     3
   one  two  three  four  one  two  three  four
a  3.0  5.0    3.0   1.0  NaN  NaN    NaN   NaN
b  2.0  5.0    5.0   6.0  NaN  NaN    NaN   NaN
c  3.0  4.0    5.0   3.0  NaN  NaN    NaN   NaN
d  5.0  3.0    1.0   3.0  NaN  NaN    NaN   NaN
e  3.0  4.0    5.0   3.0  NaN  NaN    NaN   NaN
f  3.0  4.0    6.0   8.0  NaN  NaN    NaN   NaN
g  NaN  NaN    NaN   NaN  3.0  3.0    2.0   4.0
h  NaN  NaN    NaN   NaN  5.0  4.0    3.0   3.0
```

解析：concat 函数上下连接时相同列索引的数据合并，左右连接时相同行索引的数据合并。

join 参数用来设置连接方式，join 的默认值为 'outer'，表示两数据集若存在不重合索引，则取并集，未匹配的位置处记录为缺失值 NaN。join='inner'表示对两数据集取交集，只返回两数据集都匹配成功的数据。

（3）使用 merge 函数合并数据记录

merge 函数可根据两个 DataFrame 共有的某个字段进行数据合并，类似于关系数据库的连接，通过一个或多个键将两个数据集的行连接在一起。合并之后的 DataFrame 行数没有增加，列数为两个 DataFrame 的总列数减去连接键的数量。

例 12-66 使用 merge 函数合并 DataFrame（源代码位置：chapter12/12.2 Pandas 数据分析库.py）。

案例代码如下：

```
# 创建两个数据集 df6、df7
df_dic = {'color':['red','yellow','blue','purple','pink'],
          'size':['medium','small','big','medium','small'],
          'taste':['sweet','sour','salty','sweet','spicy'],
        'category':[2,3,4,5,6]}
df6 = pd.DataFrame(df_dic, columns=['taste','color','size','category'])
print('df6:{}'.format(df6))
df_dic1 = {'country':['China','UK','USA','Australia','Japan'],
```

```
            'quality':['good','normal','excellent','good','bad'],
            'category':[2,3,5,6,7]}
df7 = pd.DataFrame(df_dic1,columns=['country','quality','category'])
print('df7:{}'.format(df7))
```

df6 和 df7 分别为：

```
df6:    taste   color    size    category
     0  sweet   red      medium    2
     1  sour    yellow   small     3
     2  salty   blue     big       4
     3  sweet   purple   medium    5
     4  spicy   pink     small     6
df7:     country    quality   category
     0   China      good       2
     1   UK         normal     3
     2   USA        excellent  5
     3   Australia  good       6
     4   Japan      bad        7
```

使用 merge 函数合并两个数据集：

```
# 输出合并之后的数据集
print(pd.merge(df6,df7,left_on='category',right_on='category',how='left'))
```

运行结果如下：

```
   taste   color   size    category  country    quality
0  sweet   red     medium   2        China      good
1  sour    yellow  small    3        UK         normal
2  salty   blue    big      4        NaN        NaN
3  sweet   purple  medium   5        USA        excellent
4  spicy   pink    small    6        Australia  good
```

解析：category 作为一个主键分别对 df6 和 df7 进行匹配，并将两个数据集合并。

left_on 参数表示主键在左侧 DataFrame 中的列名称，right_on 表示主键在右侧 DataFrame 中的列名称，两者名称可以不同。

how 参数表示 DataFrame 的连接方式，默认值为 'inner'，表示根据主键对两表匹配时，若未完全匹配，则保留匹配成功的部分，也就是两者的交集。how 参数的值还可能为 'left'、'right'、'outer'。how 参数设置为 'outer' 时，两个 DataFrame 中未匹配成功的部分全部保留，也就是取两者的并集；how='left'时对于未匹配的部分保留左边 DataFrame 中含有，但是右边 DataFrame 中不含有的部分，与之相反，how='right'时保留右边 DataFrame 中含有，但左边 DataFrame 中不含有的部分。

第 13 章
Python 数据可视化实战

数据可视化是通过图形图表的方式来呈现数据，高效清晰地表达数据中包含的信息和分布规律，有助于发现异常值、描述数据趋势以及挖掘相关模型等。特别是对于大型高维数据集，数据可视化的呈现可使最终结果变得更加清晰易懂。本章将介绍数据可视化常用的库（模块）Matplotlib、Pandas 和 Seaborn，让读者能够了解数据可视化的基本思路和方法。

13.1 Matplotlib 绘图

Matplotlib 是 Python 数据可视化中应用最广泛的绘图库之一，它是一个类似于 Matlab 的绘图库，提供了一整套与 Matlab 相似的命令 API，适合交互式绘图。Matplotlib 也可作为绘图控件嵌入到 GUI 应用程序中。Matplotlib 中的绘图函数位于 matplotlib.pyplot 模块中，可按以下方式引入该模块：

```
import matplotlib.pyplot as plt
```

13.1.1 绘制散点图

散点图可以直观醒目地反映数据的分布形态以及变量间的统计关系，matplotlib 库中的 scatter 函数可用于绘制散点图。

（1）绘制简单的散点图

例 13-1 使用 scatter 函数绘制简单的散点图（源代码位置：chapter13/13.1 matplotlib 绘图.py）。

案例代码如下：

```
from matplotlib import pyplot as plt
import numpy as np

x = np.random.randn(1000)
```

```
y = np.random.randn(1000)
plt.scatter(x,y)
plt.title('Scatter plot for 1000 random data from normal distribution')
plt.show()
```

解析：首先使用 numpy.random 模块中的 randn 函数生成两组数据，分别记作 x 和 y，每组数据包含 1000 个满足标准正态分布的随机数，组成 1000 对成对数据。然后使用 scatter 函数绘制散点图，观察数据的分布。

title 函数用于为图表添加标题，可通过修改 fontsize 和 fontweight 两个参数分别设置标题字体的格式，color 参数可用于设置标题字体的颜色，loc 参数可以调整标题的位置。

show 函数用于显示图表。

运行结果如图 13-1 所示。该图是一个最简单的散点图，将成对的正态分布随机数以蓝色圆点的形式绘制在了坐标系中。如图所示，(0,0)点周围的随机数分布较多，符合标准正态分布样本分布的特点，即均值处样本分布概率最大。

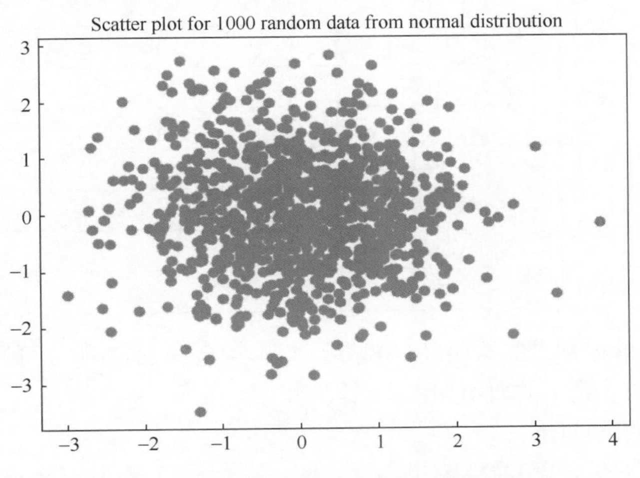

图 13-1　1000 对正态分布随机数分布散点图

scatter 函数中包含一些常用的参数，如下所示可通过调整参数优化散点图。

```
plt.scatter(x, y, s = None, c = None, marker = None, alpha = None)
```

解析：x, y 分别为横纵坐标对应的数组。

s 表示数据标志（图中表示数据值的圆点）的大小，s 取值的大小与数据标志的面积成正比，默认的 s 值为 20，可根据图表可视化需求对其进行调整。s 参数可以为一个数，统一调整所有的数据标志大小，也可以是一个与原数组形状相同的数组，数组的每一个位置与原数组元素对应，分别对每一个数据标志的大小做调整。

c 表示数据标志的颜色，默认为蓝色，c 参数可以是一个数值也可以是一维数组，为图中的数据标志指定相应的颜色数值。

常用的颜色参数 c 的设置如表 13-1 所示。

表 13-1　matplotlib 绘图常用颜色参数设置

设置方式	颜色	设置方式	颜色
c = ‘r’	red	c = ‘k’	black
c = ‘g’	green	c = ‘y’	yellow

marker 参数表示数据标志的形状，默认为圆，marker 参数的取值可以是表示形状的字符串，也可以是表示多边形的包含两个元素的元组，第一个元素表示多边形的边数；第二个元素记录多边形的样式，取值范围为 0、1、2、3，0 表示多边形，1 表示星形，2 表示放射形，3 表示忽略边数显示为圆形。

常用的 marker 形状如表 13-2 所示。

表 13-2　matplotlib 绘图常用 marker 参数设置

marker	形　状	marker	形　状
“.”	点	“s”	方形
“o”	圆圈	“p”	五边形
“v”	向下的三角形	“*”	星形
“^”	向上的三角形	“D”	菱形
“<”	向左的三角形	“+”	加号
“>”	向右的三角形	“x”	叉号

alpha 参数描述数据标志的透明度，0 表示透明，1 表示不透明，可选择 0 到 1 之间的任意数，透明度根据从 0 到 1 的取值递减。

（2）绘制复杂的散点图

例 13-2　使用 scatter 函数绘制星形散点图（源代码位置：chapter13/13.1 matplotlib 绘图.py）。

案例代码如下：

```
x = np.random.randn(1000)
y = np.random.randn(1000)
plt.scatter(x, y, color = 'g', marker = '*', alpha = 0.5)
plt.title('Scatter plot for 1000 random data from normal distribution')
plt.show( )
```

运行结果如图 13-2 所示，生成了数据标志为星形的散点图，数据分布较为密集的区域数据标志有重合，颜色较深。

调整坐标轴的范围可使用 xlim 和 ylim 方法，如例 13-3 所示，扩大了 x 和 y 轴的坐标范围。

例 13-3　使用 scatter 函数绘制散点图，并调整坐标轴范围（源代码位置：chapter13/

13.1 matplotlib 绘图.py）。

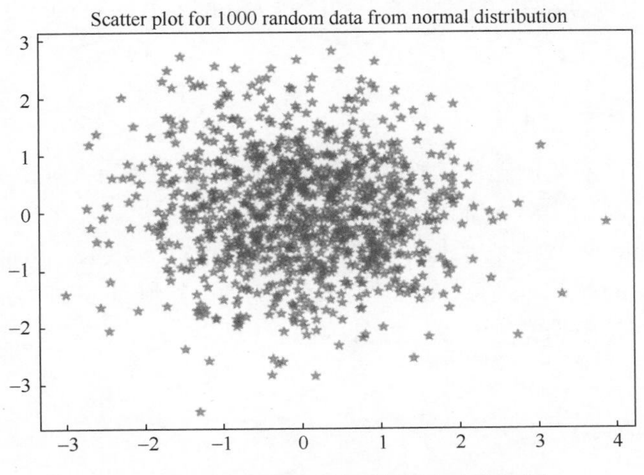

图 13-2　1000 对正态分布随机数分布散点图 2

案例代码如下：

```
x = np.random.randn(1000)
y = np.random.randn(1000)
plt.scatter(x, y, color = 'g', marker = '*', alpha = 0.5)
plt.title('Scatter plot for 1000 random data from normal distribution')
plt.xlim(−5,5)
plt.ylim(−5,5)
plt.show()
```

运行结果如图 13-3 所示

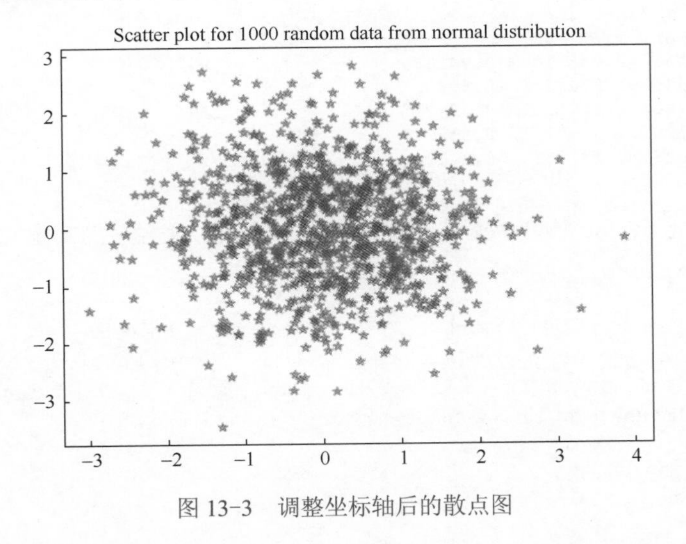

图 13-3　调整坐标轴后的散点图

解析：调整了坐标轴范围之后，可以发现大部分数据都落于（−3,3）之间，符合 3-sigma

原则，即正态分布中，约 99.73%的数据分布于(μ−3σ, μ+3σ)之间。标准正态分布均值 u 为 0，标准差为 1，所以约 99.73%的数据落于的区间为（0−3, 0+3），即（−3, 3）之间，与散点图所示结果相同。

13.1.2 绘制折线图

折线图可以显示随着时间变化的连续数据，适合描述相等时间间隔下数据的变化趋势。matplotlib 中的 plot 函数可用于绘制折线图。

例 13-4 使用 plot 函数绘制折线图（源代码位置：chapter13/13.1 matplotlib 绘图.py）。

数据文件 growth.txt 记录了 1946 年至 2009 年 14 个国家 GDP 的增长百分比。使用 Pandas 数据分析库将该数据文件导入，并打印前五行。

案例代码如下：

```
growth = pd.read_table('growth.txt',sep = ' ')
print(growth.head(5))
```

运行结果如下：

```
   Year  Australia            Austria           Belgium  Finland Germany  \
0  1946  -3.557951                  *                 *  8.132124       *
1  1947   2.459475                  *  15.2163021098959  2.324528       *
2  1948   6.437534   27.3291925465839  11.4405542270448  7.928714       *
3  1949   6.611994   18.9024390243902 -1.30662891505271  6.066839       *
4  1950   6.920201   12.4089618396898  5.64131712126092  3.844582       *

             Ireland Italy Japan Netherlands  New Zealand    Norway  \
0                  *     *     *           *     7.711320  10.201270
1   1.89473684210526     *     *           *    11.932079  13.562973
2   4.86080904741193     *     *           *    -9.922099   6.951517
3   5.23695945245255     *     *           *    10.787437   2.667090
4  0.817895151754033     *     *           *    14.675949   4.870087

      Sweden        UK         US
0  11.399403 -2.458310 -10.942159
1   7.936645 -1.276224  -0.898337
2   2.315780  2.924110   4.397275
3   2.949126  3.314717  -0.512350
4   6.007847  3.181459   8.743969
```

使用 matplotlib.pyplot 中的 plot 函数绘制瑞典、挪威、新西兰的实际 GDP 增长折线图。

案例代码如下：

```
plt.plot(growth['Year'], growth['Sweden'], color = 'r', label = 'Sweden',linestyle = '--')
plt.plot(growth['Year'], growth['Norway'], color = 'pink', label = 'Norway')
plt.plot(growth['Year'], growth['New Zealand'], color = 'purple', label = 'New Zealand',marker = '+')
plt.title('Real GDP Growth for Three Countries between 1946 and 2009')
plt.xlabel('Year')
plt.ylabel('Real GDP Growth')
plt.legend()
plt.show()
```

运行结果如图 13-4 所示，该折线图记录了 1946 年到 2009 年瑞典、挪威、新西兰三个国家实际 GDP 的增长情况，并反映了增长趋势。

解析：plt.plot 函数中，前两个参数分别为数据点的横纵坐标数组。color 参数用于设置折线的颜色。

label 参数用于设置图例（图例就是图像中用于区分类别的指标说明，比如本实例中标注不同样式的折线对应的国家），需要注意的是，除此之外还需要在最后一行代码 plt.show()之前加一行代码 plt.legend()，才可以在图像中显示图例。

linestyle 参数用于设置折线的风格，例如：'-' '--' '-.' ':' 等。

marker 参数可设置折线上点的形状，图 13-4 中表示 New Zealand 的曲线中各点的形状用‘+’表示。

xlable 和 ylabel 用于设置 x, y 坐标轴的名称。

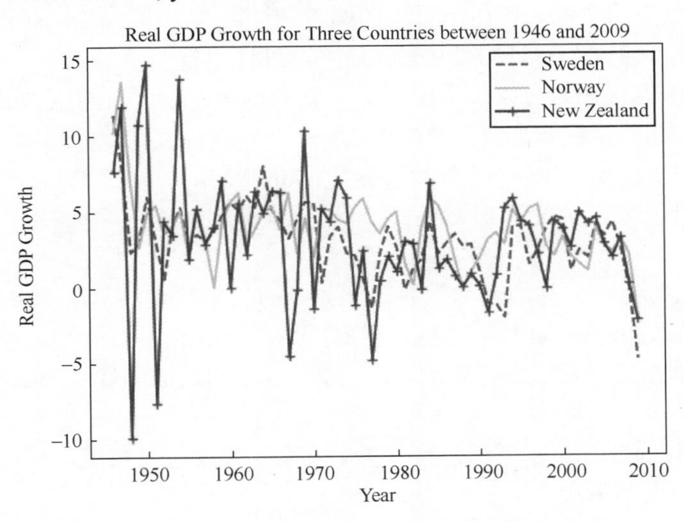

图 13-4　1946 年至 2009 年 3 个国家的 GDP 增长（彩插）

13.1.3　绘制柱状图

柱状图是以高度不等的长方形的长度来表示数据的分布，易于比较各组数据之间的差别。Matplotlib 库中可以使用 bar 函数来绘制柱状图。

例 13-5　使用 bar 函数绘制柱状图（源代码位置：chapter13/13.1 matplotlib 绘图.py）。

本例要求将 180 名学生按不同人数分配至 5 个小组，并且绘制表示每个小组人员分配情况的柱状图。

案例代码如下：

```
index = np.arange(5)
value = [20,30,45,35,50]
plt.bar(index, value, width = 0.5, label = 'population', facecolor = '#ff0000)
plt.title('Grouping Allocation')
```

```
plt.xticks(index, ('Group1','Group2','Group3','Group4','Group5'))
plt.yticks(np.arange(0,60,10))
plt.legend(loc='upper left')
a = zip(index,value)
for x,y in a:
    plt.text(x, y, y, ha='center', va='bottom')
plt.show( )
```

解析：bar 函数中包含多个参数，index 参数用于设置柱状图横坐标的值，即每个柱形的名称。value 参数用于设置每个柱形的长度。

可通过调整 width 参数的值，调整每个柱形的宽度。

facecolor 参数用以设置柱形的填充颜色，此例中使用 RGB 的方式设置颜色，'#ff0000' 的颜色即为红色。这里同样也可以使用英文单词“red”来设置红色柱形。

label 参数与散点图类似，可用于设置图例，同样需要注意，需添加 plt.legend 代码显示图例。图例的位置可通过 legend 方法中的 loc 参数进行调整。

xticks 和 yticks 两个函数分别表示 x 轴和 y 轴的刻度，刻度有两层含义，刻标（locs）和刻度标签（tick labels）。刻标即为 x 轴上的位置，刻度标签可对应替换为所需的字符串信息。本实例中，xticks 函数的第一个参数设置为 index 变量，index 是一个记录了从 0 到 4 五个整数的一维数组，表示从位置 0 到位置 4 的 5 个刻标。刻度标签设置为‘Group1’到‘Group5’。

text 函数可以为每一个柱形添加标签，比如确切的频数值。前两个参数指定 x 和 y 坐标，第三个参数为添加的标签内容，这里选择打包好的元组 a 中的 value 值作为 y 轴的标签内容。ha、va 分别指定标签横纵方向的对齐方式，即 h-horizontal、v-vertical 分别为按照行对齐和按照列对齐。

绘制的柱状图，如图 13-5 所示，绘制了 180 名学生的分组情况，可以看到 Group5 中人数最多，Group1 中人数最少。

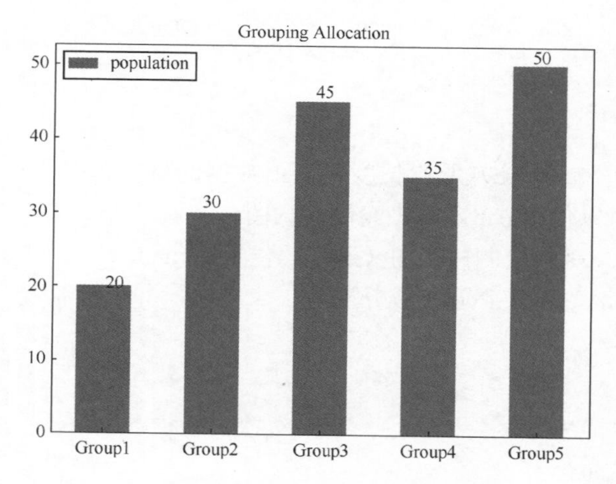

图 13-5　180 名学生分组情况柱状图

13.1.4　绘制箱线图

箱线图是一种用来描述数据分散情况的统计图，可进行多组数据比较。箱线图的构造如图 13-6 所示。

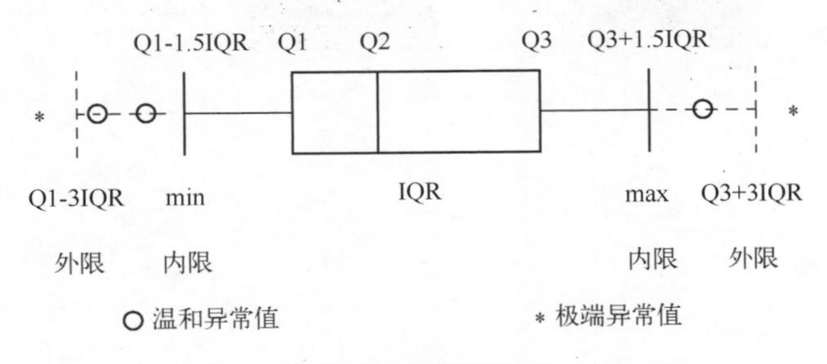

图 13-6　箱线图组成

在箱线图中，矩形盒两端的位置分别对应数据的上下四分位数，也就是 Q1 和 Q3，所以矩形盒的长度 Q3−Q1 也叫作四分位距，或者四分位差，用 IQR 表示。在数据分析中，往往会重点考虑数据列中中间部分的数字，通常会将前 25%和后 25%的数据切除掉，保留从 Q1 到 Q3 之间的数据。

矩形盒内部的线段表示中位数 Q2。

从矩形盒的两端延伸出两条线，线的端点分别为 Q1−1.5IQR 和 Q3+1.5IQR，这两个端点叫作异常值截断点，称其为内限。

落在内限之外的点为数据的异常值，所以这两个端点也表示在不考虑异常值的情况下数据的最大值和最小值。

Q1−3IQR 和 Q3+3IQR 处的两个端点称为外限，落在内限和外限之间的点被称作温和异常值，外限之外的异常值叫作极端异常值。

箱线图可以直观明了地识别数据中的异常值，并且在不受异常值的影响下以一种相对稳定的方式描述数据的离散分布情况。在数据分析的过程中，忽视异常值是很危险的，如果不加剔除地将异常值包括在数据分析中，可能会对结果产生不良的影响。重视异常值，对发现问题、提出改进策略有很大的帮助，同时也有利于数据的清洗。

数据文件 'WorldCupMathes.csv' 记录了从 1930 到 2014 年历届世界杯每场比赛的信息，使用 Pandas 数据分析库将数据文件导入。数据包含多个特征，接下来的案例选择主场球队得分（Home Team Goals）和客场球队（Away Team Goals）得分两个特征进行分析。

例 13-6　使用 matplotlib 库中的 boxplot 函数绘制世界杯主客场球队得分箱线图（源代码位置：chapter13/13.1 matplotlib 绘图.py）。

首先导入数据文件，具体代码如下。

```
goals = pd.read_csv('WorldCupMatches.csv')
home_team_goals = goals['Home Team Goals']
away_team_goals = goals['Away Team Goals']
```

使用 boxplot 函数绘制箱线图，该函数可以将多组数据绘制在同一个 figure（画布）中。boxplot 函数中的第一个参数为绘制箱线图的数据，若为多组数据，则需要将数据组合；labels 参数用于为箱线图添加标签，类似于图例的作用，显示在每个箱子的下方。

```
plt.boxplot((home_team_goals,away_team_goals), labels = ['Home Teams','Away Teams'])
plt.title('Goals for Home Teams and Away Teams in all FIFA World Cups')
plt.show()
```

运行结果如图 13-7 所示。

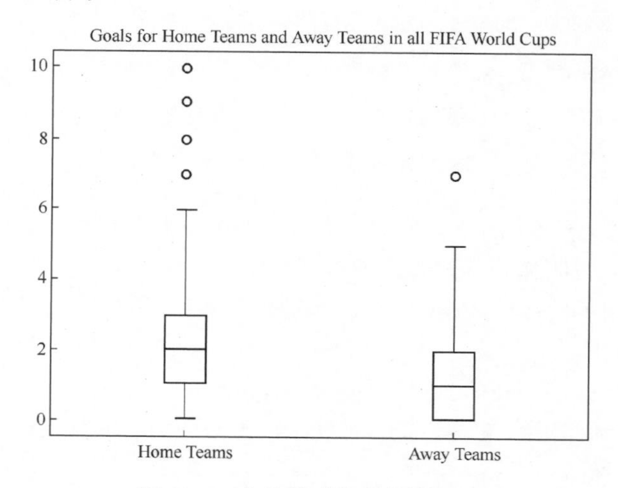

图 13-7　主客场球队得分箱线图

解析：主客场球队得分箱线图都绘制在了同一个 figure 中，箱子内部的线表示中位数，可以看出主场球队得分的中位数略高于客场球队，所以主场优势在一定程度上还是存在的。主场优势可能来源于熟悉场地、不需要路途奔波、主场球迷呐喊助威等因素。同时，图中可知，两个球队得分都存在一些超出内限范围的异常值，这些值用空心圆表示，主队异常值明显多一些，这表明主队在主场更容易超水平发挥。

13.2 Pandas 绘图

除了 Matplotlib 绘图工具，Pandas 库中也含有多个能够利用数据对象组织特点来创建图表的高级绘图方法，绘制过程更加简洁高效，因为 Pandas 中的数据类型可以包含行列标签或分组信息，明确的信息减少了绘图所需的代码量。Pandas 中的数据类型 Series 和 DataFrame 都可以使用 plot 方法生成各类图表。

13.2.1 绘制 Series 序列图

首先使用 Pandas 数据分析库创建一个 Series 序列，在默认情况下，plot 方法绘制 Series 序列生成的都是线型图。

例 13-7　使用 Plot 函数绘制由 100 个标准正态分布随机数构成的 Series 的序列折线图（源代码位置：chapter13/13.2 Pandas 绘图.py）。

案例代码如下：

```
import pandas as pd
import numpy as np
from matplotlib import pyplot as plt

s1 = pd.Series(np.random.randn(100))
s1.plot()
plt.show()
```

绘制结果如图 13-8 所示。

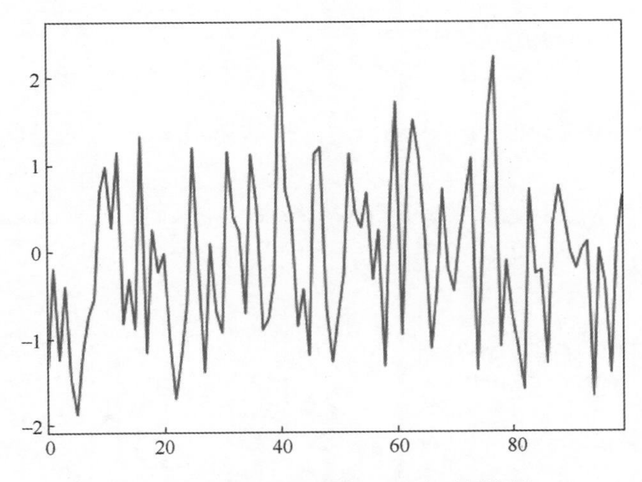

图 13-8　plot 函数绘制 Series 序列折线图

通过设置 plot 函数中的相应参数，可以使绘制的图像更加美观，如下列代码所示。

```
s1 = pd.Series(np.random.randn(100))
s1.plot(style = 'ko--', alpha = 0.5, grid = True, label = 's1',
        title= 'Plot for 100 Random Data from Standard Normal Distribution')
plt.legend()
plt.show()
```

解析：与 plt 中的 plot 函数类似，style 参数可设置线型风格；alpha 参数用于调整图表的不透明度，透明度的调整范围在 0 到 1 之间；label 参数用于设置图例；title 参数用于设置图表的标题；grid 参数可调整是否显示轴网格线，设置 True 为显示，False 为不显示。

设定参数后绘制的结果如图 13-9 所示，线型类型选择了'ko--'，k 表示黑色，o 表示圆圈，--表示虚线，所以图中所示折线以黑点加虚线的形式展示。alpha 设置透明度为 0.5，且显示网格线。

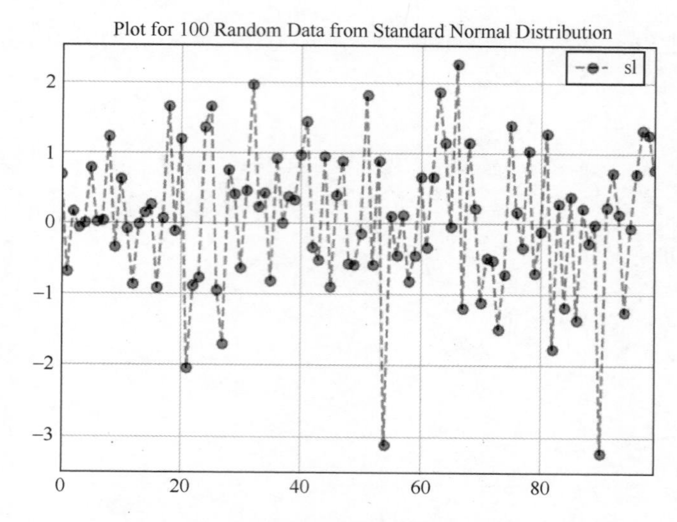

图 13-9　设定参数后 plot 函数绘制的 Series 序列图

若希望在同一张图中绘制两个 Series，可相继调用 plot 方法绘制两个图像，如下例所示。

例 13-8　在同一张图中绘制两个 Series 折线图（源代码位置：chapter13/13.2 Pandas 绘图.py）。

案例代码如下：

```
s2 = pd.Series(np.random.randn(100))
s3 = pd.Series(np.random.randn(100))
s2.plot(label = 's1')
s3.plot(label = 's2',style = '--')
plt.legend()
plt.show()
```

运行结果如图 13-10 所示，两条折线绘制在了同一张图中，分别用实线和虚线区分，图例标注在右上角。

13.2.2　绘制 DataFrame 图表

Pandas 绘制 DataFrame 图表时，会将 DataFrame 的每一列各绘制一个图像，并根据列名称自动创建图例，将这些生成的图像显示在同一个图中。与 Series 绘图类似，默认绘制折线图。

例 13-9　使用 Pandas 绘制 DataFrame 折线图（源代码位置：chapter13/13.2 Pandas 绘图.py）。

案例代码如下：

```
df = pd.DataFrame(np.random.randn(10,3).cumsum(0),columns=['One','Two','Three'])
df.plot()
```

```
plt.show()
```

解析：本例中，首先使用 numpy 库生成一个含有 3 列标准正态分布随机数累加值的 DataFrame 数据表，列名称分别为 'One'、'Two'、'Three'。然后使用 plot 函数绘制生成图像，运行结果如图 13-11 所示：

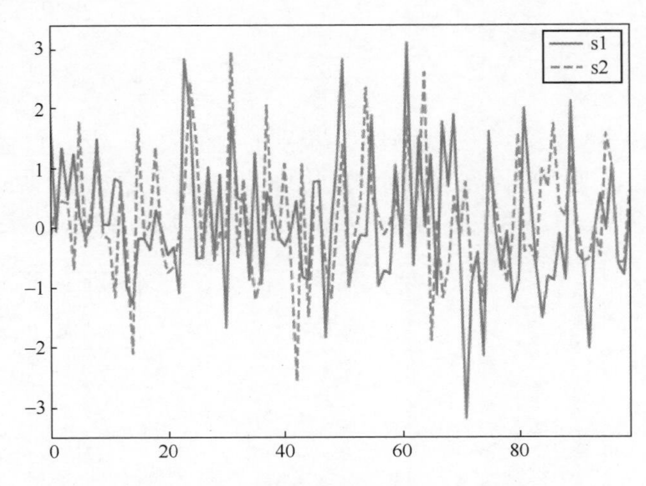

图 13-10 Pandas 绘制两个 Series 序列

三条折线分别代表三组数据的趋势走向，以不同颜色展示。

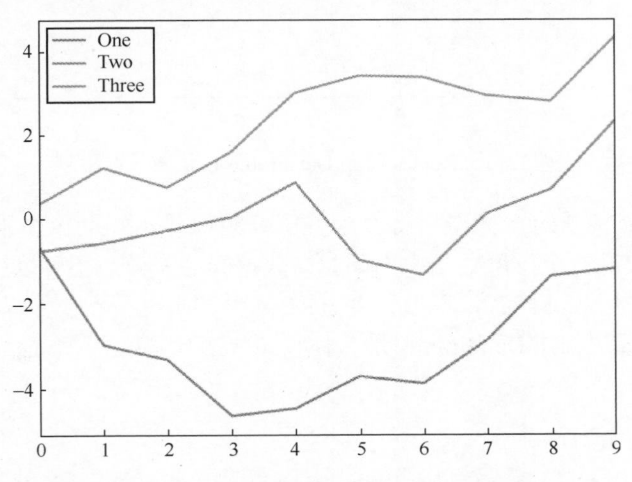

图 13-11 Pandas 绘制 DataFrame 折线图（彩插）

根据 DataFrame 数据表绘制柱状图时，只需修改 plot 中的参数 kind 为“bar”，即可调整图表的类型为柱状图。通过设置 kind 参数还可以绘制直方图（'hist'）、箱线图（'box'）、饼图（'pie'）、散点图（'scatter'）、密度图（'density'）等。为了比较每列随机数的大小，可绘制柱状图，如下例所示。

例 13-10 使用 Pandas 绘制 DataFrame 柱状图（源代码位置：chapter13/13.2 Pandas 绘图.py）。

案例代码如下：

```
df = pd.DataFrame(np.random.randn(10,3),columns=['One','Two','Three'])
df.plot(kind = 'bar')

plt.show()
```

运行结果如图 13-12 所示，三组数据相应类别的数值放在一起，可以分别比较出同一类别数据在不同组别的表现情况。在第一个类别中，第二组数据最高，在第四个类别中，第一、二组的数据都为正，第三组数据为负。可从图中清晰地看出数据的大小和正负。

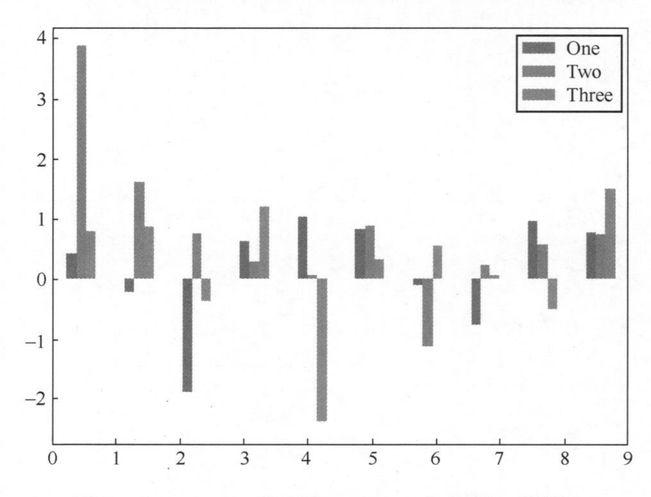

图 13-12 Pandas 绘制 DataFrame 柱状图（彩插）

堆叠柱状图是柱状图的一种，它将每个柱子分割以显示相同类型下各个数据的大小情况，可以清晰地比较某一个维度数据中不同类型数据间的差异，还可以比较总数的差异。堆叠柱状图可以同样使用 plot 函数，通过设置 stacked 参数实现。

例 13-11 Pandas 绘制 DataFrame 堆叠柱状图（源代码位置：chapter13/13.2 Pandas 绘图.py）。

案例代码如下：

```
df = pd.DataFrame(np.random.randn(10,3),columns=['One','Two','Three'])
df.plot(kind = 'bar',stacked = True)
plt.show()
```

运行结果如图 13-13 所示，相同类别不同组别的数据绘制在了同一个柱子中，分别以不同的颜色表示。柱形的长度代表每一组别相应数值的大小。第一个类别中，第三组数据最长，第二组数据最短。

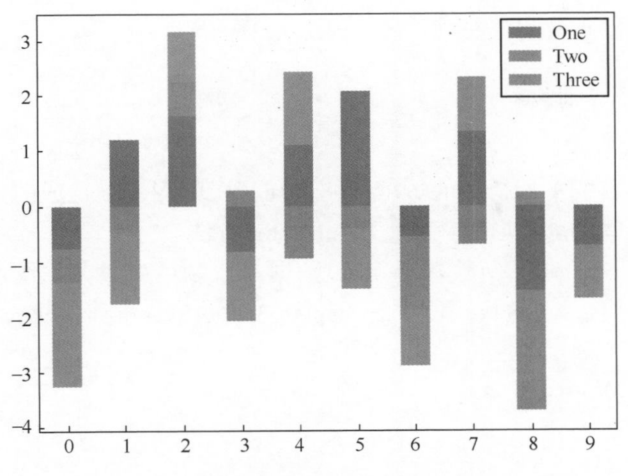

图 13-13　Pandas 绘制 DataFrame 堆叠柱状图（彩插）

13.3　Seaborn 绘图

Seaborn 是一种基于 matplotlib 的可视化库，它提供了更高级的 API 封装，可绘制更具吸引力、信息量更加丰富的图表。Seaborn 可视为对于 matplotlib 的补充。

可在命令窗口输入以下命令安装 Seaborn：

```
pip3 install seaborn
```

Ananconda 中包含了 Seaborn 库，若已安装 Ananconda，直接导入即可，如下所示：

```
import seaborn as sns
```

Seaborn 提供多个内置数据集，可通过 sns.load_dataset 方法直接加载使用。例如，加载数据集 tips（源代码位置：chapter13/13.3 Seaborn 绘图.py）。

案例代码如下：

```
tips = sns.load_dataset('tips')
print(tips.head())
```

打印 tips 数据集的前五行，运行结果如下：

```
   total_bill   tip     sex smoker  day    time  size
0       16.99  1.01  Female     No  Sun  Dinner     2
1       10.34  1.66    Male     No  Sun  Dinner     3
2       21.01  3.50    Male     No  Sun  Dinner     3
3       23.68  3.31    Male     No  Sun  Dinner     2
4       24.59  3.61  Female     No  Sun  Dinner     4
```

解析：该数据集记录了用餐小费与各潜在影响因素的特征值，可通过 Seaborn 绘制各变量间的关系图探究用餐小费的分布规律。

13.3.1 绘制条形散点图

1. 单变量条形散点图

条形散点图是将自变量特征中的每个不同值与相应的因变量组成的点聚集在一起，以条形的形式绘制。绘制单变量条形散点图使用 stripplot 方法。

例 13-12 使用 Stripplot 函数基于 tips 数据集绘制单变量条形图，探究 'day' 变量与 'total_bill'之间的分布关系。（源代码位置：chapter13/13.3 Seaborn 绘图.py）。

案例代码如下：

```
import numpy as np
import pandas as pd
import matplotlib.pyplot as plt
import seaborn as sns

sns.stripplot(x = 'day', y = 'total_bill', data = tips)
plt.show( )
```

解析：stripplot 中的第一个参数 x 为横坐标方向上的特征值，第二个参数 y 为纵坐标方向上的特征值，参数 data 用于指定数据集。

绘制的条形散点图如图 13-14 所示，数据按照星期变量分组绘制，每天的数据以散点的形式绘制在同一个条形中。散点对应的纵坐标位置表示相应的用餐消费数额。

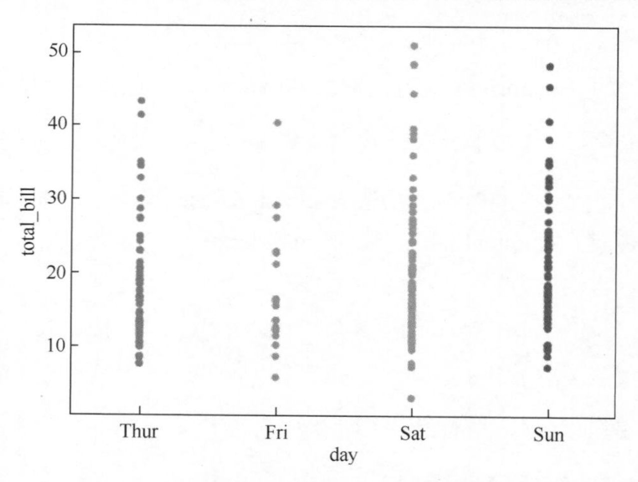

图 13-14 stripplot 绘制单变量条形散点图

通过设置 jitter 参数可以使条形散点图中的散点沿柱形的方向随机分布，可以在一定程度上将数据区隔化，由若干点簇变成一系列点群，减少点之间的重叠。

例 13-13 使用 Stripplot 函数绘制单变量条形图-非重叠（源代码位置：chapter13/13.3 Seaborn 绘图.py）。

案例代码如下：

```
sns.stripplot(x = 'day', y = 'total_bill', data = tips, jitter = True)
plt.show()
```

运行结果如图 13-15 所示，每个柱形中的散点随机分布，点与点之间存在一定的空隙，减少了重叠，可以更加清晰地区分每个点的分布。

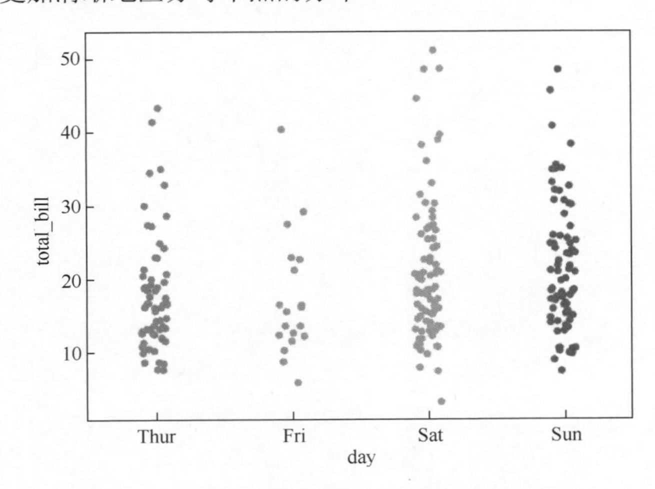

图 13-15　stripplot 绘制单变量条形散点图-非重叠

若希望横向绘制条形散点图，可以设置 orient 参数。

例 13-14　使用 Stripplot 函数绘制横向单变量条形散点图（源代码位置：chapter13/13.3 Seaborn 绘图.py）。

案例代码如下：

```
sns.stripplot(x = 'total_bill', y = 'size', data = tips, jitter = True, orient= 'h')
plt.show()
```

解析：参数 orient 设为 'v' 或 'h' 可设置图像的显示方向为垂直或者水平，具体如何选择显示方向，通常是从输入变量的 dtype 推断出来的。本例设为“h”后，以水平方向显示图像，如图 13-16 所示。

2. 双变量条形散点图

双变量条形散点图可在同一个条形柱中显示另外一个特征的分布。同样可以使用 stripplot 方法绘制，并通过设置参数 hue，确定条形柱中将散点分类的变量。

还可以使用 swarmplot 函数绘制不重叠的双变量条形散点图，适合数据量较少的情况，如例 13-15 所示。

例 13-15　使用 Swarmplot 绘制双变量条形散点图（源代码位置：chapter13/13.3 Seaborn 绘图.py）。

案例代码如下：

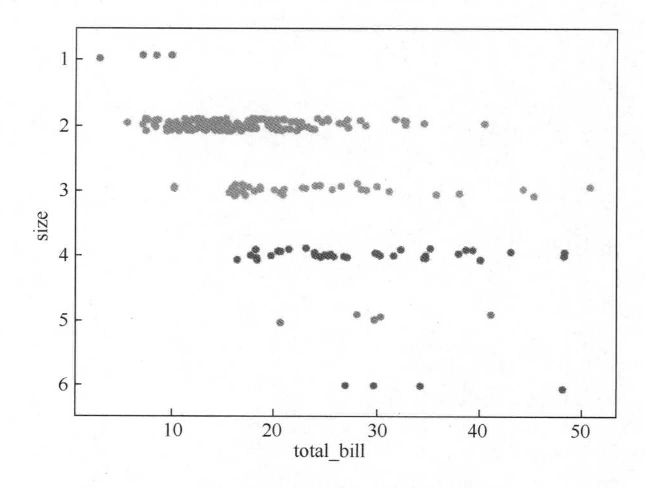

图 13-16　stripplot 绘制横向单变量条形散点图

```
sns.swarmplot(x = 'day', y = 'total_bill', data = tips, hue = 'sex')
plt.show()
```

解析：hue 参数通过指定分组变量 'sex'，将自变量和因变量分为 'Male' 和 'Female' 两个组。运行结果如图 13-17 所示，数据点按照 day 变量分组，分为星期四、星期五、星期六、星期日，在横轴的方向形成四个散点柱。

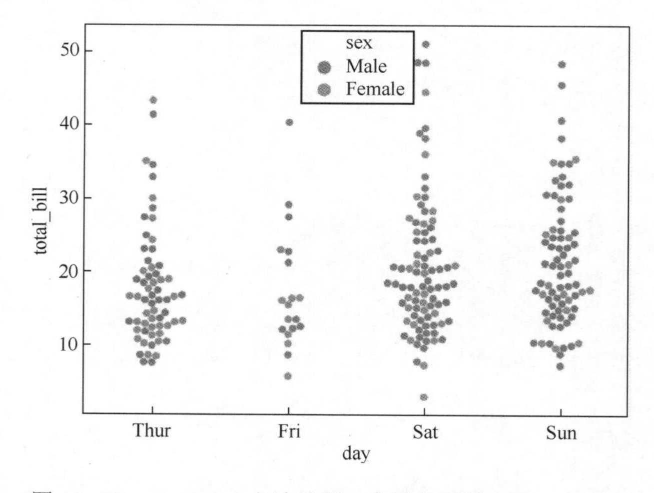

图 13-17　swarmplot 方法绘制双变量条形散点图（彩插）

13.3.2　绘制箱线图

Seaborn 中的 boxplot 方法可绘制箱线图，结合 hue 参数可同时绘制不同组别的箱线图。

例 13-16　使用 boxplot 绘制箱线图（源代码位置：chapter13/13.3 Seaborn 绘图.py）。

案例代码如下：

```
sns.boxplot(x = 'day', y = 'total_bill', hue = 'smoker',data = tips, palette = 'Reds')
plt.show()
```

解析：palette 参数用于设置调色板，调整盒形的颜色。

运行结果如图 13-18 所示。

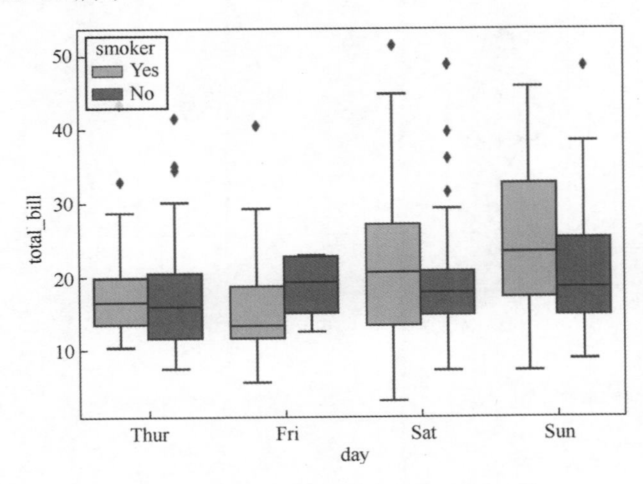

图 13-18　使用 boxplot 绘制箱线图（彩插）

13.3.3　绘制琴形图

琴形图也叫作小提琴图，是箱线图和核密度图的结合，黑色的盒形范围为下四分位数到上四分位数，外部曲线形状为两条对称的核密度图，体现数据密度的大小，曲线曲率越大，数据的密度越大。绘制琴形图使用 violinplot 函数。

例 13-17　使用 violinplot 绘制单变量琴形图（源代码位置：chapter13/13.3 Seaborn 绘图.py）。

案例代码如下：

```
sns.violinplot(x = 'day', y = 'total_bill', data = tips)
plt.show()
```

解析：琴形图中数据按照 day 变量分组，分组信息显示在 x 轴上，y 轴记录 total_bill 的数值。琴形柱内部的盒形为数据的箱线图，白色的点记录数据的中位数值。琴形的外边缘是由两条数据的核密度曲线围成的，数据密度越大，琴形的腰部越宽。

绘制的图形如图 13-19 所示。

结合 hue 参数可以对每个琴形柱进行分类，从而绘制多变量分类琴形图。

例 13-18　结合 hue 参数，使用 violinplot 绘制多变量分类琴形图（源代码位置：chapter13/13.3 Seaborn 绘图.py）。

案例代码如下：

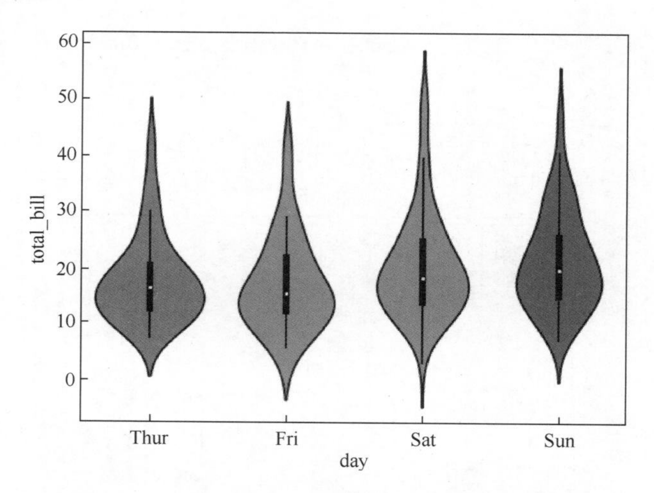

图 13-19 使用 violinplot 绘制单变量琴形图

```
sns.violinplot(x = 'day', y = 'total_bill', hue = 'smoker', palette= 'coolwarm', inner = 'quartile', split= True, data = tips)
plt.show()
```

解析：在本实例中，hue 参数设置为 'smoker'，表示将每个琴形柱中的数据按照是否吸烟变量再次分组，分别呈现在琴形对称线的两侧。palette 参数用于设置调色盘，这里选择 'coolwarm' 面板。

inner 参数用于设置琴形内部数据点的显示类型，默认值为 box，表示琴形图内显示箱线图，设为 quartile 表示显示四分位数线，设为 point 表示显示具体数据点，设为 stick 表示显示具体数据棒，设为 None 表示琴形内部不显示图像。

split = True 表示拆分小提琴图，在同一个琴中左右两边分别显示分类之后的数据，从而可比较经过 hue 拆分后的两个变量。

绘制的图形如图 13-20 所示，每个琴形柱按照中轴对称线被分为左右两个部分，左边浅色的区域为吸烟人群的核密度曲线图围成的区域，右边深色的区域记录不吸烟人群的核密度关系。

琴形图与散点图可以结合起来绘制在同一张画布中，代码如下所示：

```
sns.violinplot(x = 'day', y = 'total_bill', data = tips, palette = 'hls', inner = None)
sns.swarmplot(x = 'day',   y = 'total_bill', data = tips, color = 'w', alpha = 0.5)
plt.show()
```

运行结果如图 13-21 所示，数据按照 day 变量分组，每组的数据点以条形散点图的形式包围在两条对称的核密度曲线围成的区域中。

13.3.4 多变量分类绘图

前三节分别介绍了 Seaborn 绘制常用图像的方法，包括使用 hue 参数对分类变量进行处理。在 Seaborn 中，有两个更为高级的绘图方法，即 factplot 和 PairGrid，可以将以上介绍的方法封装在同一个函数中，调用函数，使用 'kind' 参数即可切换。

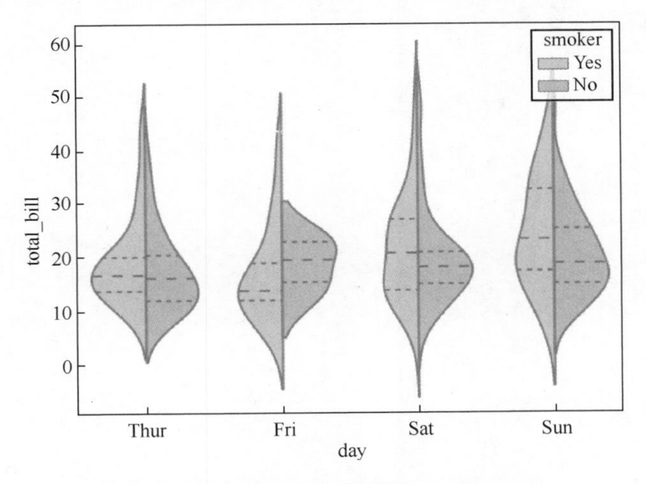

图 13-20　Seaborn 绘制分类琴形图（彩插）

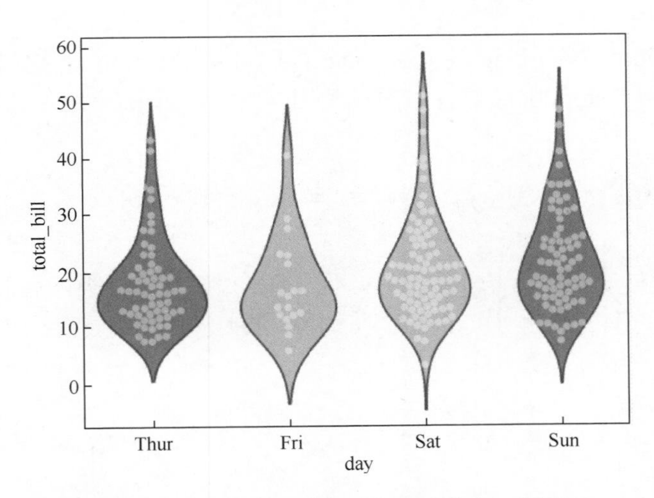

图 13-21　Seaborn 琴形图与散点图结合（彩插）

1. 使用 factorplot 绘图

（1）绘制点图

点图是用两组数据构成多个坐标点，展示坐标点的分布。判断两个变量之间是否存在某种关联。使用 factorplot 函数可以绘制点图，如例 13-19 所示：

例 13-19　使用 factorplot 绘制点图（源代码位置：chapter13/13.3 Seaborn 绘图.py）。

案例代码如下：

```
sns.factorplot(x='day', y='total_bill', hue='smoker', data=tips)
plt.show()
```

运行结果如图 13-22 所示，数据按照 day 变量在横轴的方向分组，每组中又通过设置 hue 参数为 'smoker' 分为吸烟或者不吸烟两组。数据点之间用折线连接，反映数据的增长趋势。可以看出，吸烟顾客在周五时支付的小费最少。

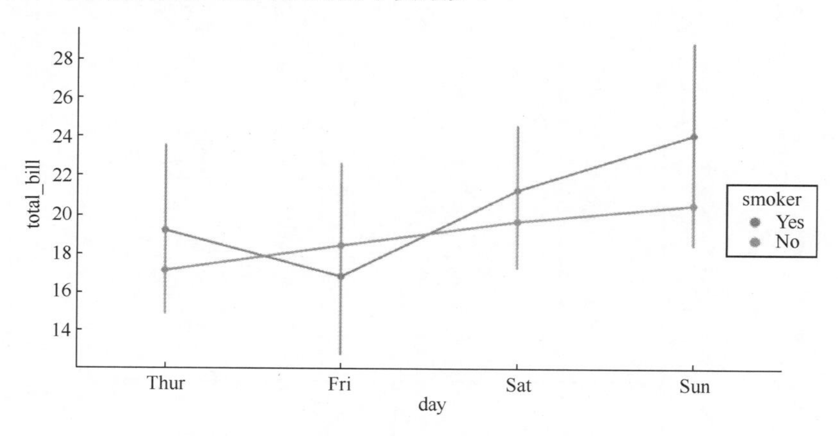

图 13-22　使用 factorplot 绘制点图（彩插）

（2）绘制柱形图

可以将 factorplot 的参数 kind 设置为“bar”，即可使用 factorplot 绘制柱形图。

例 13-20　使用 factorplot 绘制柱形图（源代码位置：chapter13/13.3 Seaborn 绘图.py）。

案例代码如下：

```
sns.factorplot(x='day', y='total_bill', hue= 'smoker', kind = 'bar', data=tips)
plt.show()
```

运行结果如图 13-23 所示，与例 13-19 不同的是，吸烟与不吸烟人群在不同 day 支付的小费数额以柱形图的形式绘制，可以清楚地看出吸烟人群在周五支付的小费数额最低，周日最高。

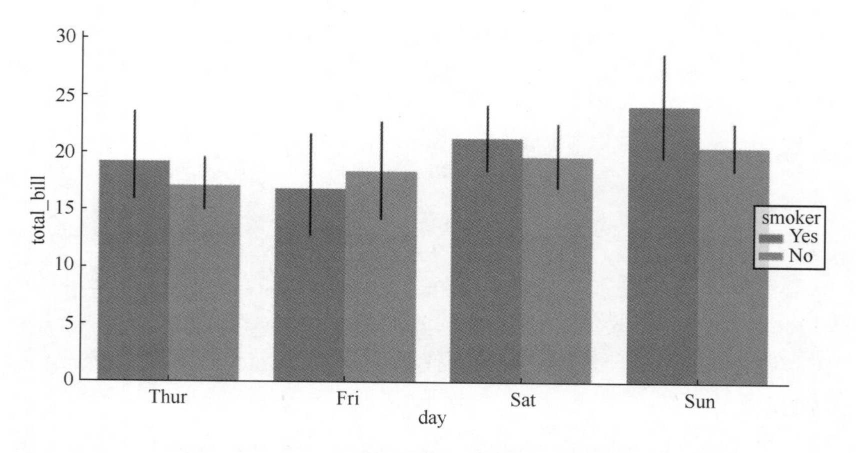

图 13-23　使用 factorplot 绘制柱形图（彩插）

（3）绘制条形散点图

将 factorplot 的 kind 参数设置为“swarm”即可绘制条形散点图，再结合 hue 参数可绘制分类变量图。

例 13-21　使用 factorplot 函数绘制条形散点图（源代码位置：chapter13/13.3 Seaborn 绘图.py）。

案例代码如下：

```
sns.factorplot(x='day', y='total_bill', hue='smoker',
               col='time', kind = 'swarm', data=tips)
plt.show()
```

解析：col 参数可以根据变量值设置子图。本实例中，col 参数设置为 time，因此绘制结果会根据 time 变量的取值分别输出子图。time 变量记录用餐时间，也即用餐类型：午餐或者晚餐，所以运行结果如图 13-24 所示，分别输出午餐和晚餐的小费支付条形散点图。可以看出，周四时午餐支付小费的顾客数较多，周六日晚餐支付小费的顾客数较多。

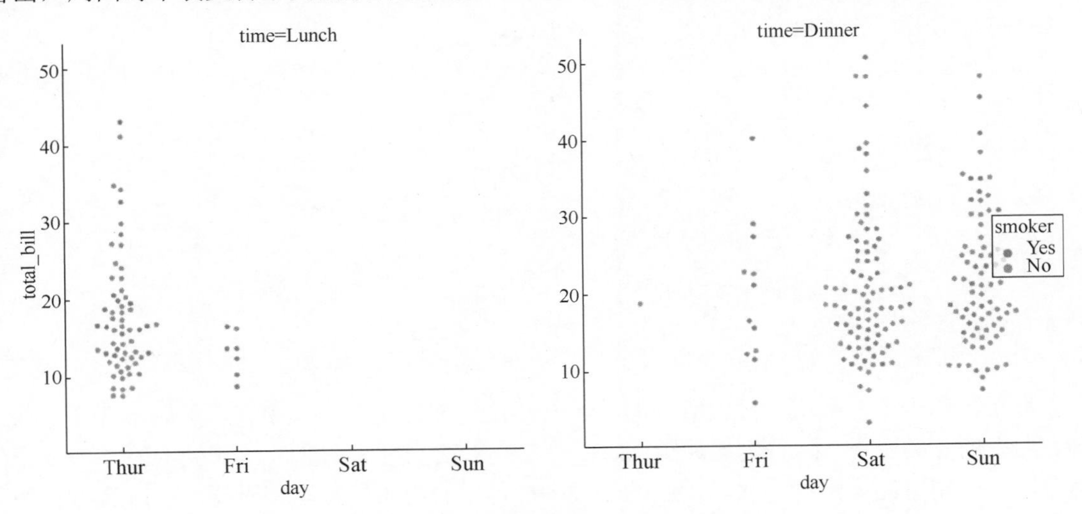

图 13-24　使用 factorplot 绘制条形散点图（彩插）

（4）绘制箱线图

将 factorplot 的 kind 参数设置为 box 可绘制箱线图，并可调整图形的大小和形状。

例 13-22　使用 factorplot 绘制箱线图（源代码位置：chapter13/13.3 Seaborn 绘图.py）。

案例代码如下：

```
sns.factorplot(x='day', y='total_bill', hue='smoker',
               col='time', kind = 'box', data=tips)
plt.show()
```

运行结果如图 13-25 所示，吸烟与否的顾客被分为两组，分别以箱线图的形式展示支付小费数据的分布，可以看出周五晚餐吸烟与否的顾客支付小费数据的中位数相差较大。

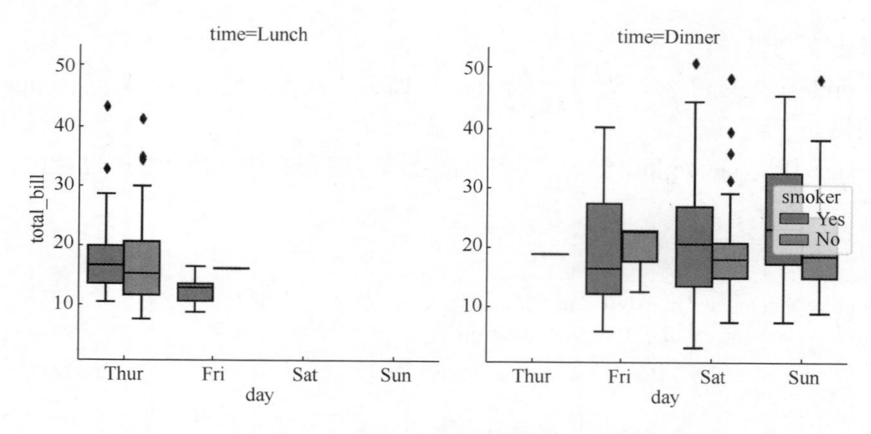

图 13-25　factorplot 绘制箱线图（彩插）

2．使用 PairGrid 绘制多变量分类琴形图

PairGrid 可绘制多变量分类图，可以将不同变量之间的关系绘制在同一个矩阵中。例 13-23 中使用 PairGrid 绘制多变量分类琴形图。

例 13-23　使用 PairGrid 绘制多变量分类琴形图（源代码位置：chapter13/13.3 Seaborn 绘图.py）。

案例代码如下：

```
g = sns.PairGrid(tips,
                 x_vars=['smoker', 'time', 'sex'],
                 y_vars=['total_bill', 'tip'],
                 aspect=.75, size=3.5)
g.map(sns.violinplot, palette="hls")
plt.show()
```

解析：第一个参数用于设置数据集，x_vars 设置 x 轴上的分类变量，y_vars 用于设置 y 轴方向上的分类变量。运行结果如图 13-26 所示，x 轴上的 3 个变量与 y 轴上的 5 个变量两两对应，分别绘制琴形图，从琴形图的箱线图中可以看出男性顾客相对比女性顾客支付的小费金额更大。

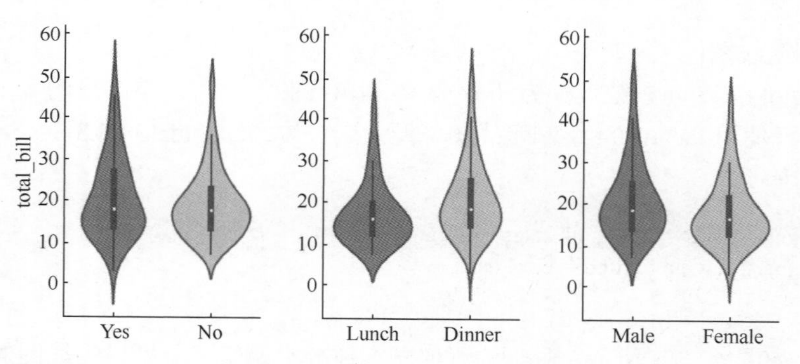

图 13-26　PairGrid 绘制多分类变量琴形图

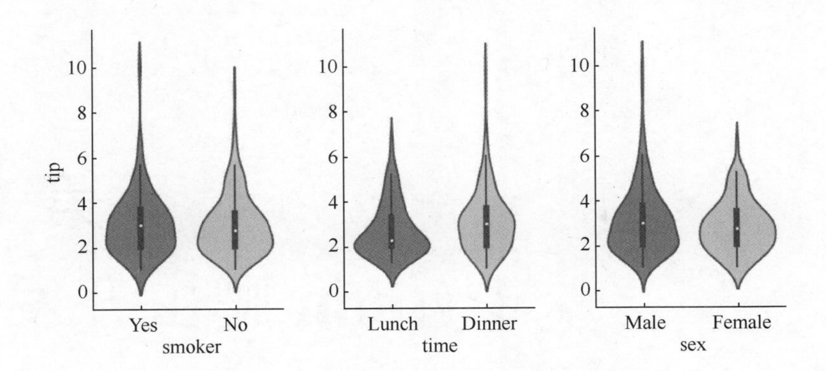

图 13-26　PairGrid 绘制多分类变量琴形图（续）

第 14 章 Python 爬虫开发实战

什么是爬虫呢？我们可以把互联网看成是一个大网，在这个大网中存在着各种各样的海量数据。如果想在互联网中获取到我们想要的数据，靠人工一条一条地收集有些不太可能，那么我们就需要开发程序自动地从互联网中不断地抓取数据，然后保存起来。我们开发的程序在互联网中抓取数据的过程就像蜘蛛不断地在蜘蛛网上爬行，捕获食物一样，所以将互联网中抓取数据的程序生动地称为爬虫。

本章将利用前面所学知识，开发一个 Python 爬虫程序，自动地从互联网“爬取”想要的数据。

14.1 爬虫工作流程

我们平时在网上浏览信息时，是通过浏览器向指定的网站发送请求，网站接收到请求之后，解析客户端请求，按照需求返回用户所需的内容，浏览器接收到网站返回的响应内容后，解析该内容并以网页的形式展现给用户。爬虫的工作流程跟我们平时上网访问网站查看信息的流程大致上是一样的。

爬虫工作流程如图 14-1 所示，详细步骤如下。

1）设置爬虫程序访问的目标站点 URL，爬虫根据 URL 向目标站点发送 HTTP 请求。

2）站点服务器接收到爬虫（客户端）的请求后，处理请求，确定没有问题后，准备爬虫请求的资源。

3）将资源返回给爬虫，资源包括 HTML、CSS、JSON、图片等。

4）爬虫接收到站点服务器返回的响应内容，解析该内容，根据预定义规则提取有用数据。

5）将提取出的数据持久化存储到数据库、文件等中。

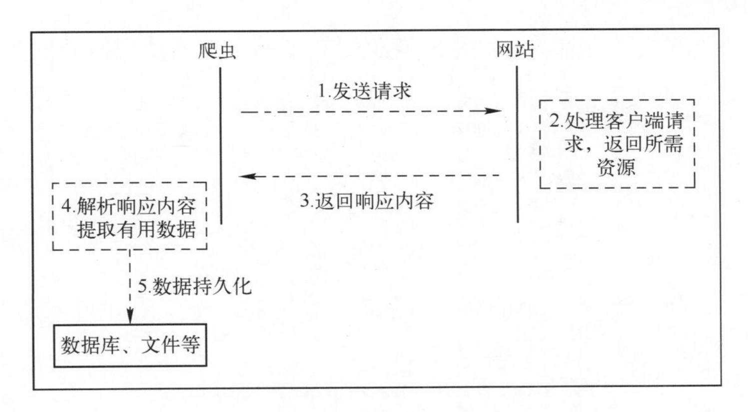

图 14-1　爬虫工作流程

14.2　爬虫开发环境搭建

本项目使用的开发语言是 Python 3，开发工具使用的是 PyCharm，浏览器使用的是 Chrome 谷歌浏览器，开发爬虫项目还需要其他的一些第三方库和工具，本节将详细介绍开发本项目需要安装的工具包。

1. 安装 Selenium 库

Selenium 库是第三方 Python 库，是一个 Web 自动化测试工具，它能够驱动浏览器模拟输入、单击、下拉等浏览器操作。Selenium 可以支持多种浏览器，例如：谷歌、火狐等常用浏览器。通过爬虫程序爬取网站数据时，有些网站显示的数据不是静态数据，而是通过 JavaScript（简称：JS）渲染生成的数据，常用的 urlopen 或者 requests.get/post 的方式获取不到 JS 渲染的数据，这种情况就需要在爬虫程序中使用 Selenium 来解决 JavaScript 渲染的问题。

Selenium 官方网址：https://www.seleniumhq.org，通过 Selenium 官网可以了解 Selenium 的最新动态，官网提供了 Selenium 的英文文档，开发者通过文档可以快速地学习和掌握 Selenium。

Selenium 中文文档：https://selenium-python-zh.readthedocs.io/en/latest/index.html，国内开发者如果对英文文档不是很感兴趣的话，可以访问该网址学习 Selenium。

使用 pip 命令或者 pip 3 命令安装 selenium，如下所示。

```
pip install selenium
pip3 install selenium
```

在 Python 交互模式下，引入 selenium 库没有出现问题就表示已经安装成功，如图 14-2 所示。

2. 安装 PhantomJS

PhantomJS 是一个可编程的无界面浏览器引擎，在爬虫程序中通常使用 Selenium 结合

PhantomJS 构建一个浏览器对象，通过程序模拟用户使用浏览器访问网站的行为。

```
Python 3.6.4 (v3.6.4:d48ecebad5, Dec 18 2017
[GCC 4.2.1 (Apple Inc. build 5666) (dot 3)]
Type "help", "copyright", "credits" or "lice
>>> import selenium
>>>
```

图 14-2　selenium 安装验证

PhantomJS 不是 Python 库，不能够使用 pip 命令安装，需要从 PhantomJS 官网根据安装的操作系统类型下载对应版本的安装包。

PhantomJS 官方下载地址：http://phantomjs.org/download.html。

PhantomJS 官方文档：http://phantomjs.org/quick-start.html。

将已下载的 PhantomJS 安装包解压到指定目录下，然后将 PhantomJS 安装包路径添加到系统环境变量中。

（1）Windows 系统下将 PhantomJS 添加到系统环境变量

添加环境变量路径：计算机（我的电脑）->属性->高级系统设置->（高级）环境变量->系统变量，在系统变量中找到“Path”变量并选中，单击“编辑”按钮，如图 14-3 所示。

在编辑环境变量窗口中，单击右侧的“新建”按钮，将 phantomjs 安装包内 bin 目录的绝对路径（这里把 phantomjs 安装包存储在 D 盘根目录下）添加到 Path 中，如图 14-4 所示。

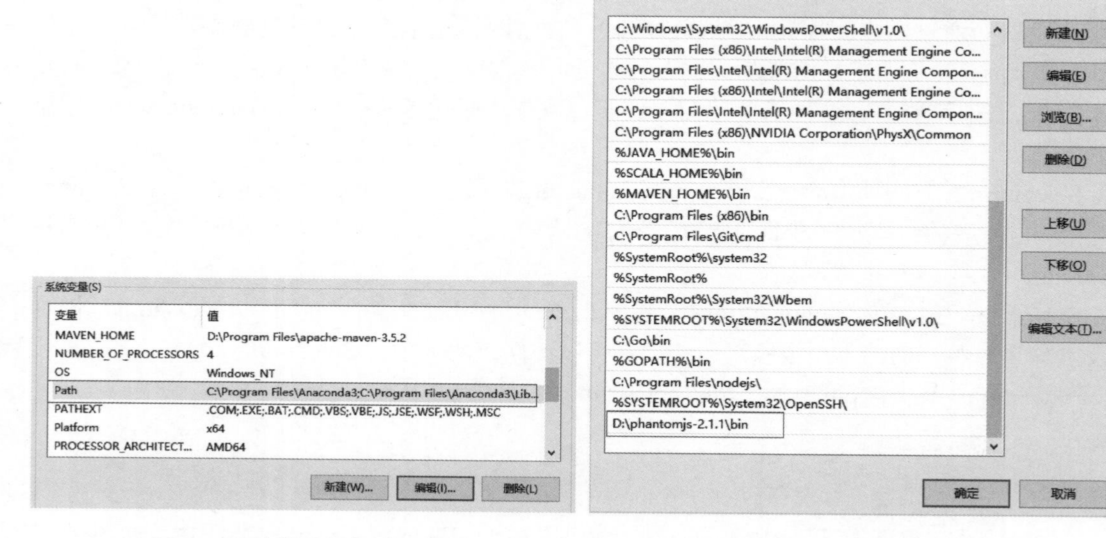

图 14-3　编辑系统变量 Path　　　图 14-4　添加 phantomjs 到 path 中

在命令行窗口中输入 phantomjs，如果能进入到 PhantomJS 交互模式，表示配置成功，如图 14-5 所示。

```
C:\Users\xiaoguanyu>phantomjs
phantomjs>
phantomjs>
```

图 14-5　phantomjs 配置成功

（2）Mac 苹果系统下将 PhantomJS 添加到系统环境变量

打开终端，默认是在当前用户目录下。如果不在当前用户目录下，使用如下命令切换：

```
cd ~
```

编辑“.bash_profile”文件，将 PhantomJS 的安装包下的 bin 目录添加到环境变量中。

```
export PATH="/Users/xiaoguanyu/phantomjs-2.1.1/bin:$PATH"
```

保存并退出，输入如下命令使环境变量生效。

```
source .bash_profile
```

在终端里输入 phantomjs，如果能进入到 PhantomJS 交互模式，表示配置成功。

```
$phantomjs
phantomjs>
```

3. 安装 pyquery 库

pyquery 是第三方 Python 库，是一款非常强大的网页解析库，如果你熟悉 jQuery，那么你将能够非常容易地掌握 pyquery 的使用方法。

pyquery 官方网址：https://pythonhosted.org/pyquery/，可通过此网址了解 pyquery 的详细使用方法。

使用 pip 命令或者 pip 3 命令安装 pyquery。

```
pip install pyquery
pip3 install pyquery
```

在 Python 交互模式下，引入 pyquery 没有出现问题就表示已经安装成功，如图 14-6 所示。

```
Python 3.6.4 (v3.6.4:d48ecebad5, Dec 18 2017
[GCC 4.2.1 (Apple Inc. build 5666) (dot 3)]
Type "help", "copyright", "credits" or "lice
>>> import pyquery
>>>
```

图 14-6　pyquery 安装验证

14.3　项目实战：爬取电商网站商品信息

本节将按照爬虫程序的开发流程，使用 Python 开发一个爬取京东商城手机商品信息的爬虫程序。在这里先简单地介绍下将要开发的爬虫程序的实现逻辑：首先要获取京东手机商品列表网页的源代码，然后从网页源代码中提取出手机名称、手机价格、累计评价数、店铺名称、店铺类型信息，最终将提取出来的有用信息保存到 CSV 文件中。

14.3.1 目标网站分析

使用 Chrome 谷歌浏览器访问京东商城首页（https://www.jd.com），在首页的搜索框中输入搜索关键词“手机”，单击“搜索”按钮会跳转到搜索结果页面，如图 14-7 所示。

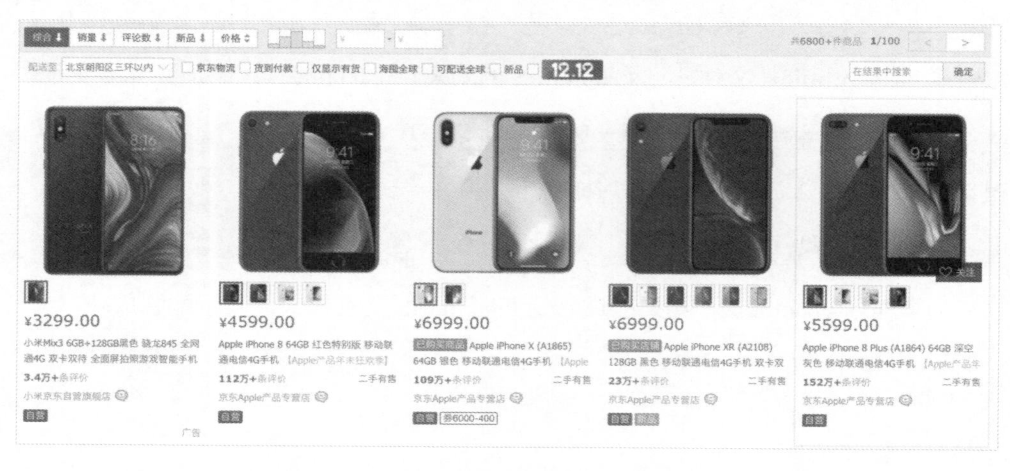

图 14-7 京东手机搜索结果列表

在搜索结果页面的手机商品列表中展示了每个手机的图片、价格、名称及描述、商铺信息、商铺类型等信息，手机商品信息的展示方式如图 14-8 所示，我们要通过爬虫程序将这些信息抓取下来。

图 14-8 手机商品信息

在搜索结果页面的底部是分页导航栏，如图 14-9 所示。我们可以从分页导航中获得全部搜索结果的总页数、页码列表、页码输入框。单击页码列表中的任意一个数字页码可以直接跳转到对应的商品列表页，或者在页码输入框中输入数字页码，单击“确定”按钮也可以跳转到对应的商品列表页。在分页导航的页码列表中被高亮显示的页码就是当前正在浏览的网页对应的页码。

单击 Chrome 浏览器右上角三个点的图标，在下拉菜单中找到“更多工具”，然后在其菜单列表中单击“开发者工具”选项，这时在网页中会显示开发者工具窗口，如图 14-10 所示。在开发者工具窗口中单击“Network”选项，然后刷新网页，在“Name”的列表中显示的第一条信息是搜索链接，用鼠标单击这条搜索链接，在右侧会显示访问这个链接的请求信息、响应信息等。

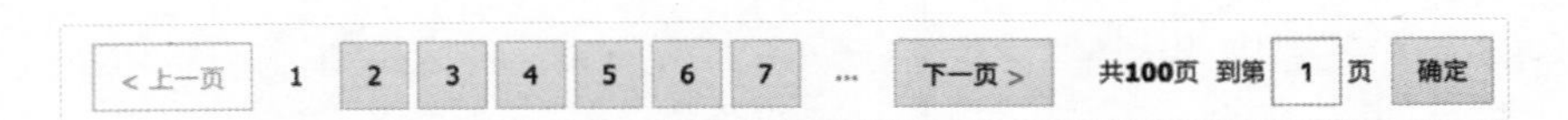

图 14-9　分页导航

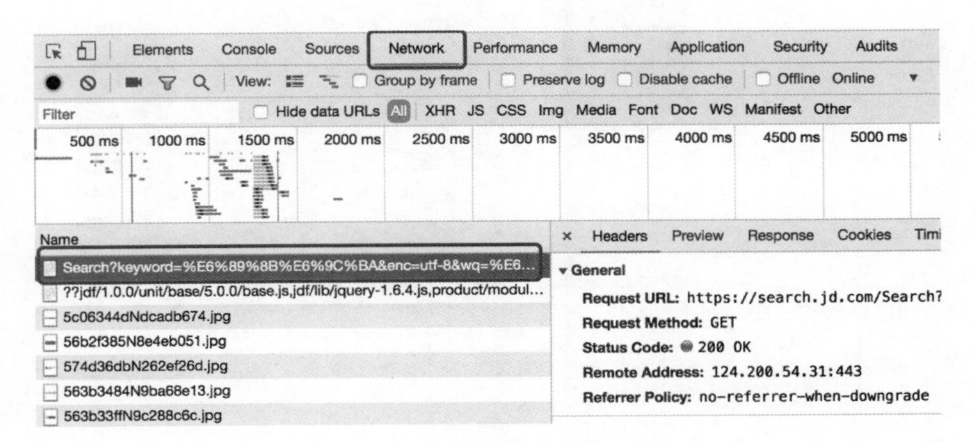

图 14-10　开发者工具

在右侧 Headers 标签下找到“Request Headers”，在这里会显示浏览器发送请求时的头信息，如图 14-11 所示。为了防止爬虫程序频繁访问目标网站被封禁，通常需要将爬虫程序伪装成浏览器，通过在程序中给请求添加头信息来实现。

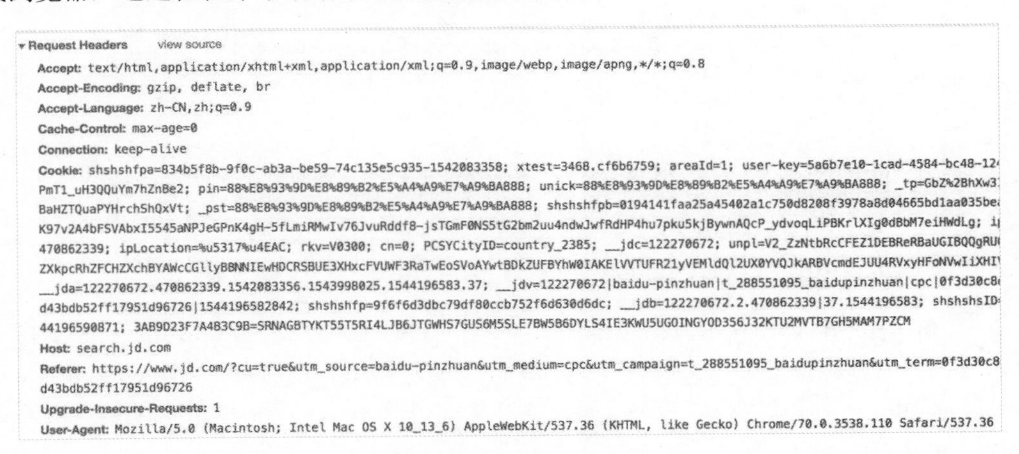

图 14-11　请求头信息

在开发者工具中单击左上角的选择器图标，这时图标颜色会发生改变，然后将鼠标箭头移动到网页中的某个元素上，会在开发者工具的“Elements”标签下自动选中鼠标当前的源码位置。例如，将鼠标箭头移动到页面中一个手机的上方，在 Elements 标签下的源码中会自动选中一个<li>标签的内容，如图 14-12 所示。

从图 14-12 的源码内容中我们可以看出，网页商品列表中的每一个手机在源码中对应一对“<li> </li>”标签包围的内容，可以根据 CSS 的 class 名称找到指定的 div 获取商品信息，例如：根据 class 名称 p-price 可以找到手机价格。

图 14-12　获取鼠标指向位置的源码内容

针对目标网站的分析大体上需要分析上述的这些内容，我们基本了解了京东商城中商品的展示形式、源码结构等信息。

14.3.2　使用 Python 实现爬虫程序

根据 14.3.1 节目标网站的分析结果，本节将使用 Python 开发一个爬虫程序爬取京东商城正在销售的手机信息。在开发爬虫程序之前需要提前安装好 Python 3、PyCharm、Chrome 等工具，详细的环境搭建过程参考第 1 章和本章 14.2 小节相关内容。项目源码参考随书代码 chapter14/spider_jd.python。

下面按照爬虫程序的开发流程分步完成程序的开发。

1. 根据关键词获取搜索结果总页数与响应内容

在 14.2 节我们介绍过 PhantomJS 是一个无界面的浏览器引擎，使用 selenium 库结合 PhantomJS 构建一个浏览器对象，通过这个对象模拟浏览器向目标网站发送 HTTP 请求，然后获取网站服务器返回的网页源代码。创建浏览器对象之前，首先要引入 selenium 库的 webdriver 驱动。

```
from selenium import webdriver
#构建一个无界面的浏览器对象
browser = webdriver.PhantomJS()
```

京东的搜索链接是“https://search.jd.com/Search”，需要传递的参数是搜索关键词（keyword）和编码格式（enc），接下来要使用浏览器对象发送 GET 请求，需要将搜索链接与传递的参数拼接成 URL。

```
from urllib.parse import quote
#拼接访问的 URL
url = "https://search.jd.com/Search?keyword=" + quote("手机") + "&enc=utf-8"
#浏览器对象发送 GET 请求
browser.get(url)
```

向 URL 地址发送完请求之后，要等待网站服务器返回搜索结果才能获取到网页的源代码。由于 Python 程序是自上向下执行的，如果想让程序等待执行结果，可以使用 time 模块的 sleep 函数使程序暂时睡眠几秒钟，但是具体睡眠时间很难估计，一旦睡眠的时间设置完，程序就会睡眠固定的时间，有可能在睡眠时间还没结束，网站服务器就返回了响应内容，也有可能睡眠时间已经结束了，但是网站服务器还没有返回响应内容，这两种情况哪种发生了都不是很理想。

解决等待服务器响应成功再做下一步处理的问题，我们可以使用 selenium 库内置的 WebDriverWait 类实现，在使用 WebDriverWait 对象时需要传入两个参数：一个是浏览器对象，另一个是最长等待时间（超时时间），单位是秒。WebDriverWait 对象具有一个 until 方法，这个方法用于等待浏览器对象发送请求后，等待服务器返回响应内容，直到请求超时，服务器在超时时间内的任何时间点返回响应内容，程序都会马上接收响应内容做下一步处理，使用起来非常方便。

```
from selenium.webdriver.support.ui import WebDriverWait
# 等待浏览器对象加载完成，直到达到超时时间 10 秒钟后抛出异常
WebDriverWait(browser, 10).until( …… )
```

服务器返回的网页内容都是动态加载的，怎样判断网页中的商品列表信息被加载完成了呢？通过上一节对目标网站的网页源码分析，我们知道每一个商品信息都是使用一对<li>标签表示的，那么在程序中我们可以通过 CSS 选择器找到表示商品信息的标签，如果这些标签加载完成就表示网页中的商品列表信息已经加载完成。要实现这个条件判断的功能需要引入 selenium 库的 expected_conditions 模块与 By 类。根据 expected_conditions 模块中 presence_of_element_located 类创建一个条件判断对象，创建这个对象需要传入一个元组类型的参数，元组中的第一个元素 By.CSS_SELECTOR 表示根据 CSS 选择器获取商品信息的元素，元组中的第二个参数 ".gl-item" 表示商品信息的选择器，".gl-item" 是表示商品信息<li>标签的 class 名称。

```
from selenium.webdriver.support import expected_conditions as EC
```

```
from selenium.webdriver.common.by import By
# 等待商品列表信息加载完成
WebDriverWait(browser, 10).until(
    EC.presence_of_element_located((By.CSS_SELECTOR, ".gl-item"))
)
```

接下来要获取搜索结果总页数，我们可以通过判断分页导航中的总页数是否加载完成来获取总页数，如果在超时时间内表示总页数的元素能够加载完成，就可以通过 CSS 选择器获取到搜索结果总页数，否则一直等待，直到超时后程序抛出超时异常。

如果想获取搜索结果总页数元素的 CSS 选择器的值，则需要打开浏览器的开发者工具，使用开发者工具左上角的选择工具选中网页上的总页数位置，这时在网页源码中就会定位到总页数的元素位置，单击鼠标右键，在弹出的菜单中选择 Copy 选项，然后在其下一级菜单中单击 Copy selector 命令，这样就复制了一个表示总页数元素的 CSS 选择器。获取 CSS 选择器的方法如图 14-13 所示。

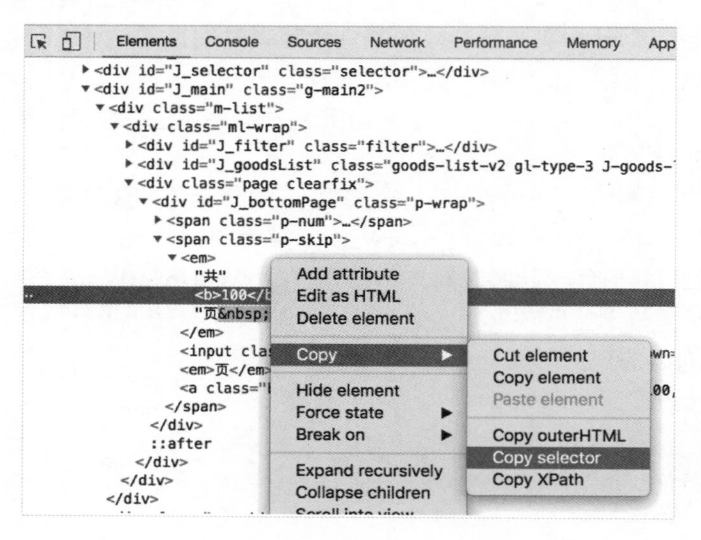

图 14-13　获取表示总页数元素的 CSS 选择器

通过操作我们已经得到了表示搜索结果总页数元素的 CSS 选择器，然后通过条件判断等待网页中的表示总页数的元素加载完成，直到请求超时抛出超时异常。当元素加载完成之后，通过 text 属性获取元素内容，也就是总页数。

```
pages = WebDriverWait(browser, 10).until(
    EC.presence_of_element_located(
        (By.CSS_SELECTOR, "#J_bottomPage > span.p-skip > em:nth-child(1) > b")
    )
)
print(pages.text)
```

为了防止由于请求超时产生异常导致程序崩溃，我们可以在发送请求的代码外部添加捕获“TimeoutException”超时异常的代码。将根据关键词搜索的代码封装到函数“search_by_keyword”中，如果发生超时异常，则再次调用“search_by_keyword”函数重新发送请求。

```
def search_by_keyword(keyword,file_path,mode):
    print("正在搜索{}".format(keyword))
    try:
        url = "https://search.jd.com/Search?keyword=" + quote("手机") + "&enc=utf-8"
        browser.get(url)
        # 等待网页内容加载完成
        WebDriverWait(browser, 10).until(
            EC.presence_of_element_located((By.CSS_SELECTOR, ".gl-item"))
        )
        # 等待总页数元素加载完成
        pages = WebDriverWait(browser, 10).until(
            EC.presence_of_element_located((By.CSS_SELECTOR, "#J_bottomPage > span.p-skip >
em:nth-child(1) > b"))
        )
        print(pages.text)
        #返回数字类型的总页数
        return int(pages.text)
    #捕捉超时异常
    except TimeoutException as e:
        print("请求超时：",e)
        search_by_keyword(keyword) #请求超时，重试
```

2. 解析数据

通过第 1 步操作我们已经获取到了响应内容和搜索结果总页数，接下来需要从网页源代码中解析出我们想要的商品信息。在这里使用 pyquery 库解析网页源代码。

定义一个解析函数“get_item_info”，在函数中通过浏览器对象 browser 的 page_source 方法获取网页源代码，然后根据 pyquery 库的 PyQuery 类创建对象，在创建对象时需要传入待解析的网页源代码。通过 PyQuery 对象标签 id、class 等获取到指定元素，通过标签 id 获取元素的方法 PyQueryObject("#id")，通过 class 获取元素的方法 PyQuery Object(".class")。

```
def get_item_info( ):
    #获取网页源代码
    html = browser.page_source
    #使用 PyQuery 解析网页源代码
    pq = PyQuery(html)
```

网页源代码中一对<li>标签包围的内容就是一个商品信息，如图 14-14 所示。

使用 items 方法获取所有商品信息，通过 for 循环遍历所有商品信息，解析每个商品信息中我们想要的数据。

```
#获取所有的商品列表项，一对<li class="gl-item">...</li>是一个商品信息
items = pq(".gl-item").items( )
datas = []
#表头
```

```
▼<ul class="gl-warp clearfix" data-tpl="3">
  ▶<li class="gl-item" data-sku="7437788" data-spu="7437788" data-pid="7437788">…</li>
  ▶<li class="gl-item" data-sku="100000177760" data-spu="100000177756" data-pid="100000177756">…</li>
  ▶<li class="gl-item" data-sku="100000971366" data-spu="100000971366" data-pid="100000971366">…</li>
  ▶<li class="gl-item" data-sku="100000287113" data-spu="100000287145" data-pid="100000287145">…</li>
  ▶<li class="gl-item" data-sku="100002069408" data-spu="100001548579" data-pid="100001548579">…</li>
  ▶<li class="gl-item" data-sku="5089235" data-spu="5089235" data-pid="5089235">…</li>
  ▶<li class="gl-item" data-sku="5089267" data-spu="5089225" data-pid="5089225">…</li>
  ▶<li class="gl-item" data-sku="7049459" data-spu="7049459" data-pid="7049459">…</li>
  ▶<li class="gl-item" data-sku="100000503295" data-spu="100000349372" data-pid="100000349372">…</li>
  ▶<li class="gl-item" data-sku="100001172674" data-spu="100001172674" data-pid="100001172674">…</li>
  ▶<li class="gl-item" data-sku="100000822981" data-spu="100000822981" data-pid="100000822981">…</li>
  ▶<li class="gl-item" data-sku="6994610" data-spu="6994622" data-pid="6994622">…</li>
  ▶<li class="gl-item" data-sku="5089275" data-spu="5089273" data-pid="5089273">…</li>
  ▶<li class="gl-item" data-sku="7321794" data-spu="6946605" data-pid="6946605">…</li>
  ▶<li class="gl-item" data-sku="7437564" data-spu="7437564" data-pid="7437564">…</li>
  ▶<li class="gl-item" data-sku="8895275" data-spu="8895275" data-pid="8895275">…</li>
  ▶<li class="gl-item" data-sku="7283905" data-spu="7283905" data-pid="7283905">…</li>
  ▶<li class="gl-item" data-sku="7357933" data-spu="7357933" data-pid="7357933">…</li>
  ▶<li class="gl-item" data-sku="7694047" data-spu="7694047" data-pid="7694047">…</li>
  ▶<li class="gl-item" data-sku="8735304" data-spu="8735304" data-pid="8735304">…</li>
  ▶<li class="gl-item" data-sku="5853579" data-spu="5821455" data-pid="5821455">…</li>
  ▶<li class="gl-item" data-sku="7081550" data-spu="7081550" data-pid="7081550">…</li>
```

图 14-14　商品列表源码

```
head = ["p-name","href","p-price","p-commit","p-shop","p-icons"]
datas.append(head)
for item in items:
    #商品名称，使用正则表达式将商品名称中的换行符\n 替换掉
    p_name = re.sub("\\n", "", item.find(".p-name em").text())
    href = item.find(".p-name a").attr("href") #商品链接
    p_price = item.find(".p-price").text() #商品价钱
    p_commit = item.find(".p-commit").text() #商品评价
    p_shop = item.find(".p-shop").text() #店铺名称
    p_icons = item.find(".p-icons").text()
    info = []
    info.append(p_name)
    info.append(href)
    info.append(p_price)
    info.append(p_commit)
    info.append(p_shop)
    info.append(p_icons)
    datas.append(info)
```

代码中每一个 item 是一个 PyQuery 对象，通过调用该对象的 find 方法，传入 CSS 选择器，然后再调用 text 方法就可以获取单个我们想要的商品信息。如果想获取标签内的属性值，如 href、src 等信息都可以通过 attr 方法获取到。

在获取商品名称时，名称中会包含有“\n”换行符，如“OPPO K1 光感屏幕指纹水滴屏拍照\n 手机\n6G+64G”，将带有换行符的名称保存 CSV 文件中后会出现换行的情况，所以需要使用正则表达式将“\n”替换掉。在这里分别获取到了商品名称、商品链接、商品价钱、商品评价、店铺名称、店铺标识，将这些信息存储到数组中，返回给调

用的地方。

3. 翻页

在第 1 步中我们通过 for 循环遍历所有页码，已经获取到了搜索结果总页数。在 for 循环中，翻页的起始页码是 2，因为第 1 页在搜索函数“search_by_keyword”中已经解析完成。

```
#按照顺序循环跳转到下一页
for page in range(2, pages + 1):
    file_path = "./jd_mobile_phone_page" + str(page) #CSV 文件名与存储路径
    skip_page(page,file_path,write_mode) #翻页
```

下面定义一个翻页函数“skip_page”，在这个函数中实现翻页功能，解析翻页之后的网页数据。翻页是通过在分页导航的页码输入框中输入要跳转的页码，然后单击“确定”按钮发送翻页请求。

```
# 获取跳转到第几页的输入框
input_text = WebDriverWait(browser,10).until(
    EC.presence_of_element_located((By.CSS_SELECTOR, "#J_bottomPage > span.p-skip > input"))
)
# 获取跳转到第几页的确定按钮
submit = WebDriverWait(browser,10).until(
    EC.element_to_be_clickable((By.CSS_SELECTOR, "#J_bottomPage > span.p-skip > a"))
)
input_text.clear() #清空输入框
input_text.send_keys(page) #在输入框中填入要跳转的页码
submit.click() #单击“确定”按钮
```

通过 CSS 选择器获取到网页中的页码输入框，在使用 CSS 选择器获取“确定”按钮时，使用了另外的一个新的条件 element_to_be_clickable，表示程序在运行过程中等待“确定”按钮可以单击为止，直到达到超时时间，抛出超时异常。成功获取页码输入框和确定按钮之后，调用页码输入框对象的 clear 方法清空页码输入框，然后调用 send_keys 方法向输入框中输入页码，最后调用确定按钮对象的 click 方法确认提交翻页请求。在等待服务器响应的过程中引入了新的条件 text_to_be_present_in_element，表示直到网页加载完成分页导航中将被高亮显示的页码与页码输入框中的页码相同。网页加载完成后对网页数据进行解析。

```
#等待网页加载完成，直到页面下方被选中并且高亮显示的页码，与页码输入框中的页码相等
WebDriverWait(browser, 10).until(
    EC.text_to_be_present_in_element((By.CSS_SELECTOR, "#J_bottomPage > span.p-num > a.curr"),
str(page))
)
#解析网页数据
datas = get_item_info()
```

4. 保存数据到 CSV 文件中

经过前三步的操作已经实现了根据关键词搜索、解析源码中想要的商品信息以及翻页功能，最后一步是将解析之后的数据写入到 CSV 文件中持久化存储。

```
def save_csv(file_path,mode,datas):
    with open(file_path, mode) as f:
        writer = csv.writer(f)
        writer.writerows(datas)
```

到目前为止爬取京东商城手机商品信息的程序就开发完了，完整的项目代码请参考随书源码 chapter14/spider_jd.python。

第 15 章 Python 数据分析实战

我们生活在一个充满着数据的信息化时代，周围的各种事物都可以通过一定的方法量化为数据。近些年随着可穿戴设备的兴起和不断发展，数据产生的途径和方法越来越多，比如一部移动电子设备就可以带领用户轻松了解生活中的诸多信息。当用户在购物时，某一个 App 就可以记录食品购买详情，并且可以同时生成一份家中食物储存清单，然后根据用户曾经浏览或收藏过的菜谱，结合日常生活习惯生成一份晚餐推荐菜单。同时，用户也可以通过追踪摄入食物的卡路里、血糖、维生素的含量来更加精准地了解自己的健康水平。这些数据可以收集起来并且进行深度的挖掘和分析，从而创造出更多的商业价值。互联网的数字化特征给数据分析带来了革命性的突破，数据分析涵盖数据搜集、整理、研究等各个方面。数据分析人员需要借助更加高效的手段进行数据处理，并且依据数据做出行业研究评估和预测。而 Python 就是一个用于数据分析的利器，本章就将详细介绍利用 Python 进行数据分析的方法。

15.1 数据分析概述

数据分析是使用合适有效的统计学方法对收集的大量数据进行描述与分析、提取有用的信息并得出结论。数据分析常常可以帮助决策者做出判断，从而采取适当正确的行动。数据分析可以分为三个部分，描述性数据分析、探索性数据分析和验证性数据分析。描述性数据分析是对给定数据集中各特征趋势的描述与概括；探索性数据分析着重于通过一系列假设发掘数据的新特征，可通过做图、制表、拟合模型等探索数据的规律性；而验证性数据分析则对探索性数据中做出的假设进行检验，验证推断的可靠程度和精确程度。

那么数据分析的过程是什么样的呢？我们把数据分析的过程分为五个步骤：提出问题、数据处理、探索数据、得出结论、结果报告。这五个过程可以帮助我们更加有效地理解和使用数据，使得数据集发挥最大的分析价值。无论我们进行数据测试，还是使用机器学习或者人工智能做更加深入地分析，都需要这个过程。

数据的分析总是从制定分析目标开始的。开展一个数据分析项目之前，如果存在现有数据集，我们需要思考一下这个数据集可以解决的问题，同时制定项目的研究目标。如果没有现成的数据集，那么就需要先理清楚想要解决的问题，然后根据问题来确定需要搜集的数据。针对一组数据，我们可以提出各种各样的问题，需尽可能使提出的问题与数据保持较高的相关性，而且可以引导出比较富有价值的结论，为分析提供方向，如图 15-1 所示。

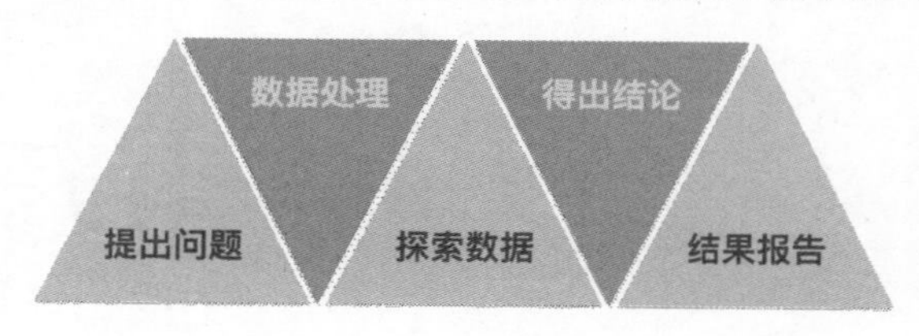

图 15-1　数据分析过程

在提出问题之后，需要对数据集进行处理。数据处理包括三个步骤：首先，收集数据，如果拥有现成的数据，那么直接导入分析工具即可，否则就需要根据研究问题搜集数据。搜集数据的方法有很多，比如寻找一些公司或者公开的数据库，例如 UCI、Kaggle、KDDcup、mldata 等，如果需要一些细分行业的信息，比如金融类数据，可以在银监会、证监会或者统计局的官网获取。接下来，数据评估，有的数据会存在一些异于平均趋势的值，或者数据缺失、重复，可能会对整体结果产生影响。所以就需要进行下一步——数据清洗，数据清洗的目的是使得数据更加整齐干净，整理好的数据更加便于操作。

使用整理好的数据可探索数据中的特征。探索数据时常使用数据可视化探寻数据的趋势和规律以及变量之间的相关关系。探索数据的常用分析方法有对比分析、相关分析、因子分析、交叉分析、回归分析、分组分析等。

通常结论的得出基于算法建模或者推断统计，我们需要根据模型对实验结果进行总结，得出数据集展示的一般规律，同时也可以对未知的数据进行预测，预测的准确性也可以在一定程度上反映模型的优劣。

在所有的分析及预测结束之后，我们需要将结果分享给他人，分享的过程同样可能会使用到数据可视化，将结果以图文的形式展现。有时也需要将结果以报告的形式输出，方便阅读。

数据分析已被广泛应用于各领域，从个人日常生活到企业的业务拓展，本章将通过对美国华盛顿 King County 地区房屋销售数据的分析，介绍使用 Python 对现有数据集进行数据分析、挖掘不同特征间关系和规律的过程和方法。

15.2　项目实战：房屋售价数据分析

15.2.1　项目概述

本项目使用 Python 对美国华盛顿州 King County 地区 2014 年 5 月到 2015 年 5 月的房屋销售价格及房屋基本信息进行数据分析，力求分析得到：房屋售价与房屋评价得分、房屋售价与房屋面积及配置、房屋售价与成交月份及房屋建成年限的关系和规律。

本数据分析实战项目使用的数据来源于 Kaggle，下载地址为：

https://www.kaggle.com/harlfoxem/housesalesprediction。

项目的开发环境是 Anconda + PyCharm，开发环境的搭建参考本书第 1 章的相关内容。

项目的全部源代码请参考随书代码“python3_action/chapter15/美国华盛顿 King_County 地区房价分析.py”。

随书代码文件夹“python3_action/chapter15”中也包含了数据文件 kc_house_data.csv。kc_house_data.csv 记录了美国华盛顿州 King County 地区 2014 年 5 月到 2015 年 5 月的房屋销售价格及房屋基本信息。数据集中共包含 21613 个样本数据，每个样本数据包含 20 个特征，如表 15-1 所示。本数据分析实战项目将探究表中的各特征变量对房价的影响规律。

表 15-1　美国华盛顿 King_County 地区房价数据集特征描述

变量	解释	变量	解释
price	每个房子的售价	grade	建筑施工设计评分（1 到 13），7 分为建筑施工设计的平均水平，小于 3 分则认为建筑施工设计不足，大于 11 分认为建筑施工设计水平高，其余得分无标签
date	房子售出的日期	sqft_above	地面以上的室内居住空间（平方英尺）
bedrooms	卧室的数量	sqft_basement	地面以下的室内居住空间（平方英尺）
bathrooms	洗手间的数量，小数点表示有卫生间无浴室	yr_built	房子最初建成年份
sqft_living	公寓内部居住空间（平方英尺）	yr_renovated	房子最近一次更新的年份
sqft_lot	土地面积（平方英尺）	zipcode	邮编
floors	楼层数	lat	纬度
waterfront	是否可以俯瞰海滨（虚拟变量）	long	经度
view	视野优良评分（0 到 4）	sqft_living15	最近的 15 个邻居的室内居住空间
condition	公寓条件评分（1 到 5）	sqft_lot15	最近的 15 个邻居的土地面积

15.2.2　数据处理

1. 数据准备

加载数据，使用 Pandas 数据分析库中的 read_csv 函数导入 csv 数据文件 kc_house_data.csv，代码如下：

```
import pandas as pd
price = pd.read_csv('kc_house_data.csv')
print(type(price))
```

运行结果如下：

```
<class 'pandas.core.frame.DataFrame'>
```

解析：首先引入 Pandas 库，使用 pd 作为 Pandas 模块的缩写。然后使用 read_csv 函数加载当前目录下的数据文件 kc_house_data.csv，并将数据文件储存为一个 DataFrame 对象返回。

加载数据之后，查看数据特征：

```
# 查看 price 的行数和列数
print('price 的行列数分别为：{}'.format(price.shape))
```

运行结果如下：

```
price 的行列数分别为：(21613, 20)
```

解析：DataFrame 的 shape 属性返回数据集的行数和列数，结果表明 price 数据集含有 21613 个样本数据，每个样本数据含有 20 列特征。

（1）数据清洗

在通常情况下，我们搜集到的实际数据来源于多项业务系统，可能包含不符合要求的数据。在做数据分析之前，这些数据需要被清洗或者处理为干净整洁的数据，这个过程叫作数据清洗。数据清洗主要包括处理重复数据、错误数据、缺失数据三类。

1）去除重复值。

数据记录的过程中可能会出现某个样本数据被重复多次记录，重复数据可能会影响数据分析的精确度和可靠程度。首先查看数据集中是否含有重复值，可使用 duplicated( )方法。

```
price_dup = price.duplicated( )
print(price[price_dup])
```

解析：duplicatd( )方法可遍历 DataFrame 中的每一行，并且对重复行返回 True，非重复行返回 False。返回对象为由布尔值组成的 DataFrame，记录为 price_dup。以 price_dup 作为索引条件索引 price 数据集，输出 price 中的重复行。

运行结果如下：

```
Empty DataFrame
Columns: [price, date, bedrooms, bathrooms, sqft_living, sqft_lot, floors, waterfront, view, condition, grade, sqft_above, sqft_basement, yr_built, yr_renovated, zipcode, lat, long, sqft_living15, sqft_lot15]
Index: []
```

解析：结果显示，price 数据集不含有重复样本数据。

数据去重的最终目标是将原数据集中出现多次的数据最终在数据文件中只出现一次。如果数据集中含有重复行，可使用 drop_duplicates( )方法将重复行删除。

```
price = price.drop_duplicates( )
```

解析：直接使用 price.drop_duplicates( )将不会对原数据进行修改，返回删除重复行之后的结果。如果希望对原数据进行修改可将返回对象赋予原数据集名，或者设置参数 inplace = True。

2）去除缺失值。

缺失值是数据集中某个或某些属性值的信息缺失。数据的缺失可能造成多个数据分析过程无法顺利进行。首先查看数据集中是否含有缺失值，可使用 isnull 方法。

```
isNA_price = price.isnull( )
print(price[isNA_price.any(axis = 1)])
```

解析：isnull() 方法可遍历 price 数据集中的所有数据，并在相应的位置返回布尔型值，若原数据集中存在缺失值，那么返回对象就在相应的位置输出 True，若非缺失值，那么返回 False。结合使用 any 方法，设置参数 axis=1，沿着列的方向水平遍历，筛选含有缺失值的行，如果某行含有缺失值，那么返回 True，精确确定缺失值的位置。使用以上方法作为索引条件索引 price 数据集，返回存在缺失值的行。

运行结果如下：

```
Empty DataFrame
Columns: [price, date, bedrooms, bathrooms, sqft_living, sqft_lot, floors, waterfront, view, condition, grade,
sqft_above, sqft_basement, yr_built, yr_renovated, zipcode, lat, long, sqft_living15, sqft_lot15]
Index: []
```

解析：结果显示，缺失值构成的 dataframe 为一个 Empty DataFrame，表明 price 数据集中不含有缺失值。

3）去除异常值。

异常值是一组数据中与均值的偏差超过两个以上标准差的测定值。异常值的存在可能对很多描述数据特征的指标造成影响，降低决策的可信度。数据分析之前需对数据集中的异常值做出判断和处理，异常值的产生可能是数据分布的极端值体现，也可能源于数据记录的误差，不同情况需要做不同处理。在本项目实践中，我们对 price 数据集中的 bedroom 变量做去除异常值的处理。

首先绘制 bedroom 变量的分布散点图。

```
plt.scatter(x= list(range(1,len(price['bedrooms'])+1)), y = price['bedrooms'])
plt.title('Scatter plot for numbers of bedrooms')
plt.xlabel('samples')
plt.ylabel('bedrooms')
plt.show( )
```

解析：使用 scatter 函数，以样本数量（samples）为 x 轴，每个样本的卧室数量（bedrooms）为 y 轴，绘制 bedroom 变量散点图并观察数据点的分布。绘制的图形如图 15-2 所示。

从图 15-2 中可以明显看到，在纵坐标大于 30 的图像区间内出现了一个点，该点的分布远离其他各点，在 bedroom 变量中可以被认为是一个异常值。该值远大于其他各点，会影响数据的描述和分析，需将其剔除。本项目采用将 bedroom 变量值大于 10 的样本删除的方式来处理异常值。

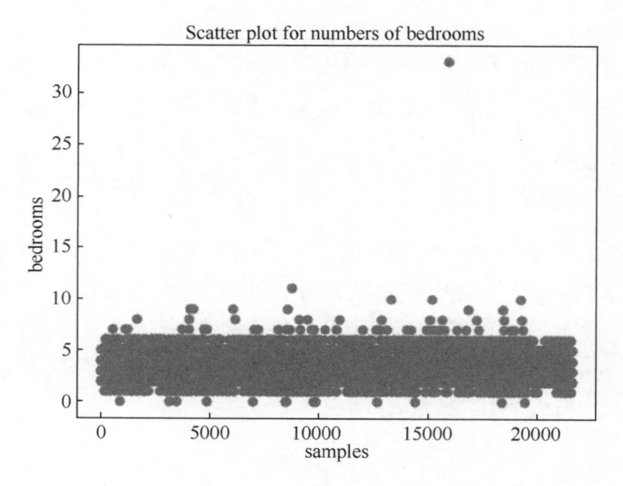

图 15-2　卧室数量散点图

首先查看异常值的位置使用列表推导式返回 bedroom 变量值大于 10 的样本行索引。

```
outlier = [i for i in range(len(price['bedrooms'])) if price['bedrooms'][i] > 10]
print(outlier)
```

运行结果如下：

```
[8757, 15870]
```

解析：行索引为 8757 和 15870 的样本卧室数量为异常值。使用 drop 将包含异常值的样本删除。

```
price.drop(outlier, inplace=True)
```

解析：原数据集 bedroom 变量中包含异常值的样本数据已被删除。该行代码并无结果输出。

（2）变量处理

在数据分析中，原数据集中某些变量的显示形式可能与数据分析的需求不同，需要对变量进行一些处理。本小节将会对变量 grade、price、age、sale_month、yr_renovated、sqft_basement 进行处理。

1）grade 变量。

grade 特征记录了建筑施工设计评分，分数的区间为 1～13 分，质量升序递增。1～3 分表示建筑施工设计不足，处于最低档；4～6 分为较差，处于第二档；7 分为建筑施工设计的平均水平，处于第三档；8～10 分为较好，处于第四档；而 11～13 分为建筑施工设计高质量水平，处于最高档。1～13 分共有 13 个不同的取值，某几个取值代表的含义近似接近，可以将其组合，按照档位将 13 个数字划分为 5 个部分，分别用 1～5 这五个数字表示。这样既可以节省数据分析的时间，又可以更加清晰地展示数据的分布特点，提高了数据分析的效率。

grade 变量的处理代码如下所示：

```
price['grade'] = [1 if i <= 3 else 2 if i< 7 else 3 if i== 7 else 4 if i <11 else 5
                  for i in price['grade']]
```

解析：使用列表推导式将 grade 大于 1 小于等于 3 的评分记录为 1；大于 3 小于 7 的评分记录为 2；评分为 7 记录为 3；大于 7 小于 11 的评分记录为 4；大于等于 11 的评分记录为 5。输出 grade 的前 10 行数据进行验证：

```
print(price['grade'].head(10))
```

运行结果如下：

```
0    3
1    3
2    2
3    3
4    4
5    5
6    3
7    3
8    3
9    3
Name: grade, dtype: int64
```

解析：运行结果中第一列数据为行索引，第二列数据为处理过的 grade 变量数据，原先的 1～13 分评分已被成功分为以 1～5 排序的 5 个组别。

2）per_price 变量。

price 变量记录了每个房屋的售价，不同的房屋售价可能与房屋的面积有较大的关系。在通常情况下，面积较大的房屋相对面积较小的房屋售价会略高一些。所以，在对其他可能会影响房屋售价因素的研究中，控制变量变得尤为重要。单位面积的售价可以作为一个较平衡的指标，所以在处理 price 变量时，在数据集中添加一个表示单位面积售价的特征变量 per_price。

代码实现过程如下所示：

```
per_price = price['price']/price['sqft_living']
price.insert(loc = 1, column='per_price', value = per_price)
```

解析：单位面积售价可通过房屋总售价除以居住面积来获得。在 DataFrame 中指定位置添加一列可使用 insert 函数。loc 参数指定新列的索引位置，column 参数用于设置新列的列名称，value 参数记录为新列的内容。

输出 price 的前三列前两行来验证 per_price 是否添加成功。代码如下所示：

```
print(price.iloc[:2,:3])
```

运行结果如下：

```
       price      per_price          date
0   221900.0   188.050847   20141013T000000
1   538000.0   209.338521   20141209T000000
```

解析：单位面积售价变量 per_price 已添加在 price 变量和 date 变量之间，记录 King County 地区所售房屋每平方英尺的售价。

3）age 变量。

price 数据集中记录了每个房屋的建成年份（yr_built）和售卖时间（date），可由售卖年份减去建成年份得到房屋售卖时的年限（age）。打印 yr_built 和 date 变量，查看变量的储存形式。

```
print(price[['yr_built', 'date']][:3])
```

解析：同时选取 DataFrame 的两列，并且要将两列的列名储存在 list 中。然后打印该两列的前两行。运行结果如下所示：

```
     yr_built          date
0      1955       20141013T000000
1      1951       20141209T000000
2      1933       20150225T000000
```

date 变量由长度为 15 个字符的字符串构成，字符串的前 4 个字段表示售出年份，通过字符串切片获得。用售出年份减去建成年份即可获得房屋的年限 age 变量。

```
year = [eval(i[:4]) for i in price['date']]
price['age'] = year - price['yr_built']
```

解析：对 date 变量中的每个字符串切片，之后返回的对象依然为字符串格式，在做运算之前需将字符串类型的对象转换为数值型，可使用 eval 函数实现。原数据集 price 中不含有 age 变量，添加新列直接在中括号中标注列名称并赋值即可。

打印 age 变量的前三行数据，查看添加结果。

```
print(price['age'][:3])
```

运行结果如下：

```
0     59
1     63
2     82
Name: age, dtype: int64
```

4）age_category 变量。

房屋年限变量 age 的取值在某个区间内可能为任意整数，可根据 age 变量的取值将其划分归类为连续的区间，这样的操作也叫作数据分组。数据分组需设置分组边界，然后根据边界值将不同数据归类。代码实现过程如下所示：

```
print(min(price['age']), max(price['age']))
bins = [min(price['age'])-1, 10, 20, 30,40, 50, 60, 70, 80, 90,100, max(price['age'])+1]
cut = pd.cut(price['age'], bins, right=False)
col_name = price.columns.tolist( )
price.insert(loc = col_name.index('age')+1, column = 'age_category', value = cut)
```

解析：首先打印 age 变量的最大、最小值，确定变量取值的上下界。然后根据区间范围设置分组边界 bins，并将 bins 设置为 cut 函数的参数。cut 函数的第一个参数为待分组一维数组，第二个参数为分组边界，right=False 表示每个分组区间不包含右侧端点，左闭右开。分组之后的一维数组将作为一个新的特征 age_category 添加在 age 特征之后。在指定位置添加新列可使用 insert 函数，并设置 loc 参数确定新列的索引。首先需使用 tolist 函数将 dataframe.columns 转换为列表类型，然后使用 index 方法获得 age 特征的索引，加 1 确定新列 age_category 的位置。column 参数用于设置列名称，value 参数用于设置新列的内容为一维数组 cut。

输出 age 和右侧的一列查看结果：

```
print(price.iloc[:5, [col_name.index('age'), col_name.index('age')+1]])
```

运行结果如下：

```
     age   age_category
0    59       [50, 60]
1    63       [60, 70]
2    82       [80, 90]
3    49       [40, 50]
4    28       [20, 30]
```

5）sale_month 变量

price 数据集中的 date 列记录了房屋售出的日期，可提取其中的售出月份变量 sale_month，探究房屋售出月份的规律。具体代码如下：

```
price['sale_month'] = [eval(i[4:6]) if i[4]!= '0' else eval(i[5:6]) for i in price['date']]
print(price['sale_month'].head( ))
```

解析：date 变量的字符串中索引为 4 和 5 的字符记录了房屋售出的月份。提取索引为 5 的字符记录中月份序号为一位数的月份（1～9 月），提取索引为 6、7 的字符记录月份序号为两位数的月份（10～12 月），并使用 eval 函数将字符串类型的对象转换为数值型。

打印 sale_month 变量的前五行，查看添加结果：

```
0     10
1     12
2      2
3     12
4      2
Name: sale_month, dtype: int64
```

6）yr_renovated 变量和 if_basement 变量

yr_renovated 变量记录了房屋最近一次的翻修年份，而未更新过的房屋记录为 0。参考 yr_renovated 变量记录房屋是否被更新，修改为以 0 和 1 组成的虚拟变量，更新过的房屋记录为 1，未更新过的房屋记录为 0。

sqft_basement 记录地面以下室内居住面积，未含有地下室的房屋记录为 0。本项目将以 if_basement 变量记录房屋是否含有地下室。创建以 0 和 1 组成的虚拟变量，地下室面积大于 0 的房屋记录为 1，等于 0 的房屋记录为 0。

代码实现过程如下所示：

```
# yr_renovated
# 1 if the house has been renovated
price['yr_renovated'] = price['yr_renovated'].apply(lambda x: 1 if x>0 else 0)

# sqft_basement
price['if_basement'] = price['sqft_basement'].apply(lambda x: 1 if x>0 else 0)
```

解析：使用 apply 方法结合 lambda 函数对 yr_renovated 变量和 sqft_basement 变量中的每个值进行修改。大于 0 记录为 1，反之记录为 0。

打印两个变量的前五行：

```
print(price[['yr_renovated', 'if_basement']].head())
```

运行结果如下：

```
     yr_renovated    if_basement
0         0              0
1         1              1
2         0              0
3         0              1
4         0              0
```

15.2.3 数据分析

数据清洗完成之后，就可以进行下一步工作：数据分析。

1. 房屋售价与房屋性能得分关系分析

price 数据集中记录了 20 个与售出房屋相关的特征，其中包含有一些对房屋性能的评分特征，例如：

view：视野优良评分（0 到 4 分）。

condition：公寓条件评分（1 到 5 分）。

grade：建筑施工设计评分（1 到 5 分）。

本项目将对房屋均价与各房屋的性能得分进行可视化分析，分别绘制 per_price 与 view、condition 及 grade 分布箱线图，观察不同的房屋性能得分项对房屋单位面积售价的影响。

2. 房屋单位面积售价与视野优良评分可视化分析

数据可视化的具体方法可参考本书第 13 章数据可视化实战的相关内容。

Seaborn 绘图库中的 boxplot 函数可绘制箱线图，对比基于不同视野评分的房屋单位面积售价，代码实现如下所示：

```
sns.boxplot(x = 'view', y = 'per_price', data = price, palette = 'hls')
plt.show()
```

绘制的图形如图 15-3 所示。

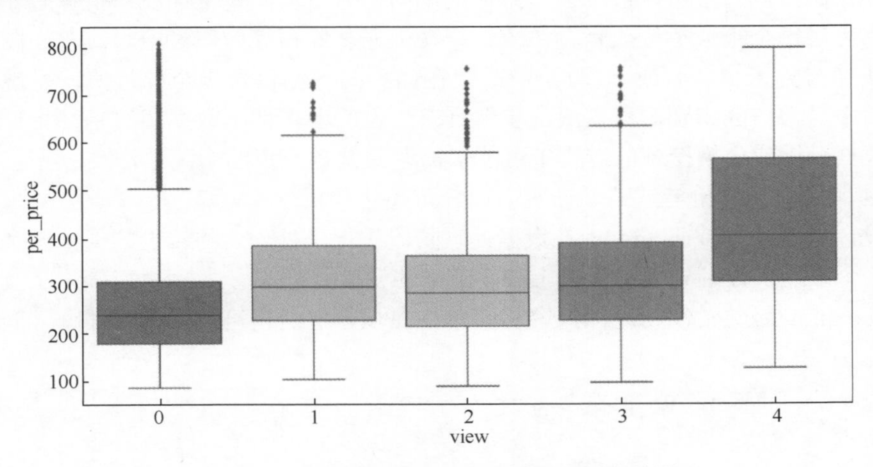

图 15-3 房屋单位面积房价与视野评分箱线图

解析：视野评分区间为 0 到 4 分，0 分表示视野最差，4 分表示视野最好。图 15-3 将每个得分对应的样本单位面积房价绘制了一个箱线图，用不同的颜色表示。箱形中部的线表示该数组的中位数。从图中可以看出视野得分为 1～3 的样本房屋平均售价差别不明显，视野得分为 0 分的房屋单价略低，视野得分为 4 分的房屋单价明显高于其他房屋样本。

3. 房屋单位面积售价与公寓条件评分可视化分析

price 数据集中 condition 记录公寓条件评分，评分区间为 1 到 5 分。通过绘制公寓条件评分与房屋单位面积售价箱线图，探究影响房价的因素。

使用 Seaborn 中的 boxplot 函数，绘制箱线图，代码如下：

```
sns.boxplot(x = 'condition', y = 'per_price', data = price , palette = 'hls')
plt.show()
```

绘制的图形如图 15-4 所示。

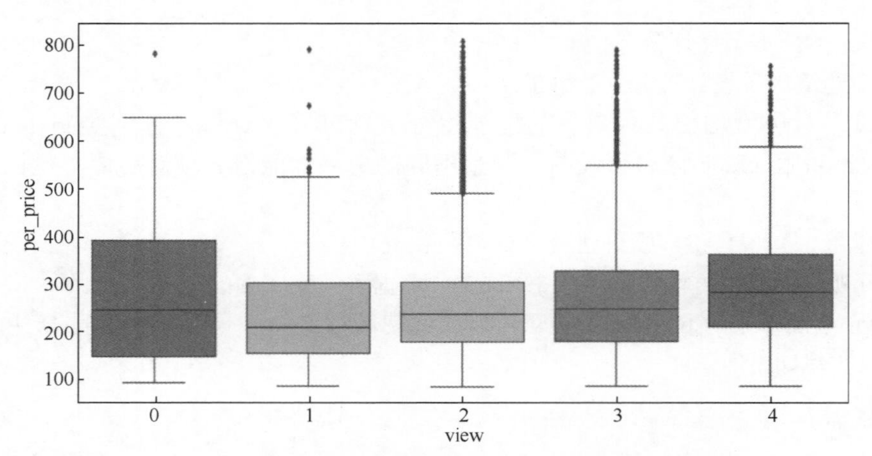

图 15-4　房屋单位面积房价与公寓条件评分箱线图

解析：在图 15-4 中可以看出公寓条件的不同得分对房屋单位面积房价影响不明显，在实际项目中可对每个箱形中位数是否在统计意义上显著性相等做假设检验。箱线图中同时显示当公寓条件得分为 3、4 或 5 时，数组中在偏大的一侧包含多个异常值，呈现右偏态分布。箱线图中异常值的识别对数据清洗步骤具有一定的参考性，数据清洗是一个反复优化的过程，在数据分析或建模挖掘的过程中可能仍需返回做进一步的清洗工作。

4. 房屋单位面积售价与建筑设计施工评分可视化分析

建筑设计施工评分特征 grade 在数据处理阶段进行了处理，将接近的得分归类，最终该特征包含 5 个维度，详细处理过程见 15.2.3 节中的变量处理。

使用 boxplot 函数绘制箱线图探究房屋单位面积售价与建筑设计施工评分之间的关系。代码如下：

```
sns.boxplot(x = 'grade', y = 'per_price', data = price, palette = 'hls')
plt.show()
```

运行结果如图 15-5 所示。

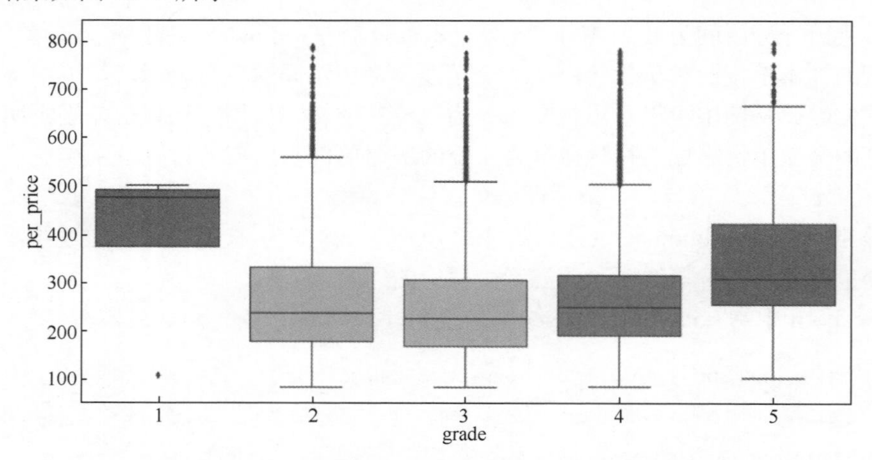

图 15-5　房屋单位面积房价与建筑设计施工评分箱线图

解析：图 15-5 为房屋单位面积房价与建筑设计施工评分的箱线关系图，不同得分区间对应的房屋样本单价均值有所差别。图 15-5 中出现了一个不符合预期的数据显示，当 grade=1 时，表示建筑设计施工处于不足的状态，预期房屋单价应该处于较低水平，但是在图中，grade=1 时的箱子房屋单价中位数远高于其他评分时对应的中位数。

当 grade=1 时输出对应的房屋单价样本数据，代码如下所示：

```
print(price[price['grade']==1]['per_price'])
```

运行结果如下：

```
1149      111.940299
3223      503.846154
5832      466.666667
19452     489.655172
Name: per_price, dtype: float64
```

解析：当 grade=1 时，只包含 4 个样本数据，所以在这种情况下，样本量不足时得到的数据结果可能不具有代表性。这里需要做进一步的挖掘。

5. 房屋售价与房屋面积及配置分析

（1）各变量间相关性分析

相关性分析就是对整个数据集中各变量之间的关系进行分析，判断变量间相互关系的密切程度或因果关系。两个变量间的相关程度可以用相关性系数来表示，记作 r。r 的取值范围为-1 到 1。如果一个变量随着另一个变量的增长而增长，那么说明两变量间呈正相关，相关性系数的取值范围为 0 到 1；反之如果一个变量随着另一个变量的增长而减少，那么说明两变量呈负相关关系，r 的取值范围为-1 到 0。两个变量间的关系越强，相关系数的绝对值越大，完全相关时，相关性系数绝对值为 1。

Seaborn 中的 heatmap 函数可以绘制各变量间的相关系数热力图，将各变量彼此间的相关程度用颜色不同的方格来表示，默认颜色越浅表示相关程度越高。绘制热力图的代码如下所示：

```
corrmat = price.corr()
f, ax = plt.subplots(figsize=(9, 8))
sns.heatmap(corrmat, square= True, annot= True,center = None, fmt='.2f',
                linewidths=0.05, annot_kws={'size':6})
plt.xticks(rotation=90)
plt.yticks(rotation=360)
plt.show()
```

绘制的图形如图 15-6 所示。

解析：corr 函数用于计算各变量间的相关性系数，对 DataFrame 计算并返回相关系数矩阵，命名为 corrmat。Subplots 函数用于设置子图，figsize 参数可设置画布的大小。

heatmap 函数的第一个参数为待分析二维数组，square=True 表示热力图中横纵坐标轴指标相等，显示为正方形，这样每一个表示相关性系数的小格也为正方形。annot=True 表示在每个小格中填写对应变量间相关性系数值。center 参数可以设置图例中的均值数据，即图例中心的数据值，通过设置 center 参数可以调整图像颜色的整体深浅，设置为 None 则自动根据原数据调整图例均值。fmt 参数用于设置方格内字符串的格式，这里设置为保留两位小数。linewidths 参数用于设置每个小方格之间分割线的宽度。annot_kws 参数可设置热力图矩阵上数字的大小颜色等，可使用字典键值对设置。

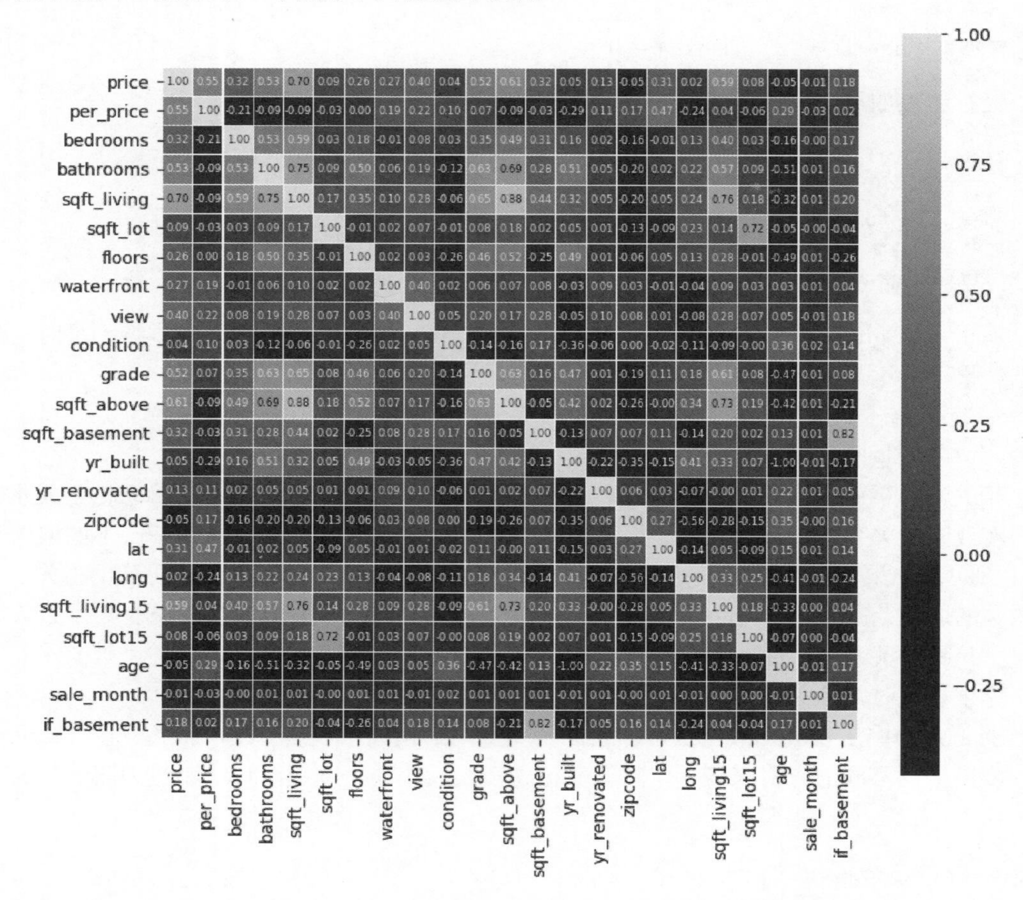

图 15-6　各变量间相关关系热力图（彩插）

热力图 x 轴刻度标签默认横向显示，y 轴刻度标签默认纵向显示，每个标签文字较长会导致重叠。使用 xticks 和 yticks 方法可以将标签显示方向旋转，按代码中的取值设置二者的 rotation 参数即可实现图中的效果。

图 15-6 的第一行显示了 price 变量与各变量间的相关程度。颜色越浅表示相关程度越高，与 price 相关程度较高的变量如 sqft_living、grade 等都可能对房屋售价有较大的影响。下面将对这些变量分别进行分析。

（2）多变量散点图分析

取热力图中与 price 相关程度较高的变量，绘制多变量散点图，观察各变量与房屋售价的相关关系。

代码如下所示：

```
col = ['price','bedrooms','bathrooms','sqft_living','grade','sqft_above','sqft_living15']
sns.pairplot(price[col], size = 1.5)
plt.show()
```

解析：首先设置多变量散点图中的变量，记录为变量名列表，并将列表命名为 col。然后使用 Seaborn 绘图库中的 pairplot 绘制多变量散点图，将各变量之间的关系在同一个画布中绘制。size 参数用于设置每个散点图的尺寸。

绘制的图形如图 15-7 所示。

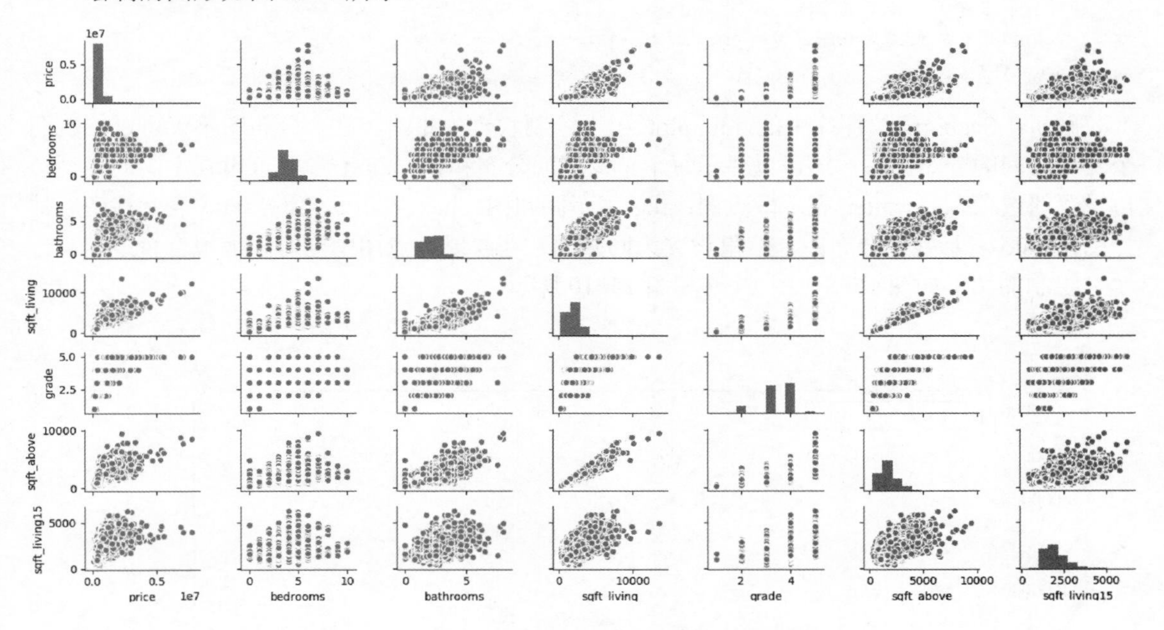

图 15-7　多变量散点图

解析：图中绘制了房屋售价（price）与卧室数量（bedroom）、洗手间数量（bathroom）、公寓内部居住面积（sqft-living）、建筑施工设计评分（grade）、地面以上室内居住面积（sqft-above）、最近 15 个邻居室内居住面积（sqft-living15）之间的散点分布图。变量之间两两对应，分别绘制。从左上方到右下方的对角线处即为横轴和纵轴变量相同的情况，对角线上的图绘制柱形图。从图中第一行的图 3～图 6 可以看出洗手间数量、公寓内居住面积、建筑施工设计评分和地面以上室内居住面积与房屋售价呈现明显的正相关关系。卧室数量在 5 间到 6 间时，房屋售价相对较高；少于 5 间且大于 6 间时，房价处于走低的态势，房屋售价随着自变量的增大而上涨。这可能与其他原因有关，比如卧室数量较少时，房屋面积相对较小，房价较低；卧室数量较多时，市场需求可能会减弱，造成房价下降。进一步的原因还需做更深层次的分析和挖掘。

6. 房价与居住面积联合分布图分析

这一部分分别绘制各居住面积特征 sqft_living、sqft_above、sqft_living15 与房屋售价的联合分布图，探究各变量与房屋售价的正相关关系。

代码实现如下所示：

```
# sqft_living 居住面积与房价
sns.jointplot(x='sqft_living', y = 'price', data = price, kind='reg', size = 5)
plt.show()
# sqft_above 地上居住面积与房价
sns.jointplot(x='sqft_above', y = 'price', data = price, kind='reg', size = 5)
plt.show()
#  周围 15 个邻居居住面积与房价
sns.jointplot(x='sqft_living15', y = 'price', data = price, kind='reg', size = 5)
plt.show()
```

解析：Seaborn 绘图库中的 jointplot 用于绘制联合分布图，联合分布图不仅可以绘制两个变量之间的分布关系，还可以显示每个单变量的分布和轴。kind 参数可设置主图的类型，可设置的选项有：scatter 表示散点图；reg 表示回归图；hex 表示六角图；kde 表示核密度估计图；resid 表示残差分布图。这里设置为回归图，在绘制散点图中同时添加拟合直线。

绘制的图形如图 15-8、图 15-9 和图 15-10 所示。

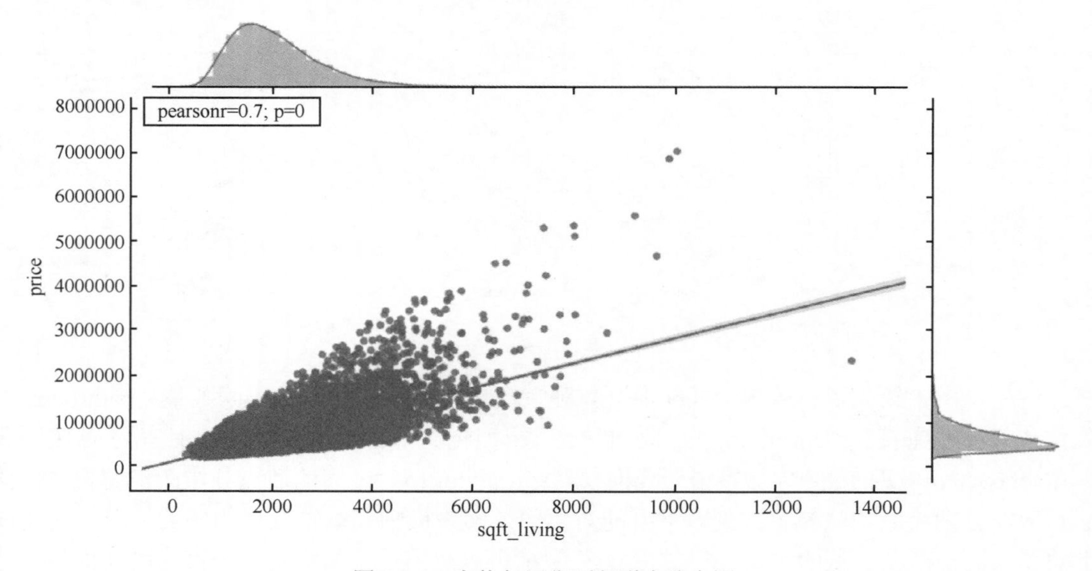

图 15-8　房价与居住面积联合分布图

对比三张图，图 15-8 中显示居住面积与房价拟合直线的斜率最大，所以正相关关系最强。图 15-9 和图 15-10 显示横轴数组右偏分布较为明显，说明数组中含有较大异常值，这里可以做进一步挖掘，判断是否可以将异常值清洗。

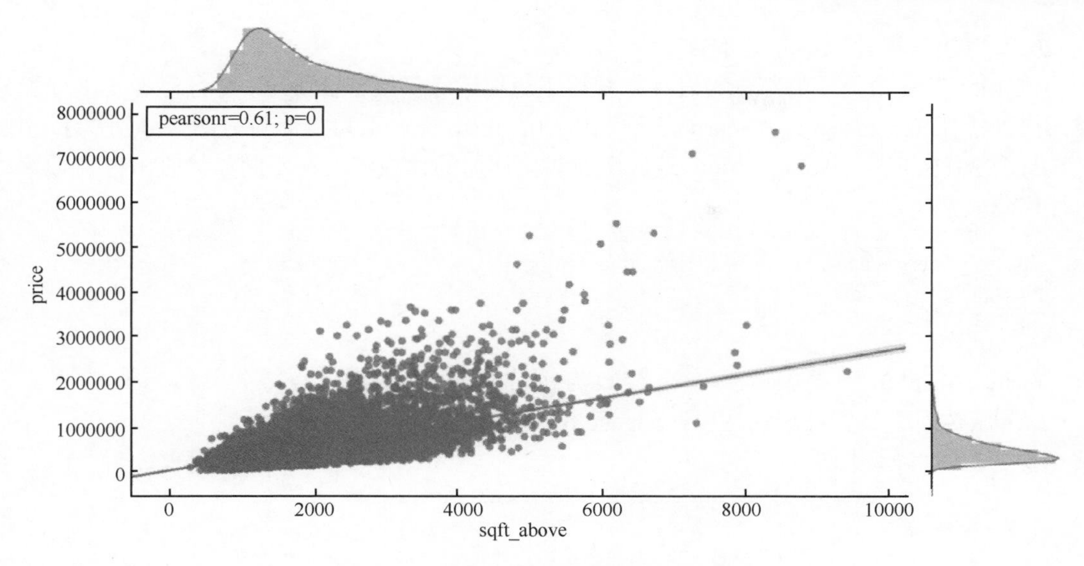

图 15-9　房价与地上居住面积联合分布图

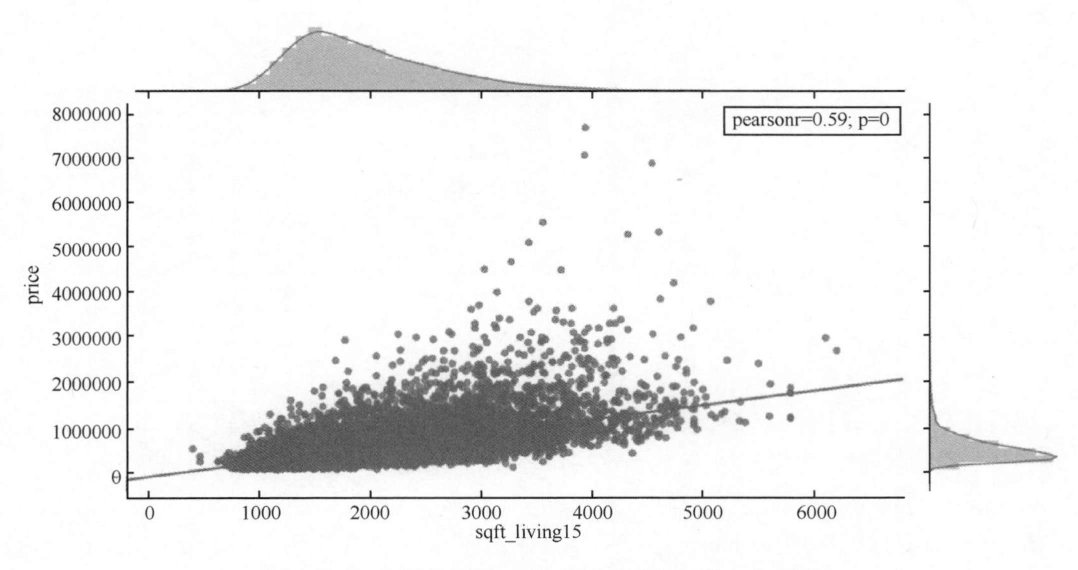

图 15-10　房价与周围 15 个邻居居住面积联合分布图

7. 房屋售价与成交月份及房屋建成年限分析

房屋售出价格可能与房屋的建成年限与成交月份有关。房屋的建成年限决定房屋的新旧程度和待使用年限，在一定程度上可能会影响房屋的售价。另外，在一年中，房地产市场可能存在高峰期，也可能存在低谷期，不同的市场需求也会造成房价的波动，在这一小节中，我们将对 King County 地区 2014 年 5 月至 2015 年 5 月所有售出房屋的建成年限进行分析，并且探究一年中 King County 地区房地产市场的高峰和低谷期。

（1）售出房屋建成年限分析

在 15.2 节变量处理的部分经过计算获得了房屋建成年限特征 age，并且将 age 进行了分类，得到特征 age_category。Searborn 绘图库中的 distplot 函数可绘制直方图，分别显示 2014 年 5 月至 2015 年 5 月 King County 地区所有售出房屋的建成年限在不同年龄段出现的频率。运行代码如下所示：

```
sns.distplot(price['age'], bins, hist_kws=dict(edgecolor='k'))
plt.ylabel('Percentage')
plt.show()
```

解析：displot 函数中的第一个参数为待分析一维数组，第二个参数为分类边界，hist_kws 函数用于设置柱形的边界，edgecolor 用于设置边界的颜色。

绘制的图形如图 15-11 所示。

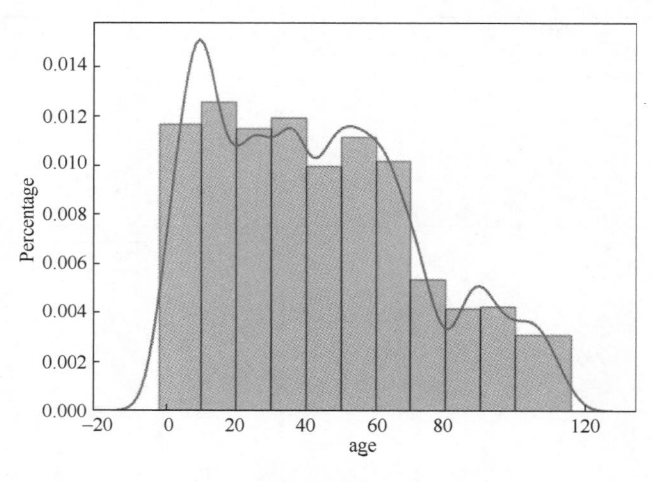

图 15-11　售出房屋年限分布直方图

解析：从图 15-11 中可以看出，售出房屋年限在 0 到 70 年的房屋较多，其中 10 到 20 年的最多。可以猜想，房屋年限为 10 年左右时售出意愿可能较强，且较容易售出。

（2）销售月份分析

在 15.2 节变量处理的部分通过字符串切片获取了房屋的销售月份特征 sale_month。通过计算，并使用 barplot 函数绘制各月销售房屋数量条形图。

```
month_count = [list(price['sale_month']).count(i) for i in range(1,13)]
dic = {'month': range(1,13),
       'count': month_count}
df = pd.DataFrame(dic)
print(df)
sns.barplot(x = 'month', y = 'count', data = df)
plt.show()
```

解析：遍历 price 数据集中的 sale_month 一维数组，计算每个月份售出的房屋数量，并且创建各月份售出房屋数量字典，并转换为 DataFrame 格式。使用 Seaborn 绘图库中的 barplot 函数绘制各月销售房屋数量条形图。

运行结果如下：

```
    count  month
0     978      1
1    1250      2
2    1875      3
3    2231      4
4    2414      5
5    2179      6
6    2211      7
7    1939      8
8    1774      9
9    1878     10
10   1411     11
11   1471     12
```

解析：这里输出了每个月份售出房屋的数量。

条形图输出结果如图 15-12 所示。

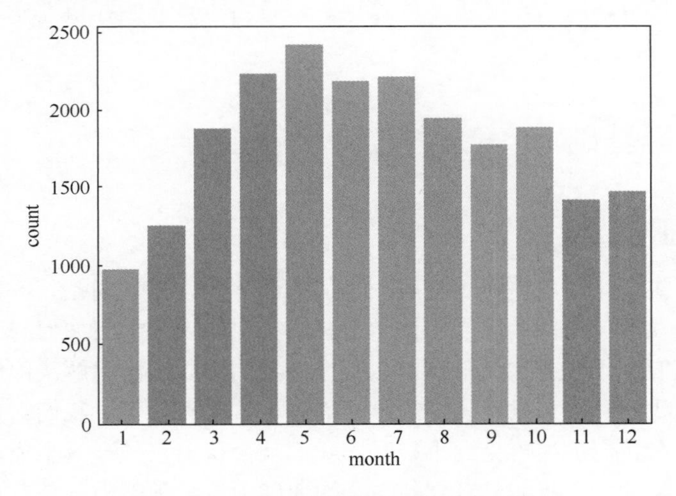

图 15-12　各月份销售房屋数量条形图

解析：从图 15-12 中可以看出 King County 地区 3 月到 8 月房屋销售数量较多，处于行业销售高峰期。10 月销售量有一个反弹，紧接着急速下落并且保持低态。

数据分析是一个不断挖掘和探索的过程，对于一组数据往往会经过多方面多层次的研究和观察，发现其中蕴含的规律与趋势。本章通过使用 King County 地区房价数据，结合 Numpy、Pandas、Matplotlib、Seaborn 等模块，体验了数据分析的基本过程。在实际项目中，对于一个数据集，不同的团队可能会存在不同的需求，我们需要对数据做更多方位的分析和讨论，从而得出正确的结论和推断。

第 16 章 Python 机器学习实战

近些年随着机器学习技术的快速发展，越来越多的智能产品进入了我们的生活，例如，智能音箱、扫地机器人、智能门锁等。这些智能设备给我们的生活带来了便利，提高了我们的生活质量。未来，智能产品对我们的工作和生活影响将会越来越大，机器学习作为人工智能领域的重要组成部分，起着至关重要的作用。本章将重点介绍在机器学习领域是如何使用 Python 的。

16.1 机器学习基础

16.1.1 什么是机器学习

我们人类从出生开始，就慢慢地接触周围的人和事物，学习说话、吃饭、走路。随着年龄的增长，身体的发育，我们会进入学校学习科学文化知识，学习如何与老师、同学沟通。从学校毕业后，我们进入社会参加工作，从工作中我们不断地学习解决问题、与人沟通的能力。在生活中，当我们看到一只不认识的小动物时，这时有人告诉我们它是一只小猫，我们就会记住小猫。那么我们下次再见到小猫时，我们就会认出它是一只小猫。我们不断地从周围的人、事、物中学习，让我们具有判断力、沟通能力等各种能力，是典型的经验学习的过程，如图 16-1 所示。

那么，要想让机器也像人类一样具有某些能力，就需要让机器模仿人类的学习过程，不断地学习锻炼。当然，以目前的科技发展程度，机器是不能进入学校与老师、同学进行交流学习的。但是，可以把机器需要学习的行为抽象成大量的数据，机器从已知的大量数据中不断地学习，学习数据中蕴含的规律或者判断规则，将来把学到的规则应用到新数据上就可以做出正确的判断或者预测，这个学习的过程就是机器学习。

一个简单的机器学习过程是：算法工程师将准备好的大量样本数据输入给一个机器学习算法模型，算法模型经过不断地训练，当模型的预测结果非常接近真实值（接近指的是算法模型预测错误的结果占真实值的百分比在误差接受范围之内），将训练好的算法模型发布到线上系统，系统接收线上真实数据，根据算法模型进行计算并输出预测结果。整个过程如图 16-2 所示。

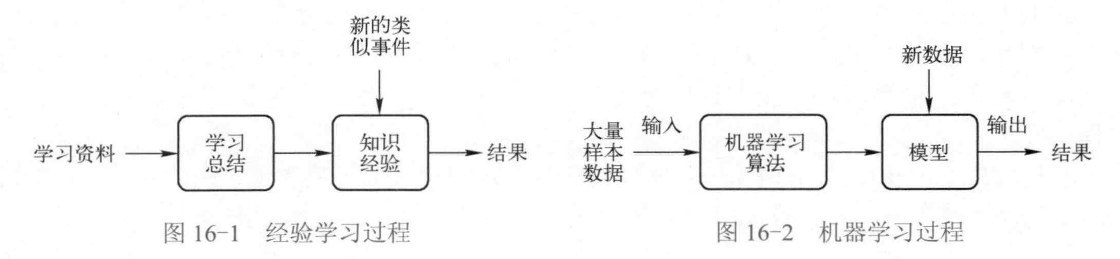

图 16-1　经验学习过程　　　　图 16-2　机器学习过程

机器学习的应用并不是停留在实验室，实际上，在我们的生活中，机器学习早已经被大量的运用。例如，垃圾邮件识别就应用到了机器学习。如果采用常规的方法识别垃圾邮件，我们可以这针对垃圾邮件的特点（比如特定的标题、发件地址等）编写过滤规则，把匹配规则成功的邮件标记为垃圾邮件，这种方法的优点是实现简单，缺点是当发送垃圾邮件的人发现他发出去的邮件都被过滤掉了，那么他就会改变策略，重新编辑新的垃圾邮件，当我们发现有新的垃圾邮件后，还要继续修改过滤规则，一直这样重复下去，需要大量的人工操作。所以通过编写规则过滤垃圾邮件的方法并不理想。

那么，使用什么方法可以应对不断变化的垃圾邮件规则，减少大量的人工操作呢？可行的方法是使用机器学习识别垃圾邮件，机器学习算法通过从大量的垃圾邮件样本数据中学习出识别垃圾邮件的模型，当有新的垃圾邮件输入到训练好的模型时，就会将该邮件标记为垃圾邮件，即使垃圾邮件的标题、发送邮件地址等信息发生变化，机器学习算法也可以从新的数据中学到新的模型识别出垃圾邮件。

在我们的生活中，机器学习用于识别垃圾邮件只是一个很普通的应用，机器学习还有很多其他的应用，例如，人脸识别、语音翻译、车牌号识别、语音识别、金融风控、医疗诊断、天气预测、电商推荐等。相信在不久的将来，还会有更多的机器学习、人工智能相关的项目落地，有更多的智能产品进入我们的生活。比如无人自动驾驶汽车、智能机器人等。

本小节内容主要目的是让读者对机器学习有一个初步的了解。后续章节将从介绍数据集核心概念开始，说明算法、模型与训练之间的关系，简要介绍机器学习任务的分类，介绍如何划分有监督学习和无监督学习，描述机器学习常规开发流程，最后将介绍一款非常流行的开源机器学习库 scikit-learn。

16.1.2　数据集核心概念

通常一个好的机器学习算法模型需要大量的数据进行训练，这些用于训练的大量数据就组成了一个数据集。数据集主要用于训练和测试算法模型，图 16-3 是一个水果样本数据集的部分数据截图，该数据集中存储了大量不同水果的属性和类别数据。在机器学习中通常将数据集中的一行记录称为一个样本，在图 16-3 所示的数据集中一个样本就是一个水果的各项属性的一行记录。样本中包含的属性称为特征（feature）。例如，图 16-3 所示的水果样本数据集中包含很多列，其中 color_score 表示水果颜色、hight 表示水果高度、width 表示水果宽度、mass 表示水果质量，这四列的值以数字的形式表示水果的不同属性，所以这个数据集中的每个样本包含 4 个特征，一个数据集中有多少个属性列就有多少个特征。

我们人类在看到一个水果时可以根据它的颜色、形状、质量等特征判断出这个水果的种类，判断出它是苹果、香蕉或者其他的水果种类。那么要让机器也能根据水果的各种特征预测出水果的种类，就要先把这些特征用数学符号或数字表示出来，这个过程叫作特征工程。

水果样本数据集中的 fruit_label 这列数据是用数字表示水果的类别，fruit_name 这列数据表示的是水果类别名称，这两列表示类别的数据被称为目标变量或者标签。

mass	width	height	color_score	fruit_name	fruit_label
192	8.4	7.3	0.55	apple	1
180	8.0	6.8	0.59	apple	1
176	7.4	7.2	0.60	apple	1
86	6.2	4.7	0.80	mandarin	2
84	6.0	4.6	0.79	mandarin	2
80	5.8	4.3	0.77	mandarin	2

特征（属性）　　目标变量（类别）

图 16-3　各种水果样本数据集

在机器学习工作过程中，通常会把数据集分为两部分，一部分数据集用于训练算法模型，这部分数据集被称为训练样本集，另外一部分数据集用于测试算法模型的预测结果是否符合预期，这部分数据集被称为测试样本集。训练样本集与测试样本集的划分比例通常是 8∶2 或者 7∶3，在实际工作中，可以根据实际情况调整这个比值。

16.1.3　算法、模型与训练

在学习机器学习的过程中，最常被提及的就是某某算法模型经过训练之后，预测效果非常好。所谓的模型简单地说就接收输入数据、输出预测结果的函数。算法则是利用样本数据，探索出构建模型的最佳参数。训练也可以称为学习，就是算法通过样本数据计算最佳参数的过程，从而构建模型。

为了让读者更容易理解算法、模型与训练之间的关系，这里通过一个小例子来加以说明。一个小朋友在成长过程中会遇到各种各样的新鲜事物，当妈妈带着小朋友去动物园玩耍，小朋友看到不认识的小动物就会问："妈妈，那个鼻子会喷水的小动物是什么呀?"此时妈妈就会告诉小朋友："那个长着长长的鼻子，鼻子会喷水，大大的耳朵，长长弯弯的牙齿，粗壮的四肢的动物是大象。"这些大象的特征作为样本数据被小朋友的大脑接收到，小朋友的大脑就会根据接收的样本数据构建一个判断小动物种类的模型。接着小朋友看到了小象，又问妈妈：“这个小动物没有长长弯弯的牙齿，但是外形跟大象很像，那这个小动物是什么呢?”。妈妈告诉小朋友：“这个小动物是小象，它年龄还小，还没有长出长长弯弯的牙齿”。小朋友又接收到了妈妈介绍小象特征的样本数据，此时小朋友的大脑会调整原来只通过大象的特征判断大象种类的模型。接下来小朋友还观察了很多其他的大象、小象的特征，不断地调整自己对大象的认识，最终小朋友从动物园出来后非常愉快地告诉妈妈：“我会从众多的小动物中分辨出大象啦!”。

这个例子实际上说明了算法、模型和训练之间的关系。小朋友把观察到的不同大象、小象的外表和生活习惯特征作为样本数据集输入大脑，大脑构建一个判断动物种类的模型，小朋友经过不断地观察和妈妈的讲解调整自己对于大象的判断（使用算法根据样本数据训练的过程），最终可以成功地判断出什么样的动物是大象（模型构建完成上线发布）。这个例子中小朋友分辨动物种类的学习过程在机器学习中属于分类学习。

16.1.4 机器学习任务分类

从学习目标的角度，可以简单地将机器学习的任务进行划分，下面对每种任务分类进行详细的介绍和举例。

1. 分类

计算机在大量包含各种特征和标记（类别）的已知样本数据集中，不断地训练算法模型，使其能够学习出正确分类规则。当有新的数据输入时，算法模型根据已学习到的分类规则，输出预测类别。分类学习的输出结果是离散的，是已知类别中的一个。

例如，根据肿瘤大小预测是良性还是恶性肿瘤。医院中存有大量肿瘤病人的病例数据，每个样本数据包含肿瘤的大小和是否为恶性肿瘤，恶性肿瘤用 1 表示，良性肿瘤用 0 表示。计算机根据已有的大量肿瘤数据，经过不断地训练，学习出一个肿瘤分类模型，当有新的病人来看病时，根据病人肿瘤的大小，肿瘤分类模型预测出肿瘤是否为恶性肿瘤，预测结果要么是恶性肿瘤 1，要么是良性肿瘤 0，这个结果是离散的。该案例的可视化图形描述如图 16-4 所示。

2. 回归

回归学习与分类学习类似，相同点是都要在包含特征和标记的已知样本数据集中训练算法模型，不同点是回归学习的模型是一个连续的函数，在模型训练的过程中，模拟出一条线去拟合数据集中不同的标记，这个标记不是固定的类别而是连续的数值。

例如，根据房屋面积预测房价。在过去一段时间内积累了大量的房屋销售数据，记录了不同房屋面积的出售价格（假设忽略地理位置、房屋朝向等因素对售价的影响），计算机根据已有的大量房屋销售数据，经过不断地训练，学习出一个连续的函数作为预测房屋售价的模型，当有新的房子出售时，模型根据房屋的面积预测出房价作为参考售价。该案例的可视化图形描述如图 16-5 所示。

3. 聚类

聚类学习使用的是一组没有明确标记的样本数据集，经过不断地训练学习，分析出数据本身潜在的特征，将具有相似特征的数据聚为一类。如图 16-6 所示，不同颜色的形状经过聚类学习之后，将具有相似特征的形状聚为了一类。

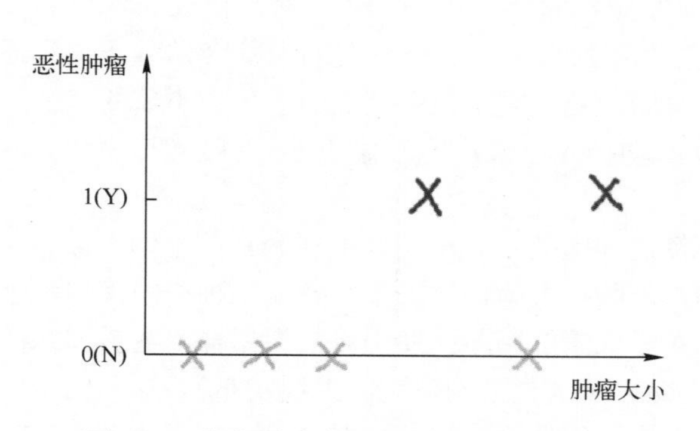

图 16-4　根据肿瘤大小预测良/恶性肿瘤

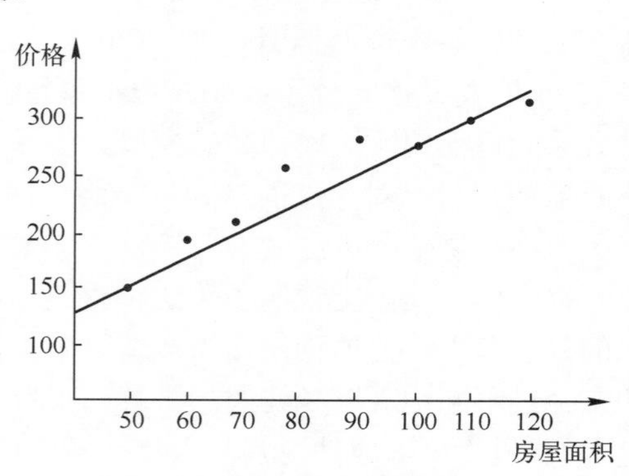

图 16-5　根据房屋面积预测房价

例如，电商平台对网购消费者进行分类。电商平台的日志系统中记录了大量用户的历史消费数据，这些历史数据中不包含用户所属类别，电商平台也不知道将用户划分成多少个类别，经过对大量消费数据的分析，从数据中找到相似用户的消费特征，将具有相似特征的用户聚为一类。之后商家可以根据用户类别制定针对性的营销方案，提升用户体验，同时提高销售额。

图 16-6　聚类示意图

16.1.5　有监督学习与无监督学习

在实际工作中，不是所有的数据集都有类别标签（类别标签指的就是 16.1.2 节介绍的目标变量。例如：一个水果数据集，每条数据记录了一个水果的大小、颜色、重量、水果种类，水果种类就是这个数据集的类别标签，其他字段都是数据集的特征字段，我们通过类别标签就可以知道一条数据描述的是苹果还是梨），有些数据集只有特征数据没有类别标签数据。根据使用的样本数据集是否包含类别标签，可以把机器学习分为有监督学习和无监督学习两类。

使用带有类别标签的样本数据集训练的模型属于有监督学习，例如：分类学习、回归学习。

使用不带有类别标签的样本数据集训练的模型属于无监督学习，例如：聚类学习。

16.1.6　机器学习开发流程

根据图 16-7 所示的机器学习项目开发流程，接下来简单的介绍下一个机器学习项目开发流程的主要步骤。

第一步：收集数据。收集数据的方法有很多种，以收集互联网数据来说，可以从公司内部的产品数据中获取，如果内部的数据有限，最常用的方法就是使用爬虫程序自动从网上爬取相关数据。

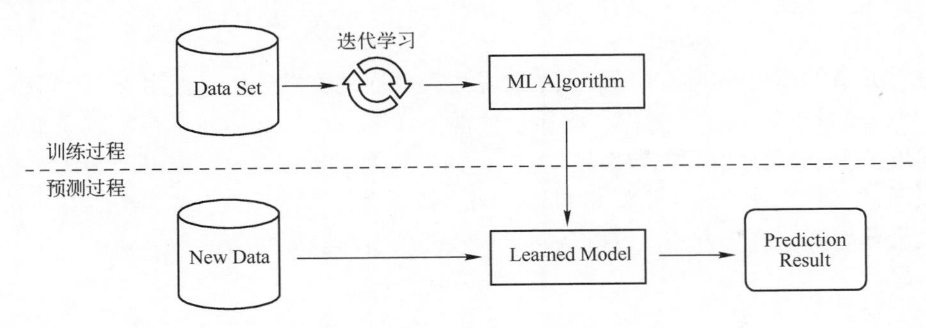

图 16-7 机器学习项目开发流程

第二步：准备数据。准备数据的过程非常重要，在实际工作中，有很大一部分时间都是在准备数据。这个过程大致包含数据处理、规范数据格式、特征工程等。通过从收集的数据集包含的各种各样的特征中提取有用特征，并将其转化为以向量化的方式表示，再将其整理成样本数据集，最后将样本数据集划分成训练样本集和测试样本集。

第三步：选择算法模型。根据实际任务的具体需求结合样本集选择合适的算法模型。

第四步：算法模型训练。使用训练样本集对已选好的算法模型进行训练。注意，不是所有模型都需要模型训练过程，例如，k 近邻算法就不需要模型训练，可以跳过这步。算法工程师在训练模型的过程中，根据经验给模型设置一些初始参数值，然后在训练集上不断地训练模型，找到最优参数解。

第五步：算法模型测试。模型训练好之后，使用测试样本集对模型进行测试，通过损失函数对预测值进行验证。

第六步：模型上线。将验证通过的算法模型发布到生产环境，对新数据进行预测。

16.1.7 scikit-learn 机器学习库

scikit-learn 是一个著名的第三方开源的 Python 机器学习库，简称 sklearn。在 sklearn 库中提供了大量常用的机器学习算法的实现，如分类、回归、聚类等。有了 sklearn 库，在开发一个机器学习程序时，只需要简单地引入 sklearn 库中相关的算法模型，像调用函数一样直接调用模型即可，相比我们自己手写代码实现一个算法模型，使用更加方便，实现更加高效。

scikit-learn 的官方文档非常全面，想学习更多关于 scikit-learn 相关内容的读者，请参考其官方网站 https://scikit-learn.org/stable/index.html。

如果读者使用的开发环境是 Aanconda，则不需要再单独安装 scikit-learn 库，因为 Aanconda 已经集成了 scikit-learn 库以及相关依赖工具包。如果读者没有使用 Aanconda，使用的是已安装的 Python 3，那么需要使用 pip 或 pip 3 命令安装 scikit-learn 库及相关依赖工具包 Numpy、scipy 等，安装命令如下：

```
pip install numpy scipy scikit-learn pandas matplotlib
pip3 install numpy scipy scikit-learn pandas matplotlib
```

16.2 项目实战：k 近邻算法实现红酒质量等级预测

有了前几节的理论基础，本节将按照机器学习程序的开发流程，使用 k 近邻算法对红酒（红葡萄酒）质量等级进行预测。红酒质量体现了红酒品质的好坏，影响红酒质量的因素有气候、温度、湿度、葡萄品种、酿造工艺等。如果要通过指标对一款红酒质量的级别进行划分，可以通过一些关键的理化指标来衡量，如酒精含量、含糖量、含酸量等。如果读者想了解更多关于葡萄酒的鉴赏方法，可以从网上查找相关资料获取更多的相关知识。

16.2.1 k 近邻算法原理

k 近邻算法简称 kNN（k-NearestNeighbor 的简称），是机器学习领域最基本也是最简单的一种分类算法，属于有监督学习。既然 k 近邻算法属于有监督学习，那么它所使用的样本数据集应该是带有标记（类别）的数据集。

使用 k 近邻算法预测一个新样本属于哪个类别的原理如下。

1）计算待预测新样本与已知样本数据集中每个样本的距离。

2）将第一步的计算结果按照距离由近到远升序排列。

3）从第二步的排序结果中选择前 k 个与待预测新样本距离最小的训练样本。

4）计算前 k 个样本中每个样本所属类别的出现频率。

5）返回前 k 个样本出现频率最高的类别作为待预测新样本的预测类别。

如图 16-8 所示，图中圆形和三角形分别代表两种不同类别的样本，带问号的方块表示一个待预测新样本，预测它属于圆形样本所属类别，还是属于三角形样本所属类别。我们可以采用 kNN 算法对待预测样本进行预测，整个预测过程如下。

1）分别计算方块与圆形和三角形各个样本的距离。

2）按照距离由近到远进行排序。

3）从排序结果中选出距离最近的前 k 个样本，图 16-8 中选择的 k 值是 3。

4）统计距离方块最近的 3 个点所属类别的频率，其中圆形有 2 个，三角形有 1 个，所以圆形所属类别出现的频率是三分之二，三角形所属类别出现的频率是三分之一。

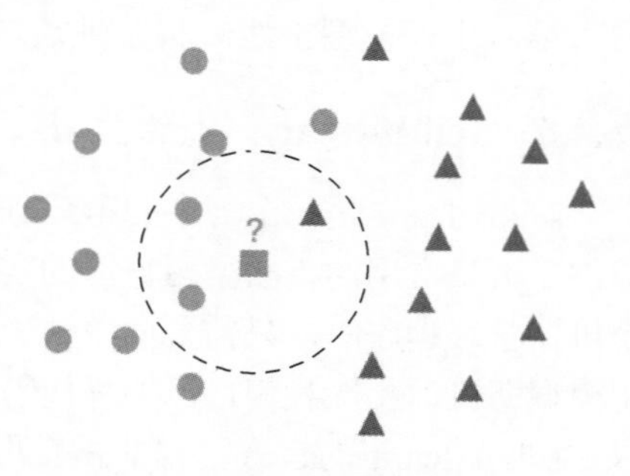

图 16-8 k 近邻算法示意图

5）通过频率值对比，圆形所属类别出现频率最高，最终输出的预测结果是待预测样本方块属于圆形所属类别。

说明： 本例中 k 值选取了 3，在 k 近邻算法的实际应用中，k 值的选择通常会使用网格搜索的方式选择一个最优解。网格搜索的原理是在一个值的区间范围内，通过循环遍历，穷举所有可能的值，表现效果最好的作为最终的 k 值。对网格搜索感兴趣的读者可以从网络中搜索相关资料学习，在此不再展开。

16.2.2　欧式距离公式

机器学习中使用的距离公式有很多，其中“欧式距离”是我们比较熟悉也是经常使用的一个计算空间两点之间的距离公式。

二维平面上点 a(x1,y1)与点 b(x2,y2)间的欧式距离公式，如下所示，在坐标图上如图 16-9 所示。

$$d(a,b)=\sqrt{(x1-x2)^2+(y1-y2)^2}$$

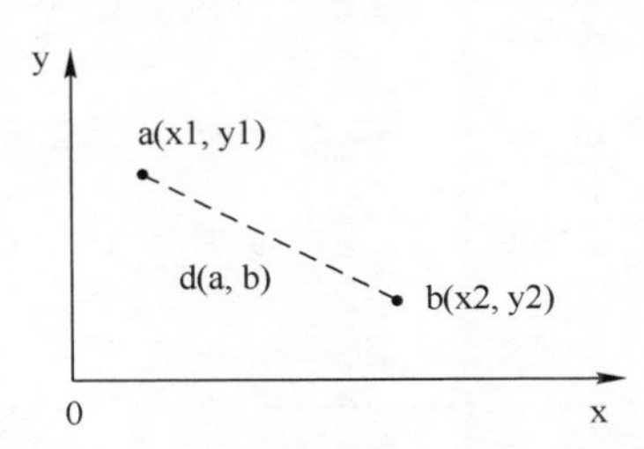

图 16-9　二维平面两个点间距离

从二维平面可以推广到三维空间，点 a(x1,y1,z1)与点 b(x2,y2,z2)之间的欧式距离公式：

$$d(a,b)=\sqrt{(x1-x2)^2+(y1-y2)^2+(z1-z2)^2}$$

同理，可以推广到 n 维空间点 a(x11,,x12,…,x1n)与点 b(x21,,x22,…,x2n)之间的欧式距离公式：

$$d(a,b)=\sqrt{\sum_{k=1}^{n}(x_{1k}-x_{2k})^2}$$

在 k 近邻算法中，通常我们会使用欧式距离公式计算两个样本之间的距离。

16.2.3　使用 Python 实现完整预测过程

项目的开发环境是“Anconda（支持 Python 3.6）+ PyCharm”组合，开发环境的搭建请参考本书第 1 章相关内容。

项目的全部源代码请参考随书代码“python3_action/chapter16/knn.py”。

1. 收集数据

为了方便学习，本案例使用的红酒数据集来自于 kaggle，不需要我们自己去收集数据，直接从 kaggle 提供的数据集下载地址下载即可。

kaggle 数据集下载地址：

https://www.kaggle.com/uciml/red-wine-quality-cortez-et-al-2009/downloads/winequality-red.csv/2。

红酒样本数据集也可以从随书代码“python3_action/chapter16/winequality-red.csv”处获取。

下载的红酒样本数据集名称是 winequality-red.csv，数据集中共有 1599 个样本数据，整个数据集分成 12 列，前 11 列表示 11 个不同的特征，最后 1 列表示目标变量即红酒的质量，每个质量值相当于一个类别。数据集中的部分数据截图如图 16-10 所示。

fixed acidity	volatile acidity	citric acid	residual sugar	chlorides	free sulfur dioxide	total sulfur dioxide	density	pH	sulphates	alcohol	quality
7.4	0.7	0	1.9	0.076	11	34	0.9978	3.51	0.56	9.4	5
7.8	0.88	0	2.6	0.098	25	67	0.9968	3.2	0.68	9.8	5
7.8	0.76	0.04	2.3	0.092	15	54	0.997	3.26	0.65	9.8	5
11.2	0.28	0.56	1.9	0.075	17	60	0.998	3.16	0.58	9.8	6
7.4	0.7	0	1.9	0.076	11	34	0.9978	3.51	0.56	9.4	5
7.4	0.66	0	1.8	0.075	13	40	0.9978	3.51	0.56	9.4	5
7.9	0.6	0.06	1.6	0.069	15	59	0.9964	3.3	0.46	9.4	5
7.3	0.65	0	1.2	0.065	15	21	0.9946	3.39	0.47	10	7
7.8	0.58	0.02	2	0.073	9	18	0.9968	3.36	0.57	9.5	7
7.5	0.5	0.36	6.1	0.071	17	102	0.9978	3.35	0.8	10.5	5

图 16-10　winequality-red.csv 数据集

样本数据集中特征与目标变量的详细描述请参考表 16-1。

表 16-1　红酒数据集描述

	名　称	描　述
特征	fixed acidity	非挥发性酸
	volatile acidity	挥发性酸
	citric acid	柠檬酸
	residual sugar	残糖
	chlorides	氯化物
	free sulfur dioxide	游离二氧化硫
	total sulfur dioxide	二氧化硫
	density	密度
	pH	描述酒的酸性（0～14 之间）
	sulphates	硫酸盐
	alcohol	酒精含量
目标变量	quality	质量（0～10 之间的整数）

2. 准备数据

加载数据，在本书的第 9 章介绍了使用 Python 操作 CSV 文件的方法，虽然使用 Python 原生代码可以读取 CSV 文件中的内容，但是代码还是不够简洁。Pandas 提供了读取 CSV 文件更加简便的方法，可使用 Pandas 内置的 read_csv 函数加载样本数据集 diabetes.csv 文件，代码如下：

```
import pandas as pd
#加载数据集
winequality_red_df = pd.read_csv("winequality-red.csv") #读取当前目录下的 winequality-red.csv 文件
print(type(winequality_red_df)) #查看 winequality_red_df 类型是 DataFrame
```

运行结果如下：

```
<class 'pandas.core.frame.DataFrame'>
```

解析：使用 pandas 之前要先引入 pandas 库，为了使用方便将其重命名为 pd，然后调用 read_csv 函数读取程序文件所在目录下的 winequality-red.csv 文件，该函数根据读取的文件内容创建一个 DataFrame 对象并返回。

分析数据，通过查看数据集的结构，组成样本的各种信息，找出样本的特征和目标变量，如果数据集中含有不合法、残缺、冗余等数据，还需要进一步做数据清洗和数据处理等操作。由于我们使用的是已经整理好的标准数据，所以不需要做数据清洗和数据处理。在实际工作中，我们使用的数据是从各种各样不同的渠道获取到的，如爬虫、埋点、调查问卷、日志等，从这些渠道获取的数据中难免会掺杂很多杂质数据，所以就需要我们花费大量的时间做数据清洗和数据处理，这一步非常重要，数据的好坏对后续算法模型预测结果的准确性影响非常大。

```
# 通过 DataFrame 的 shape 属性查看数据集结构
print("样本行数:{},列数:{}".format(winequality_red_df.shape[0],winequality_red_df.shape[1]))
```

运行结果如下：

```
样本行数:1599,列数:12
```

通过 DataFrame 的 shape 属性获取到数据集中包含 1599 个样本（每一行是一个样本），每个样本有 12 列数据，继续分析数据，查看数据样本数据内容。

```
# 查看数据集部分数据内容，默认打印前 5 行数据
print(winequality_red_df.head( ))
```

输出的结果如图 16-11 所示。head 函数默认返回了数据集的前 5 个样本数据，可以通过传入数字参数设置函数返回的样本个数。

```
   fixed acidity  volatile acidity  citric acid  residual sugar  chlorides  \
0            7.4              0.70         0.00             1.9      0.076
1            7.8              0.88         0.00             2.6      0.098
2            7.8              0.76         0.04             2.3      0.092
3           11.2              0.28         0.56             1.9      0.075
4            7.4              0.70         0.00             1.9      0.076

   free sulfur dioxide  total sulfur dioxide  density    pH  sulphates  \
0                 11.0                  34.0   0.9978  3.51       0.56
1                 25.0                  67.0   0.9968  3.20       0.68
2                 15.0                  54.0   0.9970  3.26       0.65
3                 17.0                  60.0   0.9980  3.16       0.58
4                 11.0                  34.0   0.9978  3.51       0.56

   alcohol  quality
0      9.4        5
1      9.8        5
2      9.8        5
3      9.8        6
4      9.4        5
```

图 16-11　数据集前 5 行样本数据

划分测试数据集与训练数据集，测试数据集与训练数据集按照 1∶4 的比例划分，两种数据集都包含特征和目标变量两部分，使用大写字母 X 表示特征相关，小写字母 y 表示目标变量相关。

```
from sklearn.model_selection import train_test_split
# 提取具有 8 个特征的样本集
X = winequality_red_df[["fixed acidity","volatile acidity","citric acid","residual sugar","chlorides","free sulfur dioxide","total sulfur dioxide","density","pH","sulphates","alcohol"]]
# 提取样本目标变量
y = winequality_red_df["quality"]
# 划分训练样本集与测试样本集，测试样本集占整个数据集的 20%
X_train, X_test, y_train, y_test = train_test_split(X, y, test_size=0.2, random_state=0)
print("数据集样本数：{}，训练集样本数：{}，测试集样本数：{}".format(len(X), len(X_train), len(X_test)))
```

运行结果如下：

```
数据集样本数：1599，训练集样本数：1279，测试集样本数：320
```

解析：通过 sklearn 提供的 train_test_split 函数将原始数据集划分成 4 个子集，X_train 表示训练样本特征的集合，y_train 表示训练样本目标变量的集合，X_train 和 y_train 都属于训练样本集。X_test 表示测试样本特征的集合，y_test 表示测试样本目标变量的集合，X_test 和 y_test 都属于测试样本集。虽然把训练样本集和测试样本集分别又分成了特征和目标变量两个子集，但是同一类样本集的目标变量值与特征中的每个样本是一一对应的。

train_test_split 是 sklearn 库中已封装好的函数，我们可以直接使用它对数据集进行划分，通常向 train_test_split 函数传入 4 个参数值，参数的详细描述如下。

- train_data：根据原始数据集划分出来的样本特征集。
- train_target：根据原始数据集划分出来的标签集。
- test_size：这个参数可以被传入不同类型的参数值，如果参数值是 0 到 1 之间的浮点数，表示测试样本集在原始数据集中的占比。如果参数值是整数，表示测试样本集中样本的数量。
- random_state：随机数种子，它的作用是在重复试验的场景下，如果需要随机划分训练集和测试集，在 train_test_split 函数其他参数值不变的情况下，重复调用这个函数，每次划分的结果是一样的。

3. 选择模型

我们不需要单独实现一个 k 近邻算法模型，直接使用 sklearn 库中已封装好的 k 近邻算法模型即可。

```
from sklearn.neighbors import KNeighborsClassifier
k = 5
knn = KNeighborsClassifier(n_neighbors=k)
```

通过 KNeighborsClassifier 类创建一个 knn 对象，这里设置的近邻数 k 的值是 5。

4. 训练模型

使用训练样本集，调用 KNeighborsClassifier 对象的 fit( )方法对模型进行训练。

```
knn.fit(X_train, y_train)
```

5. 测试模型

模型训练好后，使用测试样本集，调用 KNeighborsClassifier 对象的 predict 方法对模型进行测试，查看预测结果与真实值的差异是否符合预期。

```
y_pred = knn.predict(X_test)
print(y_pred)
```

测试结果如图 16-12 所示，结果中的每一个数字是 k 近邻算法对每条测试数据的预测值。

```
[5 5 7 6 6 5 6 6 6 5 5 5 5 5 5 5 7 6 5 5 7 6 6 5 6 5 6 6 5 6 6 5 6 5 6 6 5
 6 6 6 6 6 6 5 5 6 5 6 5 6 6 5 5 7 5 5 5 5 7 5 5 6 6 5 5 5 5 7 7 7 5 5 5 5
 6 6 5 6 5 6 5 5 4 6 5 5 5 5 6 5 5 5 5 5 4 5 5 6 5 5 7 5 5 6 6 6 6 6 6 5 6
 5 6 6 5 6 5 7 7 6 5 7 5 5 7 5 5 5 5 5 5 5 5 5 6 5 6 5 6 5 6 5 5 5 5 6 6 7
 5 6 5 5 6 6 5 6 5 6 6 6 5 6 5 6 6 5 6 5 6 5 5 7 6 7 5 6 5 7 6 5 5 6 6 6 6
 5 6 5 5 6 5 5 5 5 5 5 5 5 5 5 6 6 6 6 5 5 6 6 6 5 5 5 5 5 5 5 6 5 5 5 5
 7 6 6 5 5 5 6 4 5 6 5 5 7 6 6 6 5 6 6 5 6 6 5 5 5 5 5 5 5 6 5 5 5 5 5 6 5
 7 5 6 5 5 5 5 6 5 6 5 5 5 6 5 6 6 5 6 6 7 6 6 5 5 5 5 5 5 6 5 5 5 5 6 5 6
 5 5 5 5 6 5 7 5 5 6 5 5 6 5 5 6 5 6 6 7 5 6 5 7]
```

图 16-12　测试结果

使用准确率评测模型预测结果的好坏，准确率=预测正确的结果数/真实值样本数。这里使用 sklearn 提供的 accuracy_score 函数计算准确率，该函数需要传入两个参数，第 1 个参数是测试样本集的标签集 y_test，第 2 个参数是预测结果集。

```
from sklearn.metrics import accuracy_score
# 计算准确率
acc = accuracy_score(y_test, y_pred)
print("准确率：", acc)
```

运行结果如下：

```
准确率：  0.48125
```

解析：从运行结果可以看出，当 k=5 时，k 近邻算法模型的预测结果准确率约等于 0.48，准确率不是很高，下面通过设置不同的 k 值，查看 k 值对模型准确率的影响。

通过 sklearn 提供的 score 函数对 knn 算法模型进行评估，评估方法是：计算出当 k 取不同值时模型预测的准确率，然后对比各准确率。为了更加直观的观察对比结果，使用 Matplotlib 在二维平面上绘制出一个折线图，X 轴是 k 值，Y 轴是准确率，通过折线图走势观察 k 值对模型预测结果的影响。

代码如下：

```
import matplotlib.pyplot as plt

#选择 1 到 50 个不同的 k 值
k_range = range(1, 51)
#存储不同 k 值模型的准确率
acc_scores = [ ]
# 通过循环计算 k 取不同值时，knn 算法预测结果的准确率
for k in k_range:
    knn = KNeighborsClassifier(n_neighbors=k)
    # 使用训练样本集训练模型
    knn.fit(X_train, y_train)
    #计算预测结果准确率
    score = knn.score(X_test, y_test)
    acc_scores.append(score)
# 使用 matplotlib 画图
plt.figure( )
#设置图片大小
plt.rcParams["figure.figsize"] = (15.0, 8.0)
#设置 x 轴显示的标签名是 k
plt.xlabel("k")
#设置 y 轴显示的标签名是 accuracy
plt.ylabel("accuracy" )
#X 轴坐标表示 k 值，Y 轴坐标表示准确率
plt.plot(k_range, acc_scores, marker="o")
# X 轴上显示的坐标值
plt.xticks([0, 5, 10, 15, 20, 25, 30, 35, 40, 45, 51])
plt.show( )
```

运行结果如图 16-13 所示。

解析：从运行结果图 16-13 可以看出，当 k 取 1 时，模型的准确率是 0.6。在 k=1 与 k=26 之间的点，总体上准确率随着 k 值的增大而提高。在 k26 之后的点，准确率总体呈下降趋势。

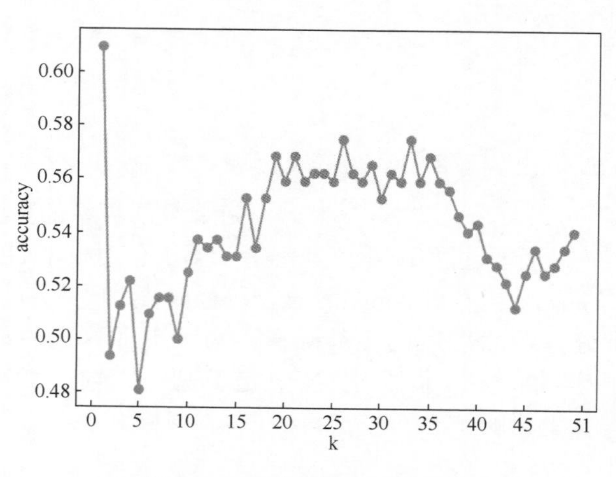

图 16-13　k 值对准确率的影响

经过刚才的分析可知，k 值对预测结果的影响比较明显，这是在选择了样本所有特征的情况下做出的结论。除了 k 值，样本特征对模型准确率是否有影响呢？接下来我们继续分析样本特征对模型准确率的影响。

这个项目是对红酒质量的研究，跟红酒质量有关的重要理化指标有酒精含量、酸度、糖分，那么在程序中我们只选择与三种重要理化指标相关特征的样本集，再做一次模型的训练。在原来的代码中只需要修改划分数据集的一行代码，将样本集中的 11 个特征改成 5 个需要的特征。

代码如下：

```
X = winequality_red_df[["citric acid","residual sugar","pH","sulphates","alcohol"]]
```

重新训练之后的运行结果如图 16-14 所示。

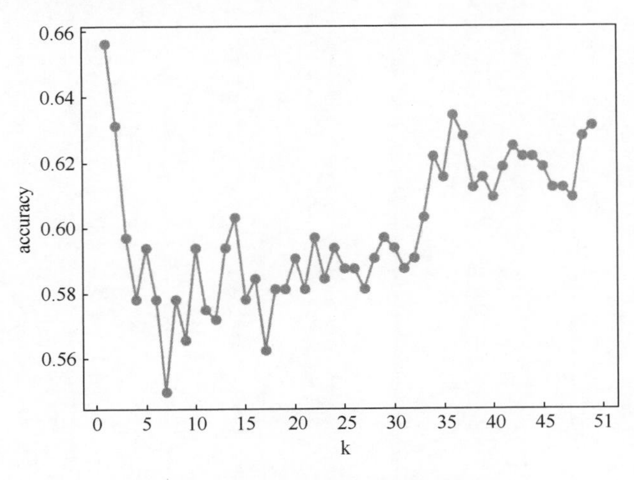

图 16-14　特征对准确率的影响

解析：从运行结果图 16-14 中可以看出，只选择了 5 个特征的样本集训练出的模型，预测结果准确率比之前有所提高，在 k=1 时准确率达到了最高接近 0.66，经过分析得出的结论是选择合适的特征能够提高模型预测结果准确率。

k 近邻算法是一个比较简单的分类算法模型，选择合适的 k 值和特征能够有效地提高模型预测结果的准确性。

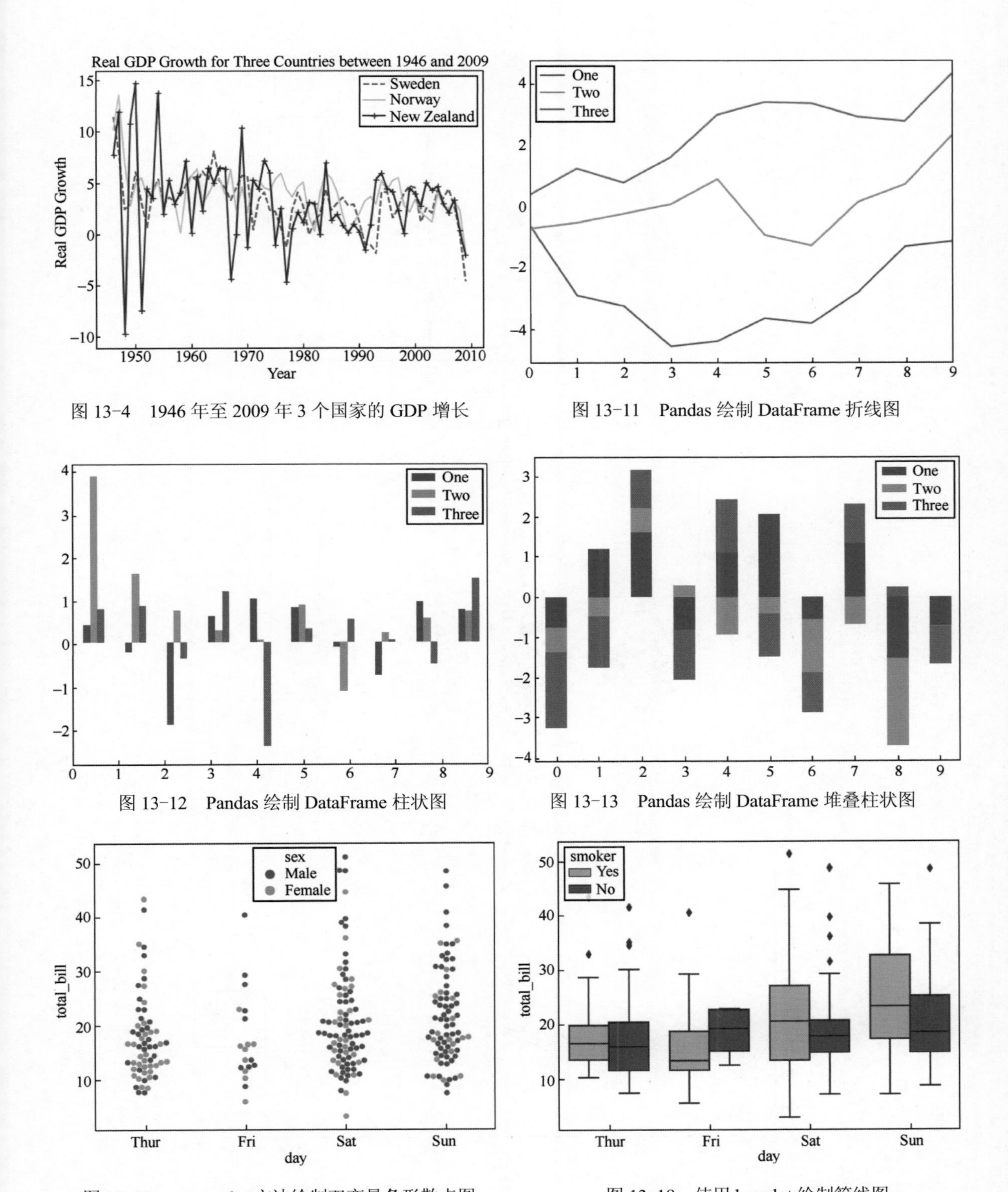

图 13-4　1946 年至 2009 年 3 个国家的 GDP 增长

图 13-11　Pandas 绘制 DataFrame 折线图

图 13-12　Pandas 绘制 DataFrame 柱状图

图 13-13　Pandas 绘制 DataFrame 堆叠柱状图

图 13-17　swarmplot 方法绘制双变量条形散点图

图 13-18　使用 boxplot 绘制箱线图

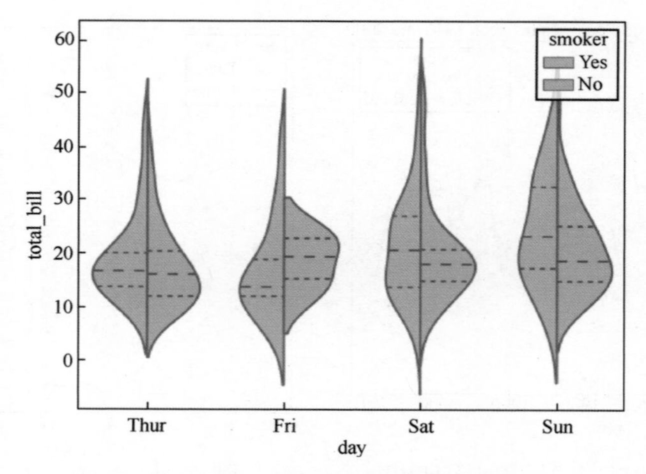

图 13-20　Seaborn 绘制分类琴形图

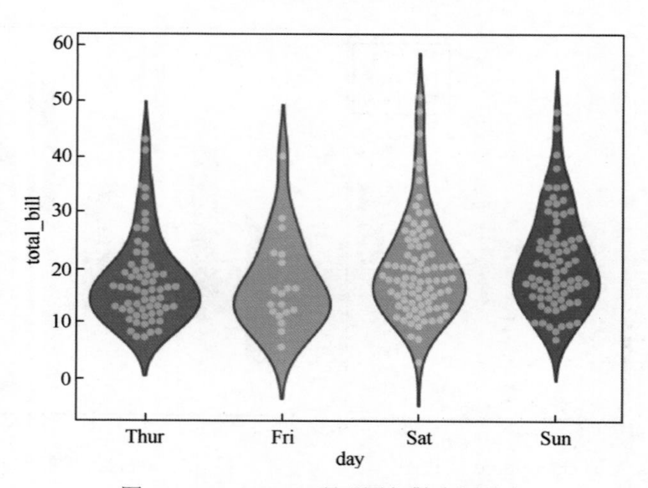

图 13-21　Seaborn 琴形图与散点图结合

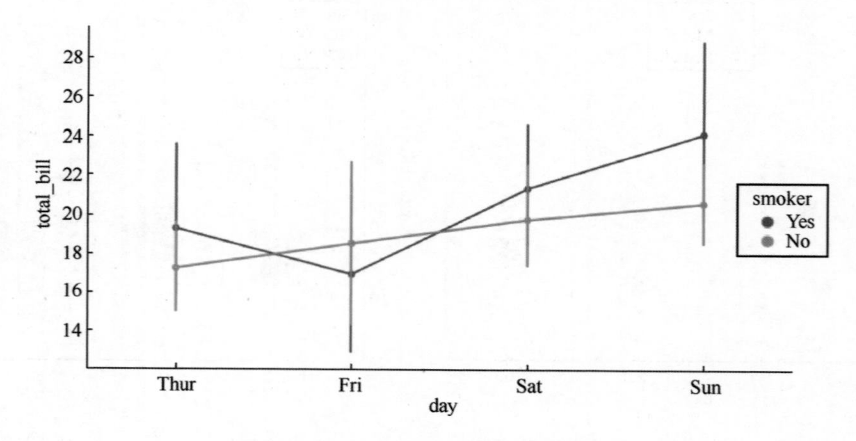

图 13-22　使用 factorplot 绘制点图

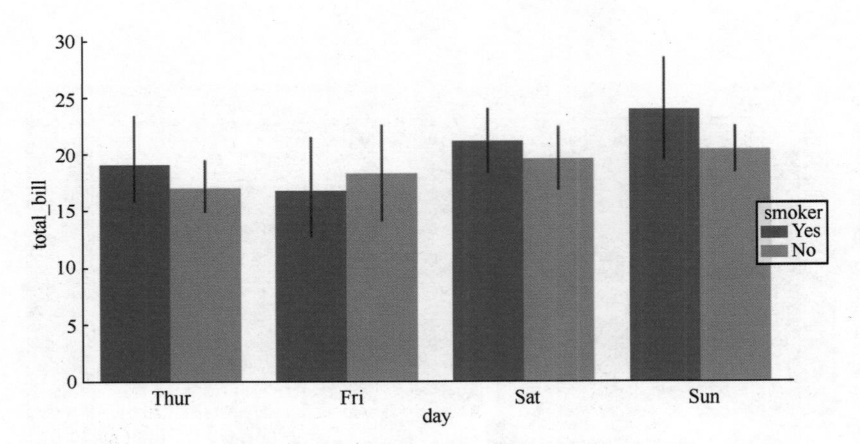

图 13-23　使用 factorplot 绘制柱形图

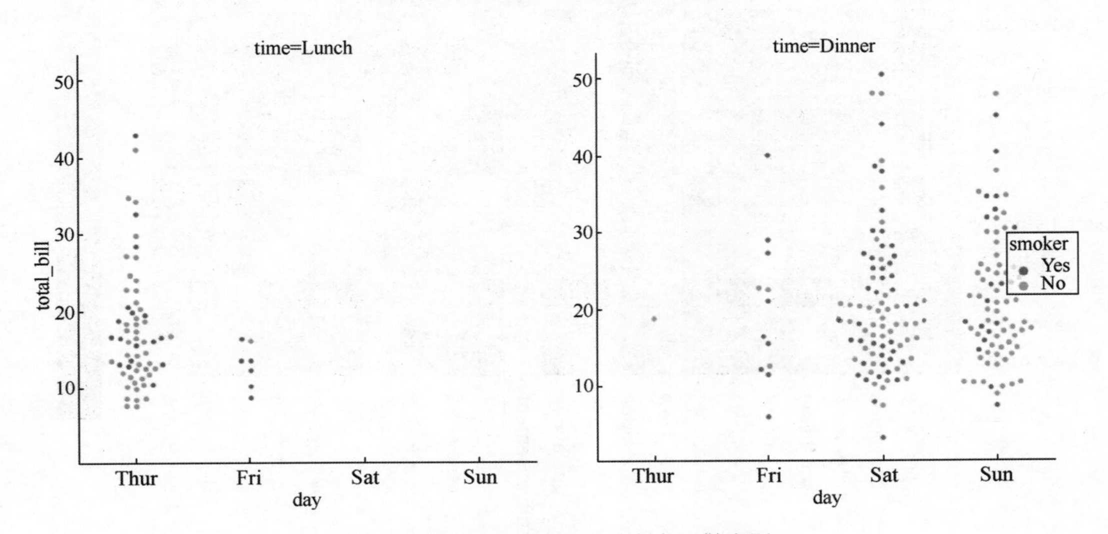

图 13-24　使用 factorplot 绘制条形散点图

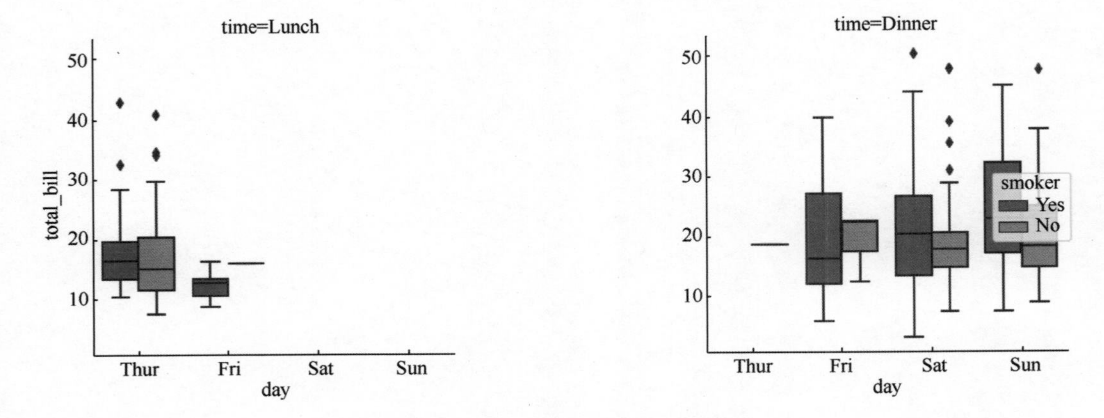

图 13-25　factorplot 绘制箱线图

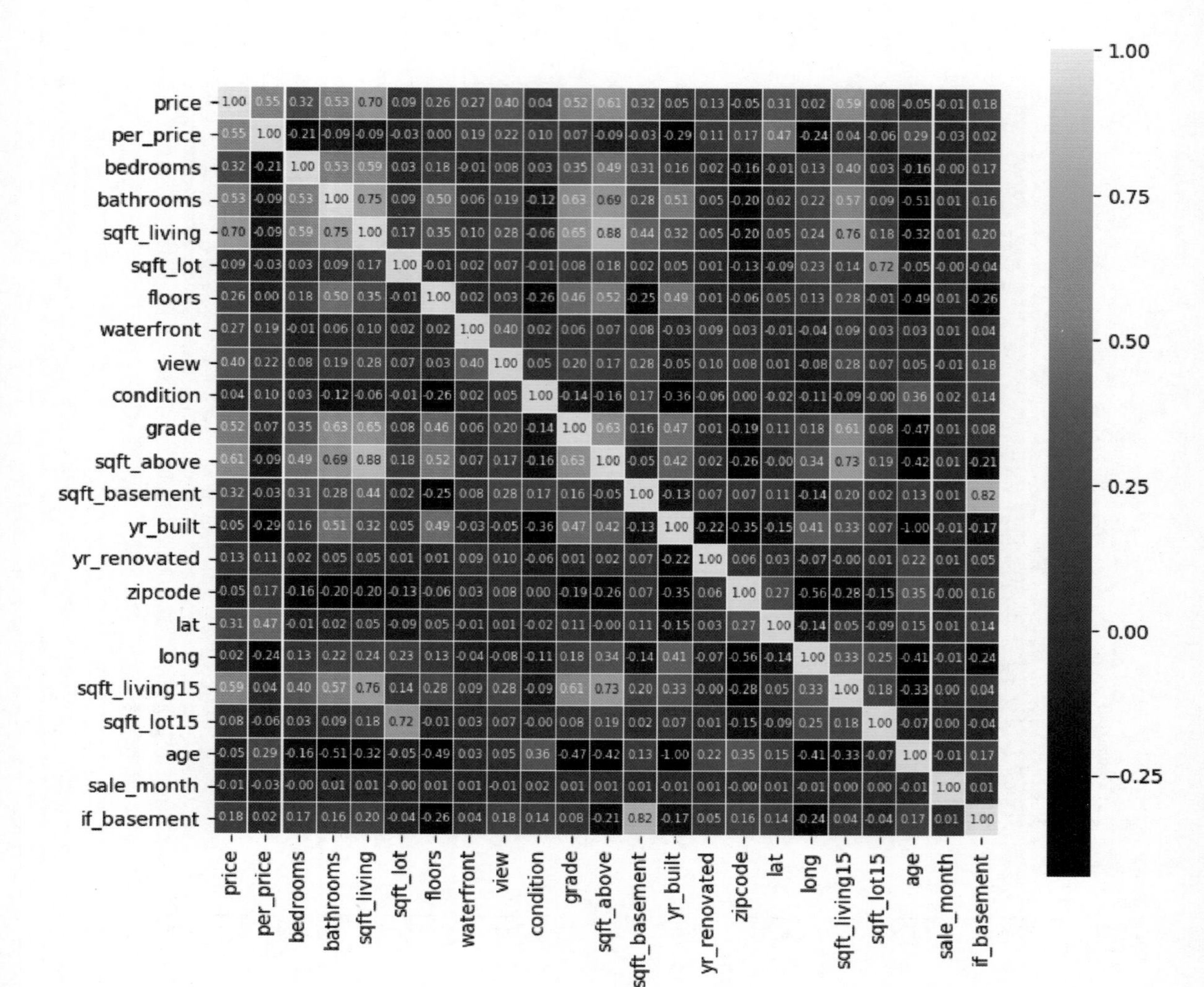

图 15-6　各变量间相关关系热力图